开课吧 | 数字化人才职场赋能系列丛书

大数据技术入门到商业实战

Hadoop+Spark+Flink全解析

开课吧◎组编

李伟杰　王超　李沙　刘雪松◎编著

机械工业出版社
CHINA MACHINE PRESS

本书全面详细地介绍了大数据生态系统中的主流技术。全书共 10 章，主要包括大数据生态系统概述、大数据采集技术、大数据存储技术、大数据分析处理技术等内容，书中涵盖了 Hadoop、Hive、Hbase、Kafka、Spark、Flink 等技术的原理和实践，其中重点介绍了 Hadoop 技术、Spark 技术及 Flink 技术。

本书详细介绍了主流大数据技术框架的基本原理、环境搭建、操作使用和在典型行业中的具体应用，使读者不仅能够在宏观上全面认知大数据生态系统，而且还能在微观上深入理解大数据技术细节。

本书不仅适合大数据技术初学者阅读，还可以帮助金融、电信、电商、能源、政府部门的大数据应用决策和技术人员，以及 IT 经理、CTO、CIO 等快速学习大数据技术，并能作为大数据相关岗位培训的教程。

图书在版编目（CIP）数据

大数据技术入门到商业实战：Hadoop+Spark+Flink 全解析/开课吧组编；李伟杰等编著．—北京：机械工业出版社，2021.8
(数字化人才职场赋能系列丛书)
ISBN 978-7-111-68618-7

Ⅰ. ①大…　Ⅱ. ①开…　②李…　Ⅲ. ①数据处理软件　Ⅳ. ①TP274

中国版本图书馆 CIP 数据核字（2021）第 134369 号

机械工业出版社（北京市百万庄大街 22 号　邮政编码 100037）
策划编辑：尚　晨　　责任编辑：尚　晨
责任校对：张艳霞　　责任印制：郜　敏
三河市国英印务有限公司印刷

2021 年 8 月第 1 版 · 第 1 次印刷
184mm×260mm · 15.5 印张 · 382 千字
0001-4500 册
标准书号：ISBN 978-7-111-68618-7
定价：99.00 元

电话服务
客服电话：010-88361066
010-88379833
010-68326294

网络服务
机　工　官　网：www.cmpbook.com
机　工　官　博：weibo.com/cmp1952
金　书　网：www.golden-book.com
机工教育服务网：www.cmpedu.com

前言

【写作背景】

第一次工业革命是以蒸汽机、汽船、火车为代表，标志着人类进入蒸汽时代，大大加强了世界各地之间的联系，改变了世界面貌。第二次工业革命是以电力、内燃机、飞机、汽车为代表，标志着人类进入电气时代。而随着第三次工业革命的深入展开，计算机、原子能、航空航天等各个领域取得了长足发展。第四次工业革命则对人工智能、清洁能源、无人控制技术、量子信息技术等多个领域进行了深耕。

无论是第三次还是第四次工业革命，都能看到计算机软件的发展起到了重要作用，从信息革命到人工智能，从大数据到深度学习等各个领域都取得了非常大的成就。特别是最近几年在大数据技术的不断进步下，海量的数据处理发展迅速，通过挖掘海量数据的深度价值，训练机器学习更加精准的模型，可以实现海量数据的实时处理，提高数据的处理效率。

有很多的公司对大数据技术比较陌生，不太了解大数据究竟能够给公司带来什么样的价值，如何利用大数据技术来实现对公司海量数据的治理，如何使用大数据技术实现公司海量数据的价值挖掘等。这些顾虑都在制约着公司选择使用大数据的技术，从而阻止了大数据技术为公司创造更大的利润和价值。

为了让大家快速掌握大数据技术，学习大数据的系统理论知识，掌握大数据的应用案例进行实践，我们组织编撰了此书，希望让越来越多的人能够了解到大数据技术，尽快接受大数据的技术价值，从而为公司创造更大的利润和价值。

【内容特色】

随着信息化建设的速度越来越快，产生的数据越来越多，在过去的两年里，人类创造的数据比之前整个人类历史上存在的数据还要多，地球上平均每人将以约 1.7 MB/s 的速度创造数据。面对每天产生的海量数据，传统的数据处理手段越来越难以满足人们对数据处理的速度、效率、准确性等的要求。因此，以大数据技术手段来对海量的数据进行处理，已成为全球所有数据处理工程师的普遍选择。

大数据的技术繁杂、技术难度较大，从最初的 Hadoop 分布式文件存储系统，到 Hive、Hbase、Spark、Flink 等各种计算和存储的技术框架，每一个框架都有其特定的应用场景，在哪种场景下应该选择使用哪一项技术成为众多数据处理人员必须面对的棘手问题。本书内容由浅入深，全面讲解主流框架的技术特性以及适用场景。让读者能够轻松掌握大数据的技术选型以及每一项大数据技术的运用场景。本书涵盖内容全面，基本上覆盖了目前常用的各种大数据技术框架，能够让读者全面系统地学习大数据常用的技术框架，轻松做到“一书在手，大数据技术全都有”，更好地掌握大数据技术的方方面面。

【编写人员安排及致谢】

在本书中，编者向读者展示了大数据各项技术的使用详解以及运用场景，涉及的技术框架繁多，每一个技术都亲自动手实践，尽量避免错误以及纰漏。但是编者水平有限，且多人写作也会造成一定的协作问题，因此书中难免存在一定的问题，欢迎大家进行指正。

本书的编写人员安排如下：刘雪松负责编写第 1~2 章，李伟杰负责编写第 3~4 章，王超负责编写第 5~7 章，李沙负责编写第 8~10 章，全书由李沙统稿。在编写本书期间，感谢开课吧科技股份有限公司提供的平台，感谢其他编者的辛苦付出，感谢家人的默默陪伴，是他们的全力支持，才得以让本书顺利出版，希望本书能够为大家带来帮助。

编　者

目录

第 1 章

初识大数据

1.1 什么是大数据

要理解大数据这一概念，首先要从“大”入手，“大”是指数据规模，大数据一般指在 10 TB（1 TB = 1024 GB）规模以上的数据量。例如，百度每天处理的数据量将近 100 PB，相当于 5000 个国家图书馆的信息量总和。数据量已经从 TB（1024 GB = 1 TB）级别跃升到 PB（1024 TB = 1 PB）、EB（1024 PB = 1 EB）乃至 ZB（1024 EB = 1 ZB）级别。大数据同过去的海量数据有所区别，其基本特征可以用 4 个 V（**Volume**、**Variety**、**Velocity**、**Value**）来总结。

大数据的 4 个特征：**Volume**（数据量大，海量数据）、**Variety**（数据类型多，文本/音频/视频/传感器数据等）、**Velocity**（产生速度快，一些实时监控的数据要求进行实时处理）、**Value**（价值，大数据里面蕴含人们通过逻辑推理得不到的价值），也就是数据体量大、类型多样、处理速度快、价值密度低。

1.2 大数据行业应用

大数据技术在企业中的应用场景有很多，比如下面的这些场景。

1）电商行业：双十一购物节，交易额实时展现；商品信息智能推荐。

2）视频网站：热门视频定点推送；绿镜功能。

3）交通物流：春运合理调配；交通枢纽建设合理参考。

4）金融理财：趋势分析；高净值客户挖掘；理财行为分析。

例如，在金融行业，很多 P2P 机构都提到 10 min 的信贷（10 min 申请，10 min 放贷），实际上就是运用后台的金融大数据平台。金融数据云平台利用传统银行挖掘到申请者的收入和线下数据，还利用爬虫手段和授权，迅速集成申请者线上交易的支付宝信息、银行信用卡账单等信息，通过自身建立的模型给借款者进行信用打分。这就要求数据平台具有快速处理信息的能力，以及对个体信用进行评估的模型，从而确定各方面指标。

大数据影响了人类生活的方方面面，从工业、农业、商业、科技，到政府、医疗、教育、文化以及社会的其他各个领域，人们的生产生活日益被数据所改变。可以说，大数据是一种比石油、黄金还要珍贵的资源，谁掌握了足够多的数据，谁就抢占了制高点，具备了足够的竞争力，也就掌握了未来。

1.3 什么是 Hadoop

Hadoop 是一个由 Apache 基金会开发的分布式系统基础架构。用户可以在不了解分布式底层细节的情况下，开发分布式程序。充分利用集群的威力进行高速运算和存储。

Hadoop 实现了一个分布式文件系统（Hadoop Distributed File System，HDFS）。HDFS 有高容错性的特点，其设计用来部署在低廉的硬件上；而且它提供高吞吐量来访问应用程序的数据，适合那些有着超大数据集的应用程序。HDFS 放宽了可移植操作系统接口（Portable Operating System Interface for UNIX，POSIX）的要求，可以以流的形式访问文件系统中的数据。同时 Hadoop 能够实现海量数据的并行计算，它提供了一套计算模型——MapReduce。

Hadoop 框架最核心的设计就是 HDFS 和 MapReduce。HDFS 为海量数据提供了存储，而 MapReduce 为海量的数据提供了计算。

Hadoop 的核心组件有：**HDFS**（分布式文件系统）、**MapReduce**（分布式计算框架）、**Yarn**（运算资源调度系统）。

狭义上来说，Hadoop 就是单独指代 Hadoop 这个框架；广义上来说，Hadoop 指的是一个更广泛的概念——**Hadoop 生态圈**。

1.4 Hadoop 产生背景

Hadoop 起源于 Nutch。Nutch 的设计目标是构建一个大型的全网搜索引擎，网页抓取、索引、查询等功能，但随着抓取网页数量的增加，遇到了严重的可扩展性问题——如何解决数十亿网页的存储和索引。

谷歌于 2003 年和 2004 年发表的两篇论文为该问题提供了可行的解决方案；谷歌设计的分布式文件系统 GFS（Google File System）可用于处理海量网页的存储，分布式计算框架 MapReduce 可用于进行海量网页的索引计算。

Nutch 的开发人员完成了相应的开源实现 HDFS 和 MapReduce，并将其从 Nutch 中剥离成独立项目 Hadoop，到 2008 年 1 月，Hadoop 成为 Apache 顶级项目，迎来了它的快速发展期。Hadoop 的产生背景如图 1-1 所示。

Hadoop 这个名字不是一个缩写，而是一个虚构的名字。该项目的创建者 Doug Cutting 如此解释："这个名字是我孩子给一头吃饱了的棕黄色大象命名的。我的命名标准就是简短、容易发音和拼写，并且不会被用于别处，没有太多的意义。小孩子是这方面的高手。比如，Googol 就是由小孩命名的。"

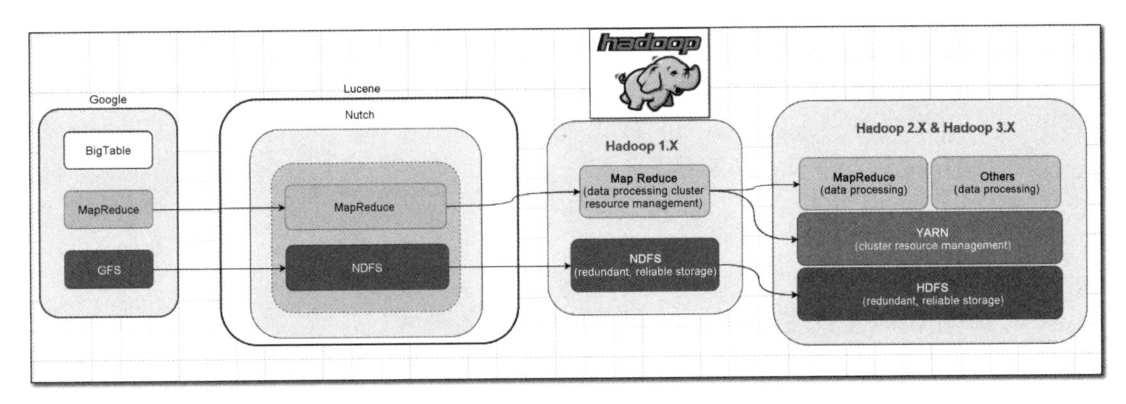

●图 1-1　Hadoop 的产生背景

Hadoop 及其子项目和后继模块所使用的名字往往也与其功能不相关，经常用一头大象或其他动物主题（如“Pig”）来命名。较小的各个组成部分则给予更多描述性（因此也更通俗）的名称。

1.5　Hadoop 的架构模块介绍

Hadoop 由三个模块组成：分布式存储（HDFS）、分布式计算（MapReduce）和资源调度引擎（Yarn）。Hadoop 的架构模块如图 1-2 所示。

●图 1-2　Hadoop 的架构模块

（1）HDFS 模块

namenode：主节点，主要负责 HDFS 集群的管理以及元数据信息管理。

datanode：从节点，主要负责存储用户数据。

secondaryNameNode：辅助 namenode 管理元数据信息，以及元数据信息的冷备份。

（2）MapReduce 模块

核心思想：拆解任务、分散处理、汇总结果。

MapReduce 计算=Map 阶段+Reduce 阶段。Map 阶段就是“分”的阶段，并行处理数据；Reduce 阶段就是“合”的阶段，对 Map 阶段结果进行汇总。

（3）Yarn 模块

ResourceManager：主节点，主要负责资源分配。

NodeManager：从节点，主要负责执行任务。

1.6 Hadoop 在大数据、云计算中的位置和关系

云计算是分布式计算、并行计算、网格计算、多核计算、网络存储、虚拟化、负载均衡等传统计算机技术和互联网技术融合发展的产物。它借助 IaaS（基础设施即服务）、PaaS（平台即服务）、SaaS（软件即服务）等业务模式，将强大的计算能力提供给终端用户。

现阶段，云计算的两大底层支撑技术为虚拟化和大数据技术。而 Hadoop 则是云计算 PaaS 层的解决方案之一，并不等同于 PaaS，更不等同于云计算本身。

1.7 国内外 Hadoop 应用案例介绍

（1）Hadoop 应用于数据服务基础平台建设

通过 Hadoop 存储不同的、大量的数据源，为大数据平台的建设提供数据服务基础。大数据服务平台架构如图 1-3 所示。

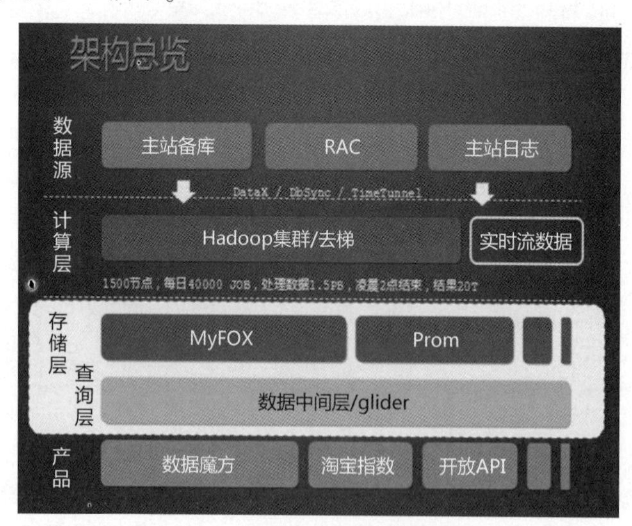

●图 1-3　大数据服务平台架构

（2）Hadoop 应用于用户画像

利用 Hadoop 分布式存储和分布式计算的特性，根据用户社会属性、生活习惯和消费行为等信息抽象出的一个标签化的用户模型，构建出用户画像。大数据用户标签系统如图 1-4 所示。

●图 1-4 大数据用户标签系统

（3）Hadoop 用于网站点击流日志数据挖掘

利用 Hadoop 分布式存储和分布式计算的特性，分析并挖掘用户游览网站的行为数据，为网站的运营提供决策。大数据分析报表系统如图 1-5 所示。

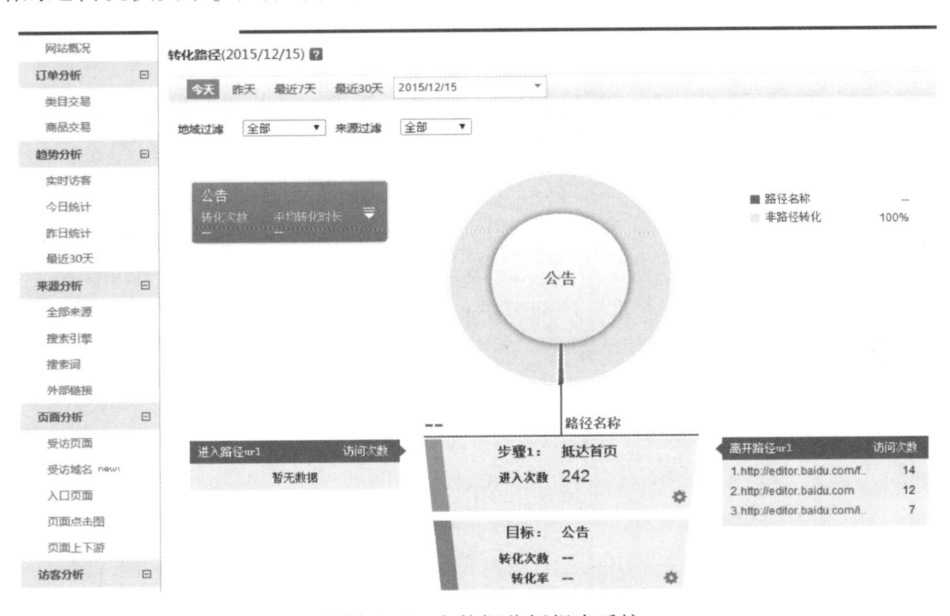

●图 1-5 大数据分析报表系统

1.8 Hadoop 生态圈以及各组成部分简介

Hadoop 生态圈涵盖了大数据应用中的所有技术框架，不同的技术框架，其底层原理和应用场景都不一样，下面先了解大数据生态圈中常用的相关技术。大数据生态圈如图 1-6 所示。

（1）HDFS（Hadoop 分布式文件系统）

HDFS 源自于 Google 的 GFS 论文，发表于 2003 年 10 月，HDFS 是 GFS 克隆版。HDFS

是 Hadoop 体系中数据存储管理的基础。它是一个高度容错的系统，能检测和应对硬件故障，用于在低成本的通用硬件上运行。HDFS 简化了文件的一致性模型，通过流式数据访问，提供高吞吐量应用程序数据访问功能，适合带有大型数据集的应用程序。它提供了一次写入多次读取的机制，数据以块的形式同时分布在集群不同的物理机器上。

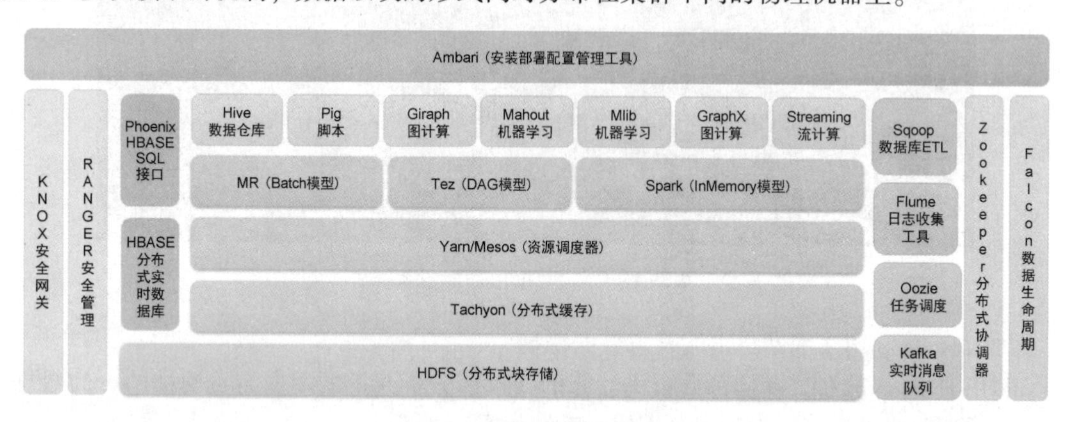

●图 1-6　大数据生态圈

（2）MapReduce（分布式计算框架）

MapReduce 源自于 Google 的 MapReduce 论文，发表于 2004 年 12 月，Hadoop MapReduce 是 Google MapReduce 的克隆版。MapReduce 是一种分布式计算模型，用以进行大数据量的计算。它屏蔽了分布式计算框架的细节，将计算抽象成 Map 和 Reduce 两部分，其中 Map 对数据集上的独立元素进行指定的操作，生成键-值对形式的中间结果。Reduce 则对中间结果中相同“键”的所有“值”进行规约，以得到最终结果。MapReduce 非常适合在由大量计算机组成的分布式并行环境里进行数据处理。

（3）Hbase（分布式列存数据库）

Hbase 源自 Google 的 Bigtable 论文，发表于 2006 年 11 月，Hbase 是 Google Bigtable 的克隆版，是一个建立在 HDFS 之上，面向列的针对结构化数据的可伸缩、高可靠、高性能、分布式的动态模式数据库。Hbase 采用了 Bigtable 的数据模型——增强的稀疏排序映射表（Key/Value），其中，键由行关键字、列关键字和时间戳构成。Hbase 提供了对大规模数据的随机、实时读写访问，同时，Hbase 中保存的数据可以使用 MapReduce 来处理，它将数据存储和并行计算完美地结合在一起。

（4）Zookeeper（分布式协作服务）

Zookeeper 源自 Google 的 Chubby 论文，发表于 2006 年 11 月，Zookeeper 是 Chubby 的克隆版，解决分布式环境下的数据管理问题：统一命名、状态同步、集群管理、配置同步等。Hadoop 的许多组件依赖于 Zookeeper，它运行在计算机集群上面，用于管理 Hadoop 操作。

（5）Hive（数据仓库）

Hive 由 Facebook 开源，最初用于解决海量结构化的日志数据统计问题。Hive 定义了一种类似 SQL 的查询语言（HQL），将 SQL 转为 MapReduce 任务在 Hadoop 上执行。通常用于离线分析。HQL 用于运行存储在 Hadoop 上的查询语句，Hive 让不熟悉 MapReduce 的开发人员也能编写数据查询语句，然后这些语句被翻译为 Hadoop 上面的 MapReduce 任务。

(6) Pig (ad-hoc 脚本)

Pig 由雅虎开源，其设计动机是提供一种基于 MapReduce 的 ad-hoc (计算在 query 时发生) 数据分析工具。

Pig 定义了一种数据流语言——Pig Latin，它是 MapReduce 编程复杂性的抽象，Pig 平台包括运行环境和用于分析 Hadoop 数据集的脚本语言 (Pig Latin)。其编译器将 Pig Latin 翻译成 MapReduce 程序序列，将脚本转换为 MapReduce 任务在 Hadoop 上执行。通常用于进行离线分析。

(7) Sqoop (数据 ETL/同步工具)

Sqoop 是 SQL-to-Hadoop 的缩写，主要用于在传统数据库和 Hadoop 之间传输数据。数据的导入和导出本质上是 MapReduce 程序，充分利用了 MapReduce 的并行化和容错性。Sqoop 利用数据库技术描述数据架构，用于在关系数据库、数据仓库和 Hadoop 之间转移数据。

(8) Flume (日志收集工具)

Flume 是 Cloudera 开源的日志收集系统，具有分布式、高可靠、高容错、易于定制和扩展的特点。它将数据从产生、传输、处理到最终写入目标的路径及过程抽象为数据流，在具体的数据流中，数据源支持在 Flume 中定制数据发送方，从而支持收集各种不同协议数据。同时，Flume 数据流提供对日志数据进行简单处理的能力，如过滤、格式转换等。此外，Flume 还具有能够将日志写至各种数据目标 (可定制) 的能力。总的来说，Flume 是一个可扩展、适合复杂环境的海量日志收集系统。当然也可以用于收集其他类型数据。

(9) Mahout (数据挖掘算法库)

Mahout 起源于 2008 年，最初是 Apache Lucent 的子项目，它在极短的时间内取得了长足的发展，现在是 Apache 的顶级项目。Mahout 的主要目标是创建一些可扩展的机器学习领域的经典算法，旨在帮助开发人员更加方便快捷地创建智能应用程序。Mahout 现在已经包含了聚类、分类、推荐引擎 (协同过滤) 和频繁集挖掘等广泛使用的数据挖掘方法。

除了算法，Mahout 还包含数据的输入/输出工具、与其他存储系统 (如数据库、MongoDB 或 Cassandra) 集成等数据挖掘支持架构。

(10) Oozie (工作流调度器)

Oozie 是一个可扩展的工作体系，集成于 Hadoop 的堆栈，用于协调多个 MapReduce 作业的执行。它能够管理一个复杂的系统，基于外部事件来执行，外部事件包括数据的定时和数据的出现。

Oozie 工作流是放置在控制依赖 DAG (有向无环图 Direct Acyclic Graph) 中的一组动作 (如 Hadoop 的 Map/Reduce 作业、Pig 作业等)，其指定了动作执行的顺序。Oozie 使用 HPDL (一种 XML 流程定义语言) 来描述 DAG 有向无环图。

(11) Yarn (分布式资源管理器)

Yarn 是下一代 MapReduce，即 MRv2，是在第一代 MapReduce 基础上演变而来的，主要是为了解决原始 Hadoop 扩展性较差，不支持多计算框架等问题而提出的。Yarn 是下一代 Hadoop 计算平台，是一个通用的运行时框架，用户可以编写自己的计算框架，在该运行环境中运行。

用于自己编写的框架作为客户端的一个 lib，在运用提交作业时打包即可。该框架提供了以下几个组件。

1）资源管理：包括应用程序管理和机器资源管理。

2）资源双层调度：ResourceManager 先将资源分配给 AppMaster，AppMaster 再将资源进一步分配给 Task。

3）容错性：各个组件均有考虑容错性。

4）扩展性：可扩展到上万个节点。

（12）Mesos（分布式资源管理器）

Mesos 诞生于加州大学伯克利分校（UC Berkeley）的一个研究项目，现已成为 Apache 项目，当前有一些公司使用 Mesos 管理集群资源，比如 Twitter。与 Yarn 类似，Mesos 是一个资源统一管理和调度的平台，同样支持 MapReduce、Streaming 等多种运算框架。

（13）Tachyon（分布式内存文件系统）

Tachyon 是以内存为中心的分布式文件系统，拥有高性能和容错能力，能够为集群框架（如 Spark、MapReduce）提供可靠的内存级速度的文件共享服务。Tachyon 诞生于 UC Berkeley 的 AMPLab，如今已将 Tachyon 更名为 Alluxio。

（14）Tez（DAG 计算模型）

Tez 是 Apache 最新开源的支持 DAG 作业的计算框架，它直接源于 MapReduce 框架，核心思想是将 Map 和 Reduce 两个操作进一步拆分，即 Map 被拆分成 Input、Processor、Sort、Merge 和 Output，Reduce 被拆分成 Input、Shuffle、Sort、Merge、Processor 和 Output 等。这样，这些分解后的元操作可以任意灵活组合，产生新的操作，这些操作经过一些控制程序组装后，可形成一个大的 DAG 作业。

目前 Hive 支持 MapReduce、Tez 计算模型，Tez 能完美二进制 MapReduce 程序，提升运算性能。

（15）Spark（内存 DAG 计算模型）

Spark 是一个 Apache 项目，它被标榜为“快如闪电的集群计算”。它拥有一个繁荣的开源社区，并且是目前最活跃的 Apache 项目。

最早 Spark 是加州大学伯克利分校 AMP 实验室所开源的类 Hadoop MapReduce 的通用并行计算框架。Spark 提供了一个更快、更通用的数据处理平台。和 Hadoop 相比，Spark 可以让程序在内存中运行时速度提升 100 倍，或者在磁盘上运行时速度提升 10 倍。

（16）ApacheGiraph（图计算模型）

ApacheGiraph 是一个可伸缩的分布式迭代图处理系统，基于 Hadoop 平台，灵感来自 BSP（Bulk Synchronous Parallel）和 Google 的 Pregel。Giraph 最早出自雅虎，雅虎在开发 Giraph 时采用了 Google 工程师于 2010 年发表的论文《Pregel：大规模图表处理系统》中的原理。后来，雅虎将 Giraph 捐赠给了 Apache 软件基金会。

目前所有人都可以下载 Giraph，它已经成为 Apache 软件基金会的开源项目，并得到 Facebook 的支持，获得多方面的改进。

（17）SparkGraphX（图计算模型）

SparkGraphX 最先是加州大学伯克利分校 AMP 实验室的一个分布式图计算框架项目，目前整合在 Spark 运行框架中，为其提供 BSP 大规模并行图计算能力。

(18) SparkMLib(机器学习库)

SparkMLlib是一个机器学习库，它提供了各种各样的算法，这些算法用来在集群上针对分类、回归、聚类、协同过滤等场景中。

(19) Streaming(流计算模型)

Spark Streaming支持对流数据的实时处理，以微批的方式对实时数据进行计算。Flink支持对流数据实现真正意义上实时处理，底层引擎是流处理引擎。

(20) Kafka(分布式消息队列)

Kafka是Linkedin于2010年12月开源的消息系统，它主要用于处理活跃的流式数据。活跃的流式数据在Web网站应用中非常常见，这些数据包括网站的页面浏览量、用户访问了什么内容、搜索了什么内容等。这些数据通常以日志的形式记录下来，然后每隔一段时间进行一次统计处理。

(21) Apache Phoenix(Hbase SQL接口)

Apache Phoenix是Hbase的SQL驱动，Phoenix使得Hbase支持通过Java数据库连接(Java Database Connectivity，JDBC)的方式进行访问，并将SQL查询转换成Hbase的扫描和相应的动作。

(22) Apache Ranger(安全管理工具)

Apache Ranger是一个Hadoop集群权限框架，提供操作、监控、管理复杂的数据权限，它提供一个集中的管理机制，管理基于Yarn的Hadoop生态圈的所有数据权限。

(23) Apache Knox(Hadoop安全网关)

Apache Knox是一个访问Hadoop集群的restapi网关，它为所有rest访问提供了一个简单的访问接口，能完成3A(Authentication，Authorization，Auditing)认证和单点登录(Single Sign on，SSO)等。

(24) Apache Falcon(数据生命周期管理工具)

Apache Falcon是一个面向Hadoop的、新的数据处理和管理平台，设计用于数据移动、数据管道协调、生命周期管理和数据发现。它使终端用户可以快速地将它们的数据及其相关的处理和管理任务上载(Onboard)到Hadoop集群。

(25) Apache Ambari(安装部署配置管理工具)

Apache Ambari用于创建、管理、监视Hadoop的集群，是为了让Hadoop以及相关的大数据软件成为更容易使用的一个Web工具。

1.9 本章小结

本章主要介绍大数据的一些特性和大数据在行业中的应用，同时也让读者了解到Hadoop的产生背景、发展历史、生态圈，从宏观上概览大数据相关技术，初识大数据技术全貌，并建立全局的大数据技术体系认知。

第2章 Hadoop 之分布式文件系统 HDFS

2.1 构建 Hadoop 集群

目前，读者应该了解了 Hadoop 集群中的 HDFS 可以用来解决海量数据的存储，那么在它的内部是如何进行数据存储的？为了便于读者更好地学习和理解 Hadoop，需要先有 Hadoop 环境，下面来介绍如何搭建 Hadoop 环境。

2.1.1 集群简介

Hadoop 实现了一个分布式文件存储系统（HDFS）和分布式文件并行计算（MapReduce）。Hadoop 集群具体来说包含两个集群：HDFS 集群和 Yarn 集群，两者逻辑上分离，但物理上常在一起。

HDFS 集群：负责海量数据的存储，集群中的角色主要有 NameNode、DataNode。

Yarn 集群：负责海量数据运算时的资源调度，集群中的角色主要有 ResourceManager、NodeManager。

2.1.2 Hadoop 集群部署

为了方便大家学习 Hadoop，这里需要搭建一个三节点的 Hadoop 集群，搭建 Hadoop 集群所用的虚拟化软件及版本：VMware 15 Pro、CentOS 7.x，虚拟化软件和 3 个虚拟机的安装步骤省略。

一般在实际安装集群之前，都会事先对集群进行整体规划，Hadoop 集群部署规划如图 2-1 所示。

其中与 HDFS 集群相关的有 NameNode、SecondaryNameNode、DataNode，与 Yarn 集群相关的有 ResourceManager、NodeManager。node01 节点是主节点，node02 和 node03 节点是从

节点。通常会将计算节点与存储节点部署在一起，利用数据本地性提升计算的效率。还可以配置一个历史日志服务器（JobHistoryServer），方便查看历史作业信息。

服务器IP	node01	node02	node03
HDFS	NameNode		
HDFS	SecondaryNameNode		
HDFS	DataNode	DataNode	DataNode
Yarn	ResourceManager		
Yarn	NodeManager	NodeManager	NodeManager
历史日志服务器	JobHistoryServer		

●图 2-1 Hadoop 集群部署规划

1. 安装 JDK

下载 JDK 安装包，下载地址为 http://www.oracle.com/technetwork/java/javase/downloads/index.html，上传服务器，解压后配置好环境变量。

2. 上传 Hadoop 安装包并解压

访问 Hadoop 官网（http://hadoop.apache.org/）下载对应的安装包，上传 Hadoop 安装包到第一台服务器，然后进行解压，第一台服务器执行如下命令。

```
cd /kkb/soft/
tar -xzvf hadoop-3.1.4.tar.gz -C /kkb/install
```

3. 修改配置文件

配置文件目录在 /kkb/install/hadoop-3.1.4/etc/hadoop 中，需要对如下的配置文件进行修改。

（1）修改 core-site.xml 配置文件

```
<configuration>
  <property>
      <name>fs.defaultFS</name>
      <value>hdfs://node01:8020</value>
  </property>
  <property>
      <name>hadoop.tmp.dir</name>
      <value>/kkb/install/hadoop-3.1.4/hadoopDatas/tempDatas</value>
  </property>
  <!--缓冲区大小,实际工作中根据服务器性能动态调整;默认值 4096 -->
  <property>
      <name>io.file.buffer.size</name>
      <value>4096</value>
  </property>
  <!--开启 HDFS 的垃圾桶机制,删除掉的数据可以从垃圾桶中回收,单位分钟;默认值 0 -->
```

```
    <property>
        <name>fs.trash.interval</name>
        <value>10080</value>
    </property>
  <property>
        <name>hadoop.proxyuser.hadoop.hosts</name>
        <value>*</value>
    </property>
    <property>
        <name>hadoop.proxyuser.hadoop.groups</name>
        <value>*</value>
    </property>
    <property>
        <name>hadoop.http.staticuser.user</name>
        <value>hadoop</value>
    </property>
</configuration>
```

（2）修改 hdfs-site. xml 配置文件

```
<configuration>
     <property>
            <name>dfs.namenode.secondary.http-address</name>
            <value>node01:9868</value>
    </property>
    <property>
        <name>dfs.namenode.http-address</name>
        <value>node01:9870</value>
    </property>
    <!--namenode 保存 fsimage 的路径 -->
    <property>
        <name>dfs.namenode.name.dir</name>
        <value>file:///kkb/install/hadoop-3.1.4/hadoopDatas/namenodeDatas</
value>
    </property>
    <!--定义 DataNode 数据存储的节点位置,实际工作中,一般先确定磁盘的挂载目录,然后多个
目录用,进行分割  -->
    <property>
        <name>dfs.datanode.data.dir</name>
        <value>file:///kkb/install/hadoop-3.1.4/hadoopDatas/datanodeDatas</
value>
    </property>
    <!--namenode 保存 editslog 的目录 -->
```

```
    <property>
        <name>dfs.namenode.edits.dir</name>
        <value>file:///kkb/install/hadoop-3.1.4/hadoopDatas/dfs/nn/edits</
value>
    </property>
    <!--secondarynamenode 保存待合并的 fsimage -->
    <property>
        <name>dfs.namenode.checkpoint.dir</name>
        <value>file:///kkb/install/hadoop-3.1.4/hadoopDatas/dfs/snn/name</
value>
    </property>
    <!--secondarynamenode 保存待合并的 editslog -->
    <property>
        <name>dfs.namenode.checkpoint.edits.dir</name>
        <value>file:///kkb/install/hadoop-3.1.4/hadoopDatas/dfs/nn/snn/ed-
its</value>
    </property>
    <property>
        <name>dfs.replication</name>
        <value>3</value>
    </property>
    <property>
        <name>dfs.permissions.enabled</name>
        <value>false</value>
    </property>
<property>
        <name>dfs.blocksize</name>
        <value>134217728</value>
    </property>
</configuration>
```

（3）修改 mapred-site.xml 配置文件

```
<configuration>
    <property>
        <name>mapreduce.framework.name</name>
        <value>yarn</value>
    </property>
    <property>
        <name>mapreduce.job.ubertask.enable</name>
        <value>true</value>
    </property>
    <property>
```

```
        <name>mapreduce.jobhistory.address</name>
        <value>node01:10020</value>
    </property>
    <property>
        <name>mapreduce.jobhistory.webapp.address</name>
        <value>node01:19888</value>
    </property>
        <property>
        <name>yarn.app.mapreduce.am.env</name>
        <value>HADOOP_MAPRED_HOME=${HADOOP_HOME}</value>
    </property>
    <property>
        <name>mapreduce.map.env</name>
        <value>HADOOP_MAPRED_HOME=${HADOOP_HOME}</value>
    </property>
    <property>
        <name>mapreduce.reduce.env</name>
        <value>HADOOP_MAPRED_HOME=${HADOOP_HOME}</value>
    </property>
</configuration>
```

（4）修改 yarn-site.xml 配置文件

```
<configuration>
<property>
       <name>yarn.resourcemanager.hostname</name>
        <value>node01</value>
    </property>
    <property>
        <name>yarn.nodemanager.aux-services</name>
        <value>mapreduce_shuffle</value>
    </property>
     <property>
        <name>yarn.nodemanager.env-whitelist</name>
     <value>JAVA_HOME,HADOOP_COMMON_HOME,HADOOP_HDFS_HOME,HADOOP_CONF_DIR,
CLASSPATH_PREPEND_DISTCACHE,HADOOP_YARN_HOME,HADOOP_MAPRED_HOME</value>
    </property>
    <property>
        <name>yarn.scheduler.minimum-allocation-mb</name>
        <value>512</value>
    </property>
    <property>
        <name>yarn.scheduler.maximum-allocation-mb</name>
```

```
        <value>4096</value>
    </property>
    <property>
        <name>yarn.nodemanager.resource.memory-mb</name>
        <value>4096</value>
    </property>
    <property>
        <name>yarn.nodemanager.pmem-check-enabled</name>
        <value>false</value>
    </property>
    <property>
        <name>yarn.nodemanager.vmem-check-enabled</name>
        <value>false</value>
    </property>
<property>
        <name>yarn.log-aggregation-enable</name>
        <value>true</value>
</property>
<property>
<name>yarn.log.server.url</name>
<value>http://node01:19888/jobhistory/logs</value>
</property>
<property>
<name>yarn.log-aggregation.retain-seconds</name>
<value>25920000</value>
</property>

</configuration>
```

(5) 修改 workers 文件

```
node01
node02
node03
```

(6) 修改 hadoop-env.sh 文件

```
export JAVA_HOME=/kkb/install/jdk1.8.0_141
```

4. 创建文件存放目录

在第一台服务器 node01 上执行以下命令，创建对应的目录。

```
mkdir -p /kkb/install/hadoop-3.1.4/hadoopDatas/tempDatas
mkdir -p /kkb/install/hadoop-3.1.4/hadoopDatas/namenodeDatas
mkdir -p /kkb/install/hadoop-3.1.4/hadoopDatas/datanodeDatas
```

```
mkdir -p /kkb/install/hadoop-3.1.4/hadoopDatas/dfs/nn/edits
mkdir -p /kkb/install/hadoop-3.1.4/hadoopDatas/dfs/snn/name
mkdir -p /kkb/install/hadoop-3.1.4/hadoopDatas/dfs/nn/snn/edits
```

5. 分发安装目录

在 node01 执行以下命令进行安装目录的复制，复制安装目录到 node02 和 node03 节点。

```
cd /kkb/install/
scp -r hadoop-3.1.4/node02:$PWD
scp -r hadoop-3.1.4/node03:$PWD
```

6. 配置 Hadoop 的环境变量

三台机器都要进行配置 Hadoop 的环境变量，三台服务器执行以下命令。

```
sudo vim /etc/profile
export HADOOP_HOME=/kkb/install/hadoop-3.1.4
export PATH=$PATH:$HADOOP_HOME/bin:$HADOOP_HOME/sbin
```

配置完成之后执行如下命令让其生效。

```
source /etc/profile
```

7. 格式化集群

要启动 Hadoop 集群，需要启动 HDFS 和 Yarn 两个集群。注意：首次启动 HDFS 时，必须对其进行格式化操作。该操作本质上是一些清理和准备工作，因为此时的 HDFS 在物理上还是不存在的。格式化操作只有在首次启动时需要，以后再也不需要了。在 node01 执行一遍如下命令即可。

```
hdfs namenode -format
或者
hadoop namenode -format
```

出现图 2-2 所示的方框内容表示格式化成功。

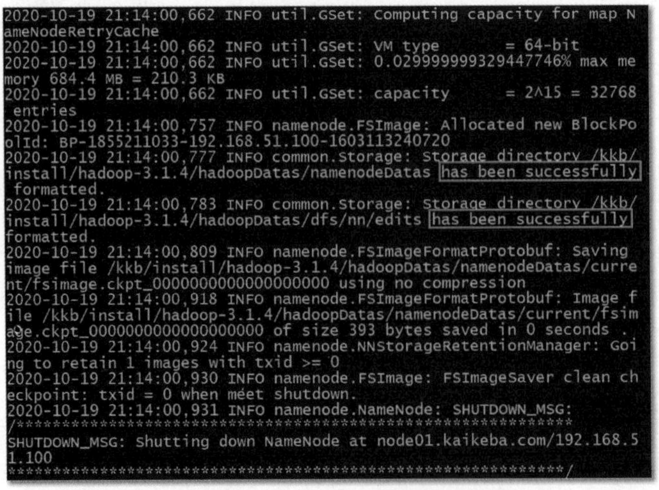

```
2020-10-19 21:14:00,662 INFO util.GSet: Computing capacity for map N
ameNodeRetryCache
2020-10-19 21:14:00,662 INFO util.GSet: VM type       = 64-bit
2020-10-19 21:14:00,662 INFO util.GSet: 0.029999999329447746% max me
mory 684.4 MB = 210.3 KB
2020-10-19 21:14:00,662 INFO util.GSet: capacity      = 2^15 = 32768
 entries
2020-10-19 21:14:00,757 INFO namenode.FSImage: Allocated new BlockPo
olId: BP-1855211033-192.168.51.100-1603113240720
2020-10-19 21:14:00,777 INFO common.Storage: Storage directory /kkb/
install/hadoop-3.1.4/hadoopDatas/namenodeDatas has been successfully
 formatted.
2020-10-19 21:14:00,783 INFO common.Storage: Storage directory /kkb/
install/hadoop-3.1.4/hadoopDatas/dfs/nn/edits has been successfully
formatted.
2020-10-19 21:14:00,809 INFO namenode.FSImageFormatProtobuf: Saving
image file /kkb/install/hadoop-3.1.4/hadoopDatas/namenodeDatas/curre
nt/fsimage.ckpt_0000000000000000000 using no compression
2020-10-19 21:14:00,918 INFO namenode.FSImageFormatProtobuf: Image f
ile /kkb/install/hadoop-3.1.4/hadoopDatas/namenodeDatas/current/fsim
age.ckpt_0000000000000000000 of size 393 bytes saved in 0 seconds .
2020-10-19 21:14:00,924 INFO namenode.NNStorageRetentionManager: Goi
ng to retain 1 images with txid >= 0
2020-10-19 21:14:00,930 INFO namenode.FSImage: FSImageSaver clean ch
eckpoint: txid = 0 when meet shutdown.
2020-10-19 21:14:00,931 INFO namenode.NameNode: SHUTDOWN_MSG:
/************************************************************
SHUTDOWN_MSG: Shutting down NameNode at node01.kaikeba.com/192.168.5
1.100
************************************************************/
```

●图 2-2　HDFS 成功格式化

2.2 Hadoop 集群启动和停止

2.2.1 Hadoop 集群启动

（1）启动 HDFS

配置好了 Hadoop 的环境变量，node01 就可以在任意目录执行如下脚本。

```
start-dfs.sh
```

查看节点上的进程（3 个进程 NameNode、SecondaryNameNode、DataNode）。

（2）启动 Yarn

同理，node01 在任意目录执行如下脚本。

```
start-yarn.sh
```

查看节点上的进程（多了两个进程，一个 ResourceManager、一个 NodeManager），这里也可以通过 start-all. sh 脚本启动 HDFS 和 Yarn。

（3）启动 Jobhistory

同理，node01 在任意目录执行如下脚本。

```
mapred --daemon start historyserver
```

查看主节点上的进程（多了 1 个进程，JobHistoryServer）

集群启动好之后，如果验证集群是否启动成功，可以分别访问对应的 web UI 界面观察。通过使用 http://主节点所在的主机名或者 IP 地址：端口来访问，如下 IP 地址是 node01 主节点 IP。

```
HDFS 集群访问地址:http://192.168.51.100:9870
Yarn 集群访问地址:http://192.168.51.100:8088
Jobhistory 访问地址:http://192.168.51.100:19888
```

2.2.2 Hadoop 集群停止

在主节点执行如下脚本，就可以把 Hadoop 集群停止关闭。

（1）停止 HDFS

```
stop-dfs.sh
```

（2）停止 Yarn

```
stop-yarn.sh
```

（3）停止 Historyserver

```
mapred --daemon stop historyserver
```

2.3 HDFS 的 Shell 命令行客户端操作

HDFS 是存取数据的分布式文件系统，那么对 HDFS 的操作，就是对文件系统的基本操作，即文件及文件夹的增删改查、权限修改，HDFS 提供了一套自己的 Shell 命令来进行操作，类似用户对 Linux 系统中的 Shell 命令。在执行 HDFS 的 shell 命令时，要确认 Hadoop 是正常运行的，可以通过命令 JPS 来查看进程，查看 Hadoop 集群当前是否是正常运行。

HDFS 命令有两种风格：hadoop fs 开头的和 hdfs dfs 开头的，两种命令均可使用，效果相同。

1）查看 HDFS 或 Hadoop 子命令的帮助信息，如 ls 子命令。

```
hdfs  dfs -help ls
hadoop fs -help ls #两个命令等价
```

2）查看 HDFS 中指定目录的文件列表，对比 Linux 命令 ls。

```
hdfs dfs -ls /
hadoop fs -ls /
hdfs dfs -ls -R /
```

3）在 HDFS 中创建文件。

```
hdfs dfs -ls /
hadoop fs -ls /
hdfs dfs -ls -R /
```

4）向 HDFS 中追加内容。

```
#将本地磁盘当前目录的 edit1.xml 内容追加到 HDFS 根目录的 edits.txt 文件
hadoop fs -appendToFile edit1.xml /edits.txt
```

5）查看 HDFS 内容。

```
hdfs dfs -cat /edits.txt
```

6）从本地路径上传文件至 HDFS。

```
#用法:hdfs dfs -put /本地路径 /hdfs 路径
hdfs dfs -put /linux 本地磁盘文件 /hdfs 路径文件
hdfs dfs -copyFromLocal /linux 本地磁盘文件 /hdfs 路径文件   #跟 put 作用一样
hdfs dfs -moveFromLocal /linux 本地磁盘文件 /hdfs 路径文件   #跟 put 作用一样,只不过,源文件被复制成功后,会被删除
```

7）在 HDFS 中下载文件。

```
hdfs dfs -get /hdfs 路径 /本地路径
hdfs dfs -copyToLocal /hdfs 路径 /本地路径  #根 get 作用一样
```

8）在 HDFS 中创建目录。

```
hdfs dfs -mkdir /shell
```

9）在 HDFS 中删除文件。

```
hdfs dfs -rm /edits.txt
```

10）在 HDFS 中修改文件名称（也可以用来移动文件到目录）。

```
hdfs dfs -mv /xcall.sh /call.sh
hdfs dfs -mv /call.sh /shell
```

11）在 HDFS 中复制文件到目录。

```
hdfs dfs -cp /xrsync.sh /shell
```

12）递归删除目录。

```
hdfs dfs -rm -r /shell
```

13）列出本地文件的内容（默认是 HDFS）。

```
hdfs dfs -ls file:///home/hadoop/
```

14）查找文件。

```
# linux find 命令
find . -name 'edit *'
# HDFS find 命令
hadoop fs -find / -name part-r-00000 # 在 HDFS 根目录中,查找 part-r-00000 文件
```

HDFS 常用命令小结：

输入 hadoop fs 或 hdfs dfs，按〈Enter〉键，查看所有的 HDFS 命令，许多命令与 Linux 命令有很大的相似性，学会举一反三，善于使用 help，如查看 ls 命令的使用说明：hadoop fs -help ls，绝大多数的大数据框架的命令，也有类似的 help 信息。

2.4 HDFS 的工作机制

2.4.1 HDFS 概述

深入理解一个技术的工作机制是灵活运用和快速解决问题的根本方法，也是唯一途径。对于 HDFS 来说，除了要明白它的应用场景和用法以及通用分布式架构之外，更重要的是

理解关键步骤的原理和实现细节。工作机制的学习主要是为加深对分布式系统的理解，以及增强遇到各种问题时的分析解决能力，形成一定的集群运维能力。

2.4.2 HDFS的重要特性

1）HDFS是一个文件系统，用于存储和管理文件，通过统一的命名空间（类似于本地文件系统的目录树）。是分布式的，服务器集群中各个节点都有自己的角色和职责。

2）HDFS中的文件在物理上是分块存储，块的大小可以通过配置参数（dfs.blocksize）来规定，默认大小在Hadoop2.x版本中是128MB，之前的版本中是64MB。

3）目录结构及文件分块位置信息（元数据）的管理由NameNode承担，NameNode是HDFS集群主节点，负责维护整个HDFS的目录树，以及每一个路径（文件）所对应的数据块信息（blockid及所在的DataNode服务器）。

4）文件的各个块的存储管理由DataNode承担，DataNode是HDFS集群从节点，每一个块都可以在多个DataNode上存储多个副本（副本数量也可以通过参数设置dfs.replication，默认是3）。

5）DataNode会定期向NameNode汇报自身所保存的文件block信息，而namenode则会负责保持文件的副本数量，HDFS的内部工作机制对客户端保持透明，客户端请求访问HDFS都是通过向NameNode申请来进行。

6）HDFS适用于一次写入，多次读出的场景，且不支持文件的修改。需要频繁的RPC交互，写入性能不好。

2.4.3 HDFS写数据流程

客户端要向HDFS写数据，首先要跟NameNode通信以确认可以写文件并获得接收文件块的DataNode，然后，客户端按顺序将文件逐个block传递给相应DataNode，并由接收到块的DataNode负责向其他DataNode复制block的副本。HDFS写数据流程如图2-3所示。

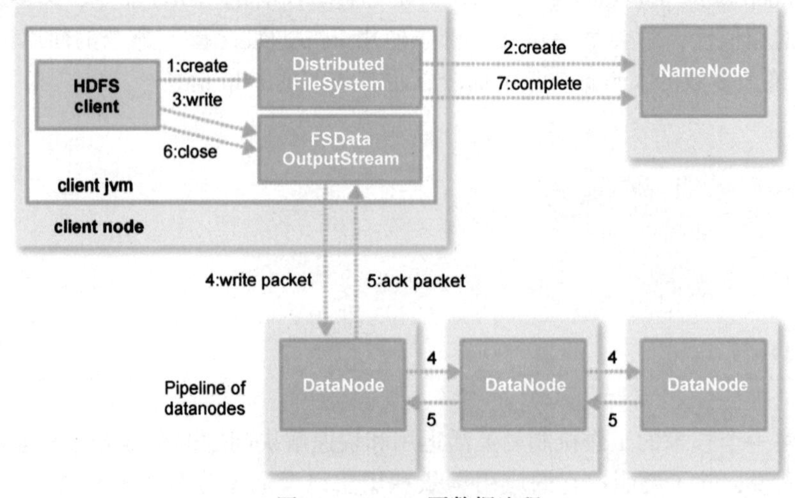

●图2-3　HDFS写数据流程

1）客户端通过调用 DistributedFileSystem 的 create 方法创建新文件。

2）DistributedFileSystem 通过 RPC 调用 NameNode 去创建一个没有块关联的新文件，创建前，NameNode 会做各种校验，比如文件是否存在，客户端有无权限去创建等。如果校验通过，NameNode 就会记录下新文件，否则就会抛出 I/O 异常。

3）前两步结束后，会返回 FSDataOutputStream 的对象，与读文件的时候相似，FS-DataOutputStream 被封装成 DFSOutputStream。DFSOutputStream 可以协调 NameNode 和 DataN-ode。客户端开始写数据到 DFSOutputStream，DFSOutputStream 会把数据切成一个个小的 packet，然后排成队列 data queue。

4）DataStreamer 会去处理 data queue，它先询问 NameNode 这个新的块最适合存储在哪几个 DataNode 里（比如重复数是 3，那么就找到 3 个最适合的 DataNode），将它们排成一个 pipeline。DataStreamer 把 packet 按队列输出到管道的第一个 DataNode 中，第一个 DataNode 又把 packet 输出到第二个 DataNode 中，以此类推。

5）DFSOutputStream 还有一个队列叫 ack queue，也是由 packet 组成，等待 Datanode 的收到响应，当 pipeline 中的所有 Datanode 都表示已经收到的时候，这时 akc queue 才会把对应的 packet 包移除掉。如果在写的过程中某个 Datanode 发生错误，会采取以下几步。

① pipeline 被关闭。

② 为了防止丢包 ack queue 里的 packet 会同步到 data queue 里。

③ 把产生错误的 Datanode 上当前在写但未完成的 block 删掉。

④ block 剩下的部分被写到剩下的两个正常的 Datanode 中。

⑤ Namenode 找到另外的 Datanode 去创建这个块的复制。当然，这些操作对客户端来说是无感知的。

6）客户端完成写数据后调用 close 方法关闭写入流。

7）DataStreamer 把剩余的包都刷到 pipeline 里，然后等待 ack 信息，收到最后一个 ack 后，通知 Datanode 把文件标视为已完成。

8）注意：客户端执行 write 操作后，写完的 block 才是可见的，正在写的 block 对客户端是不可见的，只有调用 sync 方法，客户端才确保该文件的写操作已经全部完成，当客户端调用 close 方法时，会默认调用 sync 方法。是否需要手动调用取决用户根据程序需要在数据健壮性和吞吐率之间的权衡。

2.4.4 HDFS 读数据流程

客户端将要读取的文件路径发送给 NameNode，NameNode 获取文件的元信息（主要是块的存放位置信息）返回给客户端，客户端根据返回的信息找到相应 DataNode 逐个获取文件的块并在客户端本地进行数据追加合并从而获得整个文件。HDFS 读数据流程如图 2-4 所示。

1）首先调用 FileSystem 对象的 open 方法，其实是一个 DistributedFileSystem 的实例。

2）DistributedFileSystem 通过 rpc 获得文件的第一批块的位置信息，同一个块按照重复数会返回多个位置信息，这些位置信息按照 Hadoop 拓扑结构排序，距离客户端近的排在前面。

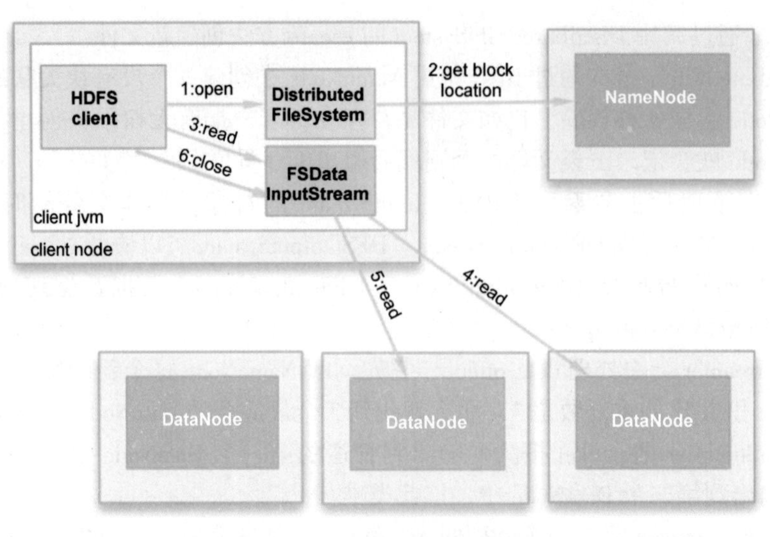

●图 2-4　HDFS 读数据流程

3）前两步会返回一个 FSDataInputStream 对象，该对象会被封装成 DFSInputStream 对象，DFSInputStream 可以方便地管理 DataNode 和 NameNode 数据流。客户端调用 read 方法，DFSInputStream 会找出离客户端最近的 DataNode 并连接。

4）数据从 DataNode 源源不断地流向客户端。

5）如果第一块的数据读完了，就会关闭指向第一块的 DataNode 连接，接着读取下一块。这些操作对客户端来说是透明的，从客户端的角度看来只是读一个持续不断的流。

6）如果第一批块都读完了，DFSInputStream 就会去 NameNode“拿”下一批块的 locations，然后继续读，如果所有的块都读完了，这时就会关闭掉所有的流。

7）如果在读数据的时候，DFSInputStream 和 DataNode 的通信发生异常，就会尝试读取正在读的块的排序第二近的 DataNode，并且会记录哪个 DataNode 发生错误，剩余的块读的时候就会直接跳过该 DataNode。DFSInputStream 也会检查块数据校验和，如果发现一个坏的块，就会先报告到 NameNode，然后 DFSInputStream 在其他的 DataNode 上读该块的镜像。

小结：该设计就是客户端直接连接 DataNode 来检索数据，并且 NameNode 负责为每一个块提供最优的 DataNode，NameNode 仅仅处理 block location 的请求，这些信息都加载在 NameNode 的内存中，HDFS 通过 DataNode 集群可以承受大量客户端的并发访问。

2.5　NameNode 和 SecondaryNameNode 功能剖析

2.5.1　NameNode 与 SecondaryNameNode 解析

NameNode 主要负责集群当中的元数据信息管理，而且元数据信息需要经常随机访问，因为元数据信息必须高效检索。那么，元数据信息保存在哪里能够快速检索？如何保证元数据的持久安全?

为了保证元数据信息的快速检索，就必须将元数据存放在内存当中，因为在内存当中元数据信息能够最快速地检索，随着元数据信息的增多（每个块大概占用150 B 的元数据信息），内存的消耗也会越来越多，如果所有的元数据信息都存放在内存，服务器断电，内存当中所有数据都消失。为了保证元数据的安全持久，元数据信息必须做可靠的持久化，在Hadoop 中，为了持久化存储元数据信息，所有元数据信息都被保存在 FSImage 文件当中，随着时间推移，FSImage 必然越来越膨胀，FSImage 的操作也将变得越来越难，为了解决元数据信息的增删改，Hadoop 当中还引入了元数据操作日志 edits 文件，edits 文件记录了客户端操作元数据的信息，随着时间的推移，edits 信息也会越来越多，为了解决 edits 文件膨胀的问题，Hadoop 中引入了 SecondaryNamenode 来专门做 FSImage 与 edits 文件的合并。NameNode 与 SecondaryNameNode 之间的工作机制如图 2-5 所示。

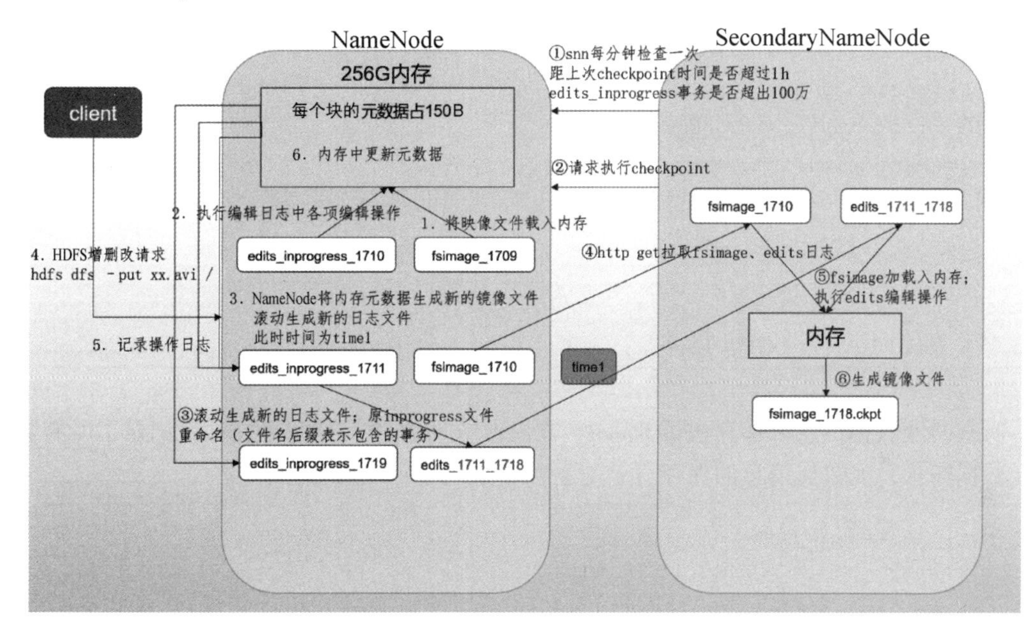

●图 2-5 NameNode 与 SecondaryNamenode 之间的工作机制

1. NameNode 工作机制

1）第一次启动 NameNode 格式化后，创建 fsimage 和 edits 文件。如果不是第一次启动，直接加载编辑日志和镜像文件到内存。

2）客户端对元数据进行增删改的请求。

3）NameNode 记录操作日志，更新滚动日志。

4）NameNode 在内存中对数据进行增删改查。

2. SecondaryNameNode 工作机制

1）SecondaryNameNode 询问 NameNode 是否需要 checkpoint。直接返回是否需要 checkpoint 的标识。

2）SecondaryNameNode 请求执行 checkpoint。

3）NameNode 滚动正在写的 edits 日志。

4）将滚动前的编辑日志和镜像文件复制到 SecondaryNameNode。

5）SecondaryNameNode 加载编辑日志和镜像文件到内存，并合并。
6）生成新的镜像文件 fsimage. chkpoint。
7）复制 fsimage. chkpoint 到 NameNode。
8）NameNode 将 fsimage. chkpoint 重新命名成 fsimage。

2.5.2 元数据的 checkpoint 的条件

SecondaryNameNode 在合并 NameNode 上的 fsimage 和 edits 的动作是达到某种条件时才会进行的，一般为到某个时间点或者操作次数达到某个特定的值时会进行 checkpoint。

```
#检查触发条件是否满足的频率,60 s
dfs.namenode.checkpoint.check.period=60
#checkpoint 失败最大重试次数
dfs.namenode.checkpoint.max-retries=3
#两次 checkpoint 之间的时间间隔 3600 s
dfs.namenode.checkpoint.period=3600
#两次 checkpoint 之间最大的操作记录
dfs.namenode.checkpoint.txns=1000000
```

2.5.3 fsimage 与 edits 详解

所有的元数据信息都保存在了 fsimage 与 eidts 文件当中，这两个文件就记录了所有数据的元数据信息，元数据信息的保存目录配置在了 hdfs-site. xml 当中。

```
<!--fsimage 目录 -->
<property>
  <name>dfs.namenode.name.dir</name>
  <value>file:///kkb/install/hadoop-3.1.4/hadoopDatas/namenodeDatas</
value>
</property>
<!-- edits 文件目录 -->
<property>
   <name>dfs.namenode.edits.dir</name>
   <value>file:///kkb/install/hadoop-3.1.4/hadoopDatas/dfs/nn/edits</
value>
</property>
```

客户端对 HDFS 进行写文件时会首先被记录在 edits 文件中，edits 修改时元数据也会更新。每次 HDFS 上有文件更新操作时，会先对 edits 文件进行更新，然后客户端才会看到最新信息。fsimage 是 NameNode 中关于元数据的镜像，一般称为检查点。一般开始时对 NameNode 的操作都放在 edits 中，为什么不放在 fsimage 中呢？

因为 fsimage 是 NameNode 的完整的镜像，内容很大，如果每次都加载到内存，则生成树状拓扑结构，这非常消耗内存和 CPU。fsimage 内容包含了 NameNode 管理下的所有 DataNode 中文件、文件块及块所在的 DataNode 的元数据信息。随着 edits 内容不断增大，满足一定条件后，它会和 fsimage 合并。

2.5.4 fsimage 和 edits 文件信息查看

可以使用命令的方式查看 fsimage 和 edits 文件信息。

（1）查看 fsimage 文件命令 hdfs oiv

```
cd  /kkb/install/hadoop-3.1.4/hadoopDatas/namenodeDatas/current
hdfs oiv -i fsimage_0000000000000000864 -p XML -o /home/hadoop/myfsimage.xml
cat /home/hadoop/myfsimage.xml
```

通过以上命令把目标文件转化成 myfsimage.xml 文件，然后通过 Linux 自带的文件查看命令查看即可。

（2）查看 edits 文件命令 hdfs oev

```
cd /kkb/install/hadoop-3.1.4/hadoopDatas/dfs/nn/edits/current
hdfs oev -i edits_0000000000000000865-0000000000000000866 -o /home/hadoop/
myedit.xml -p XML
cat /home/hadoop/myedit.xml
```

通过以上命令把目标文件转化成 myedit.xml 文件，然后通过 Linux 自带的文件查看命令查看即可。

2.6 DataNode 的工作机制及存储

HDFS 也是一个主从架构，主节点是 NameNode，负责管理整个集群以及维护集群的元数据信息，从节点是 DataNode，主要负责文件数据存储。

2.6.1 DataNode 工作机制

1）一个数据块在 DataNode 上以文件形式存储在磁盘上，包括两个文件，一个是数据本身，一个是元数据，包括数据块的长度、块数据的校验以及时间戳。可以在配置文件 hdfs-site.xml 中指定数据存储的路径。

```
<property>
    <name>dfs.datanode.data.dir</name>
    <value>file:///kkb/install/hadoop-3.1.4/hadoopDatas/datanodeDatas</
value>
</property>
```

其中，DataNode 存储数据目录结构如图 2-6 所示。

2）DataNode 启动后向 NameNode 注册，通过后，周期性（1 h）地向 NameNode 上报所有的块信息。

3）心跳是每 3 s 一次，发送心跳请求后，随后在响应结果中携带有 NameNode 给该 DataNode 的命令，如复制块数据到另一台机器，或删除某个数据块。如果超过 10 min 没有收到某个 DataNode 的心跳，则认为该节点不可用。

4）集群运行中可以安全加入和退出一些机器设备。

```
[hadoop@node01 subdir0]$ pwd
/kkb/install/hadoop-3.1.4/hadoopDatas/datanodeDatas/current/BP-515521269-192.168.7
7.100-1603783727581/current/finalized/subdir0/subdir0
[hadoop@node01 subdir0]$ ll
总用量 147740
-rw-rw-r-- 1 hadoop hadoop  188610 11月 11 17:39 blk_1073741856
-rw-rw-r-- 1 hadoop hadoop    1483 11月 11 17:39 blk_1073741856_1032.meta
-rw-rw-r-- 1 hadoop hadoop    8827 11月 11 17:39 blk_1073741857
-rw-rw-r-- 1 hadoop hadoop      79 11月 11 17:39 blk_1073741857_1033.meta
-rw-rw-r-- 1 hadoop hadoop    6375 11月 11 17:39 blk_1073741858
-rw-rw-r-- 1 hadoop hadoop      59 11月 11 17:39 blk_1073741858_1034.meta
-rw-rw-r-- 1 hadoop hadoop 1054764 11月 11 17:39 blk_1073741859
-rw-rw-r-- 1 hadoop hadoop    8251 11月 11 17:39 blk_1073741859_1035.meta
-rw-rw-r-- 1 hadoop hadoop    5445 11月 11 17:39 blk_1073741860
-rw-rw-r-- 1 hadoop hadoop      51 11月 11 17:39 blk_1073741860_1036.meta
```

●图 2-6　Datanode 存储数据目录结构

2.6.2　数据完整性保证

1）当客户端向 HDFS 写数据时，会计算数据的校验和，以此保证数据通过网络传输，到达 DataNode 后，没有丢失数据。

2）当 DataNode 读取块的时候，它会计算 checksum 值，如果计算后的 checksum 与块创建时的值不一样，说明块已经损坏，client 读取其他 DataNode 上的块。

3）DataNode 在其文件创建后周期性地验证 checksum。

2.6.3　DataNode 掉线判断时限参数

DataNode 进程死亡或者网络故障造成 DataNode 无法与 NameNode 通信，NameNode 不会立即把该节点判定为死亡，要经过一段时间后才会进行判定，这段时间暂称作超时时长。HDFS 默认的超时时长为 10 min+30 s。如果定义超时时间为 timeout，则超时时长的计算公式为：

```
timeout  = 2 * heartbeat.recheck.interval + 10 * dfs.heartbeat.interval
```

其中默认的 heartbeat. recheck. interval 大小为 5 min，dfs. heartbeat. interval 默认为 3 s。需要注意的是，hdfs - site. xml 配置文件中的 heartbeat. recheck. interval 的单位为 ms，dfs. heartbeat. interval 的单位为 s。举个例子，如果 heartbeat. recheck. interval 设置为 5000（ms），dfs. heartbeat. interval 设置为 3（s，默认值），则总的超时时间为 40 s。hdfs-site. xml 超时时间参数配置如下。

```
<property>
    <name>dfs.namenode.heartbeat.recheck-interval</name>
```

```
    <value>300000</value>
</property>
<property>
    <name> dfs.heartbeat.interval </name>
    <value>3</value>
</property>
```

2.7 HDFS的安全模式

安全模式是HDFS所处的一种特殊状态，文件系统只接受读请求，不接受写请求，如删除、修改等变更请求。

在NameNode主节点启动时，HDFS首先进入安全模式。

1）DataNode在启动时会向NameNode汇报可用的块等状态，当整个系统达到安全标准时，HDFS自动离开安全模式。

2）如果HDFS处于安全模式下，则文件块不能进行任何的副本复制操作，因此达到最小的副本数量要求是基于DataNode启动时的状态来判定的。

3）启动时不会再做任何复制（从而达到最小副本数量要求）。

4）HDFS集群刚启动时，默认30 s的时间是出于安全期的，只有过了30 s之后，集群脱离了安全期，然后才可以对集群进行操作。

那么何时退出安全模式？比如NameNode知道集群共多少个块（不考虑副本），假设值是total，NameNode启动后，会上报block report，NameNode开始累加统计满足最小副本数（默认1）的块个数，假设是num，当num/total > 99.9%（可以通过参数dfs.namenode.safemode.threshold-pct配置阈值）时，退出安全模式。也可以通过命令的方式查看集群是否在安全模式下，命令如下。

```
[hadoop@node01 hadoop]$hdfs dfsadmin -safemode
Usage:hdfs dfsadmin [-safemode enter |leave |get |wait]
#enter 表示进入安全模式
#leave 表示强制离开安全模式
#get 查看当前状态
#wait 一直等待直到安全模式结束
```

2.8 本章小结

本章主要介绍了Hadoop中分布式文件存储系统HDFS，详细概述了NameNode、SecondaryNameNode、DataNode内部的原理和工作机制，帮助读者建立分布式文件系统的思维，为后续学习分布式计算打下基础。

第 3 章
Hadoop 之分布式计算 MapReduce

3.1 MapReduce 概述

3.1.1 MapReduce 介绍

MapReduce 是一个高性能的批处理分布式计算框架，用于对海量数据进行并行分析和处理。与传统数据仓库和分析技术相比，MapReduce 适合处理各种类型的数据，包括结构化、半结构化和非结构化数据。数据量在 TB 和 PB 级别，在这个量级上，传统方法通常已经无法处理数据。MapReduce 将分析任务分为大量的并行 Map 任务和 Reduce 汇总任务两类，Map 任务和 Reduce 任务运行在多个服务器上。

MapReduce 是一个分布式运算程序的编程框架，是用户开发“基于 Hadoop 的数据分析应用”的核心框架。MapReduce 的核心功能是将用户编写的业务逻辑代码和自带默认组件整合成一个完整的分布式运算程序，并发运行在一个 Hadoop 集群上。

3.1.2 为什么要使用 MapReduce

1）由于单节点的硬件资源限制，海量数据无法在单节点上完成任务的计算。

2）一旦将单机版程序扩展到集群来分布式运行，会极大增加程序的复杂度和开发难度。

3）引入 MapReduce 框架后，开发人员可以将绝大部分工作集中在业务逻辑的开发上，而将分布式计算中的复杂性交由框架来处理。

3.2 MapReduce 框架结构及核心运行机制

一个完整的 MapReduce 程序在分布式运行时有三类实例进程。

1）MRAppMaster：负责整个程序的过程调度及状态协调。

2）MapTask：负责 Map 阶段的整个数据处理流程。

3）ReduceTask：负责 Reduce 阶段的整个数据处理流程。

MapReduce 的核心运行流程如图 3-1 所示。MapReduce 程序的执行过程分为两个阶段：Mapper 阶段和 Reducer 阶段。其执行步骤如下。

（1）Map 任务处理

1）读取输入文件内容，解析成 key、value 键值对。对输入文件的每一行，解析成 key、value 键值对。每一个键值对调用一次 Map 函数。

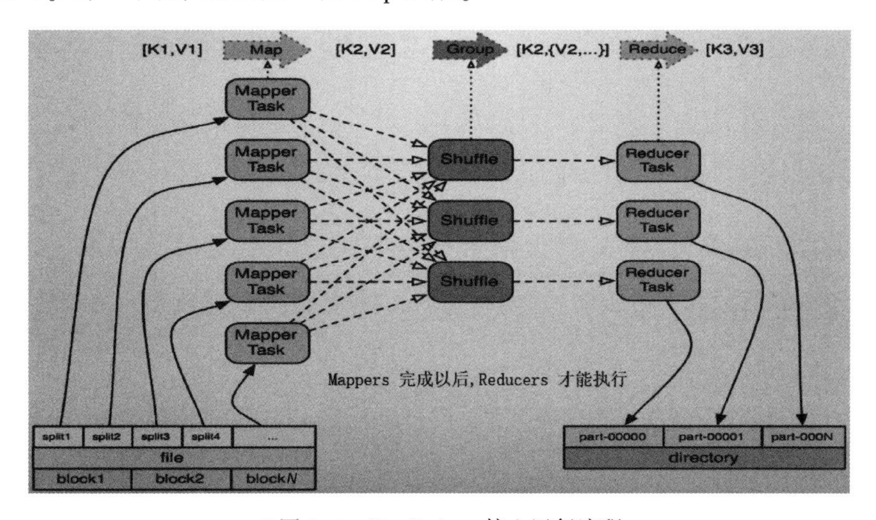

●图 3-1　MapReduce 核心运行流程

2）自行编写逻辑，对输入的 key、value 处理，转换成新的 key、value 输出。

3）对输出的 key、value 进行分区。

4）对不同分区的数据，按照 key 进行排序、分组。相同 key 的 value 放到一个集合中。

5）（可选）分组后的数据进行归约。

（2）Reduce 任务处理

1）对多个 Map 任务的输出，按照不同的分区，通过网络 copy 到不同的 Reduce 节点。

2）对多个 Map 任务的输出进行合并、排序。写 Reduce 函数自己的逻辑，对输入的 key、values 处理，转换成新的 key、value 输出。

3）把 Reduce 的输出保存到文件中。

3.3　MapReduce 编程规范和示例编写

3.3.1　编程规范

MapReduce 编程有一定的规范，在实际开发程序的过程，需要按照如下的规范编写程序。

1）用户编写的程序分成三个部分：Mapper，Reducer，Driver（提交运行 MapReduce 程序的客户端）。

2）Mapper 的输入数据是 KV 对的形式（KV 的类型可自定义）。

3）Mapper 的输出数据是 KV 对的形式（KV 的类型可自定义）。

4）Mapper 中的业务逻辑写在 map( )方法中。

5）map( )方法（Maptask 进程）对每一个<K,V>调用一次。

6）Reducer 的输入数据类型对应 Mapper 的输出数据类型，也是 KV。

7）Reducer 的业务逻辑写在 reduce( )方法中。

8）Reducetask 进程对每一组相同 K 的<K,V>组调用一次 reduce( )方法。

9）用户自定义的 Mapper 和 Reducer 都要继承各自的父类。

10）整个程序需要一个 Driver 来进行提交，提交的是一个描述了各种必要信息的 job 对象。

3.3.2 MapReduce 编程入门之单词计数

需求描述：利用 MapReduce 统计 HDFS 上一个文件中每个单词出现的次数。文件 bigdata.txt 内容数据如下。

```
hello you
hello me
hello her
hello hadoop hadoop
```

1）创建 maven 工程并导入以下 jar 包。

```
<dependency>
    <groupId>org.apache.hadoop</groupId>
    <artifactId>hadoop-client</artifactId>
    <version>3.1.4</version>
</dependency>
```

2）定义 Mapper 类。

```
/*
  *首先要定义四个泛型的类型
  *KEYIN:key 的输入参数类型 LongWritable, VALUEIN: value 的输入参数类型 Text
  *KEYOUT:key 输出参数类型 Text, VALUEOUT:value 的输出参数类型 IntWritable
  */
//定义 Mapper 类
public class WordCountMapper extends Mapper<LongWritable, Text, Text, IntWrit-
able>{
        //map 方法的生命周期：框架每传一行数据就被调用一次
```

```
    //key:这一行的起始点在文件中的偏移量
    //value:这一行的内容
    @Override
    protected void map(LongWritable key, Text value, Context context) throws
IOException, InterruptedException {
        //拿到一行数据转换为string
        String line = value.toString();
        //将这一行切分出各个单词
        String[] words = line.split(" ");
        //遍历数组,输出<单词,1>
        for(String word:words){
            //写出数据
            context.write(new Text(word), new IntWritable(1));
        }
    }
}
```

3）定义 Reducer 类。

```
/**
 * KEYIN:key 输入参数类型 VALUEIN: value 输入参数类型
 * KEYOUT:key 输出参数类型 VALUEOUT:value 输出参数类型
 *
 */
//定义 Reducer 类
public class WordCountReducer extends Reducer<Text, IntWritable, Text, IntWrit-
able>{
    //覆盖 reduce 方法
    @Override
    protected void reduce(Text key,Iterable<IntWritable> values,Context con-
text)
            throws IOException, InterruptedException {
                //定义一个计数器
                int count = 0;
                //遍历这一组 KV 的所有 V,累加到 count 中
                for(IntWritable value:values){
                    count += value.get();
                }
                //写出数据
                context.write(key, new IntWritable(count));
    }
}
```

4）定义一个 Main 主类，用来描述 job 并提交 job。

```
/*
 *需求：利用 MapReduce 统计 HDFS 上一个文件中每个单词出现的次数
 */
//定义一个主类,用来描述 job 并提交 job
public class WordCount {
    public static void main(String[] args) throws Exception {
        //构造 HDFS 的 Configuration 对象
        Configuration conf = new Configuration();
        //构造一个 job 实例
        Job job = new Job(conf, "WordCount");
        //根据 WordCount 类的位置设置 jar 文件
        job.setJarByClass(WordCount.class);
        //设置 Mapper 类和 Reducer 类
        job.setMapperClass(WordCountMapper.class);
        job.setReducerClass(WordCountReducer.class);
        //设置业务逻辑 Mapper 类的输出 key 和 value 的数据类型
        job.setMapOutputKeyClass(Text.class);
        job.setMapOutputValueClass(IntWritable.class);
        //设置业务逻辑 Reducer 类的输出 key 和 value 的数据类型
        job.setOutputKeyClass(Text.class);
        job.setOutputValueClass(IntWritable.class);

        //指定要处理的数据所在的位置
        FileInputFormat.setInputPaths(job, new Path(args[0]));
        //指定处理完成之后的结果所保存的位置
        FileOutputFormat.setOutputPath(job, new Path(args[1]));

        //向 Yarn 集群提交这个 job
        boolean res = job.waitForCompletion(true);
        System.exit(res?0:1);
    }
}
```

5）将程序 export 导出打包成 jar，命名为 wordCount. jar。

6）上传 wordCount. jar 到服务器上。

7）运行 jar 包。

```
hadoop jar  wordCount.jar cn.test.mapreduce.WordCount  /input/bigdata.txt  /
output
```

8）运行完成后查看 HDFS 上的输出目录/output 结果。

3.4　MapTask 数量及切片机制

3.4.1　MapTask 个数

在运行 MapReduce 程序的时候，用户可以清晰地看到会有多个 MapTask 的运行。那么 MapTask 的个数究竟与什么有关？是不是 MapTask 越多越好，或者说是不是 MapTask 的个数越少越好呢？

一个 job 的 Map 阶段并行度由客户端在提交 job 时决定，而客户端对 Map 阶段并行度的规划的基本逻辑为：将待处理数据执行逻辑切片（即按照一个特定切片大小，将待处理数据划分成逻辑上的多个 split），然后每一个 split 分配一个 MapTask 并行实例处理，这段逻辑及形成的切片规划描述文件，由 FileInputFormat 实现类的 getSplits( )方法完成。切片流程如图 3-2 所示。

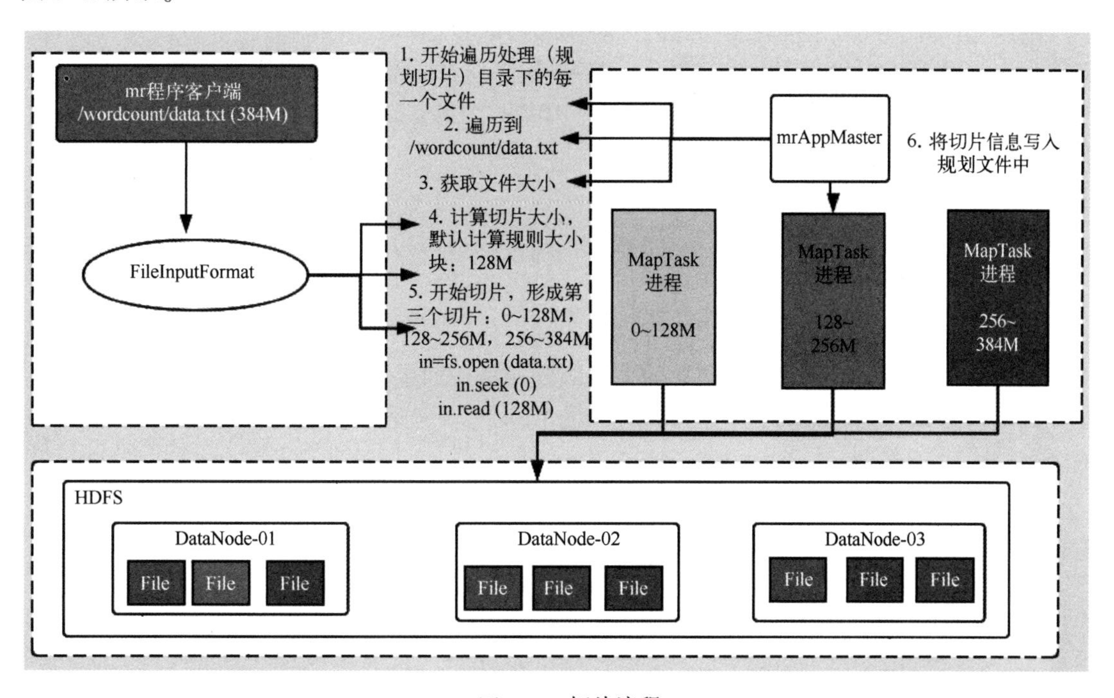

●图 3-2　切片流程

查看 FileInputFormat 的源码，里面 getSplits 的方法便是获取所有的切片，其中 ComputeSplitSize 方法便是获取切片大小。源码中获取切片大小计算如图 3-3 所示。

其中切片大小的计算公式如下。

```
Math.max(minSize, Math.min(maxSize, blockSize));
mapreduce.input.fileinputformat.split.minsize=1 默认值为 1
```

```
mapreduce.input.fileinputformat.split.maxsize= Long.MAXValue 默认值 Long.MAXValue
blockSize 为 128 M
```

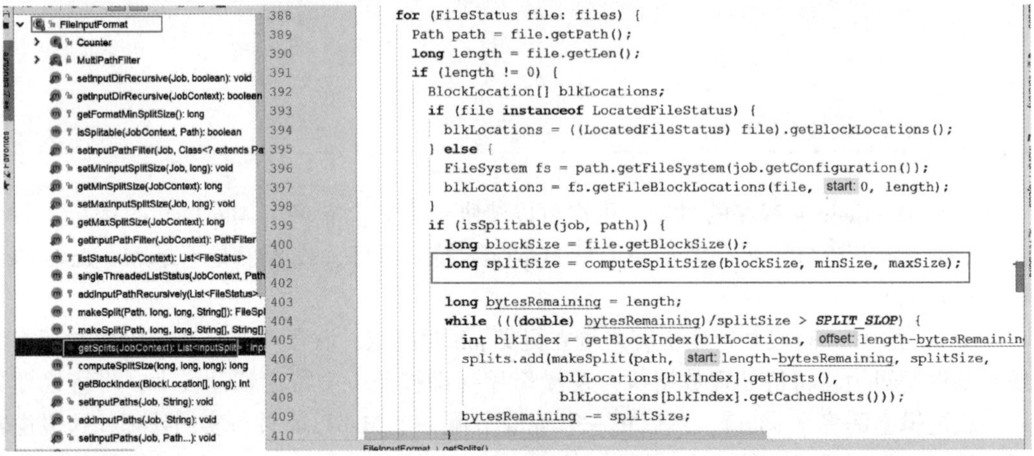

```
for (FileStatus file: files) {
  Path path = file.getPath();
  long length = file.getLen();
  if (length != 0) {
    BlockLocation[] blkLocations;
    if (file instanceof LocatedFileStatus) {
      blkLocations = ((LocatedFileStatus) file).getBlockLocations();
    } else {
      FileSystem fs = path.getFileSystem(job.getConfiguration());
      blkLocations = fs.getFileBlockLocations(file, start: 0, length);
    }
    if (isSplitable(job, path)) {
      long blockSize = file.getBlockSize();
      long splitSize = computeSplitSize(blockSize, minSize, maxSize);

      long bytesRemaining = length;
      while (((double) bytesRemaining)/splitSize > SPLIT_SLOP) {
        int blkIndex = getBlockIndex(blkLocations, offset: length-bytesRemainin
        splits.add(makeSplit(path, start: length-bytesRemaining, splitSize,
                    blkLocations[blkIndex].getHosts(),
                    blkLocations[blkIndex].getCachedHosts()));
        bytesRemaining -= splitSize;
```

●图 3-3　split 分片大小计算

由以上计算公式可以推算出切片的大小刚好与块相等，如果 HDFS 上有以下两个文件，文件大小分别为 320MB 和 10MB，那么会启动多少个 MapTask？比如待处理数据有两个文件，file1. txt 大小为 320MB，file2. txt 大小为 10MB。经过 FileInputFormat 的切片机制运算后，形成的切片信息如下。

```
file1.txt.split1-- 0-128 M
file1.txt.split2-- 128 M-256 M
file1.txt.split3-- 256 M-320 M
file2.txt.split1-- 0-10 M
```

最后一共就会有四个切片，与块的个数刚好相等，如果有 1000 个小文件，每个小文件是 0. 001 ~ 100MB 之间，那么启动 1000 个 MapTask 是否合适，该如何合理地控制 MapTask 的个数？

3. 4. 2　如何控制 MapTask 的个数

如果需要控制 MapTask 的个数，只需要调整 maxsize 和 minsize 这两个值，那么切片的大小就会改变，切片大小改变之后，MapTask 的个数就会改变。

1）maxsize（切片最大值）：参数如果调得比 blockSize 小，则会让切片变小，而且就等于配置的这个参数的值。

2）minsize（切片最小值）：参数调的比 blockSize 大，则可以让切片变得比 blockSize 还大。

3. 4. 3　Map 并行度的经验之谈

如果 job 的每个 Map 或者 Reduce task 的运行时间都只有 30 ~ 40 s，那么就减少该 job 的

Map 或者 Reduce 数，将每一个 task（map | reduce）的 setup 和加入调度器中进行调度，这一中间过程可能都要花费几秒钟，所以如果每个 task 都非常快就跑完了，就会在 task 的开始和结束时浪费太多的时间。

配置 task 的 JVM 重用（JVM 重用技术不是指同一 job 的两个或两个以上的 task 可以同时运行于同一 JVM 上，而是排队按顺序执行。）可以改善该问题：

（mapred. job. reuse. jvm. num. tasks，默认是 1，表示一个 JVM 上最多可以顺序执行的 task 数目（属于同一个 job）是 1。也就是说一个 task 启动一个 JVM）如果 input 的文件非常大，比如 1 TB，可以考虑将 HDFS 上的每个 blockSize 设大，比如设成 256 MB 或者 512 MB。

3.5　ReduceTask 并行度的决定

ReduceTask 的并行度同样影响整个 job 的执行并发度和执行效率，但与 MapTask 的并发数由切片数决定不同，ReduceTask 数量可以直接手动设置。

```
//默认值是 1,手动设置为 4
job.setNumReduceTasks(4);
```

如果数据分布不均匀，就有可能在 Reduce 阶段产生数据倾斜。

注意：

ReduceTask 数量并不是任意设置，还要考虑业务逻辑需求，有些情况下，需要计算全局汇总结果，就只能有 1 个 ReduceTask，尽量不要运行太多的 ReduceTask。

3.6　MapReduce 中的 combiner

1）combiner 是 MapReduce 程序中 Mapper 和 Reducer 之外的一种组件。

2）combiner 组件的父类就是 Reducer。

3）combiner 和 Reducer 的区别在于运行的位置：combiner 是在每一个 MapTask 所在的节点运行，Reducer 是接收全局所有 Mapper 的输出结果。

4）combiner 的意义就是对每一个 MapTask 的输出进行局部汇总，以减小网络传输量。

其中 combiner 具体实现步骤如下。

① 自定义一个 combiner 继承 Reducer，重写 reduce 方法。

② 在 job 中设置：job. setCombinerClass（CustomCombiner. class）。

5）combiner 能够应用的前提是不能影响最终的业务逻辑，而且 combiner 的输出 KV 应该跟 Reducer 的输入 KV 类型要对应起来。

6）测试。

在之前的 wordCount 案例中加入 combiner，在驱动类的 main 方法里面添加如下代码。

```
//设置 Combiner 类
job.setCombinerClass(WordCountReducer.class);
```

7）提交运行。

```
#运行任务
hadoop jar  wordCount.jar cn.test.mapreduce.WordCount  /input/bigdata.txt  /
output
```

3.7 MapReduce 中的 Shuffle

数据从 Map 到 Reduce 的过程，被称之为 Shuffle 过程，MapReduce 使到 Reduce 的数据一定经过 key 的排序，那么 Shuffle 是如何运作的？

当 Map 任务将数据输出时，不仅仅是将结果输出到磁盘，还将其写入内存缓冲区域，并进行一些预分类。Shuffle 流程如图 3-4 所示。

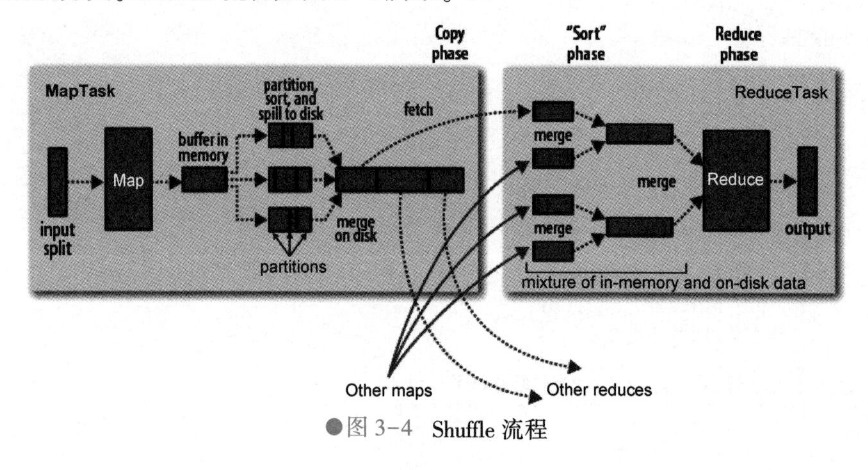

●图 3-4　Shuffle 流程

3.7.1 Map 端

首先 Map 任务的 output 过程是一个环状的内存缓冲区，缓冲区的大小默认为 100 MB（可通过修改配置项 mapreduce. task. io. sort. mb 进行修改），当写入内存的大小达到一定比例，默认为 80%（可通过 mapreduce. map. sort. spill. percent 配置项修改），便开始写入磁盘。

在写入磁盘之前，线程会将指定数据写入与 Reduce 相应的 partitions 中，最终传送给 Reduce. 在每个 partition 中，后台线程将会在内存中进行 key 的排序（如果代码中有 combiner 方法，则会在 output 时就进行 sort 排序，这里，如果只有少于 3 个写入磁盘的文件，combiner 将会在 outputfile 前启动，如果只有一个或两个，则不会调用）。

这里将 Map 输出的结果进行压缩会大大减少磁盘 IO 与网络传输的开销（配置参数 mapreduce. map. output. compress 设置为 true，如果使用第三方压缩 jar，可通过 mapreduce. map. output. compress. codec 进行设置）。

随后这些 partitions 输出文件将会通过 HTTP 发送至 Reducers，传送的最大启动线程通过 mapreduce. shuffle. max. threads 进行配置。

3.7.2 Reduce 端

上面每个节点的 Map 都将结果写入了本地磁盘中，现在 Reduce 需要将 Map 的结果通过集群拉取过来，这里要注意的是，需要等到所有 Map 任务结束后，Reduce 才会对 Map 的结果进行复制，由于 Reduce 函数有少数几个复制线程，以至于它可以同时拉取多个 Map 的输出结果。默认的为 5 个线程（可通过修改配置 mapreduce. reduce. shuffle. parallelcopies 来修改其个数）。那么 Reducers 如何知道从哪些机器拉取数据?

当所有 Map 的任务结束后，applicationMaster 通过心跳机制，由它知道 mapping 的输出结果与机器 host，所以 Reducer 会定时通过一个线程访问 applicationmaster 请求 Map 的输出结果。

Map 的结果将会被复制到 ReduceTask 的 JVM 的内存中（内存大小可在 mapreduce. reduce. shuffle. input. buffer. percent 中设置），如果不够用，则会写入磁盘。当内存缓冲区的大小到达一定比例时（可通过 mapreduce. reduce. shuffle. merge. percent 设置），或 Map 的输出结果文件过多时（可通过配置 mapreduce. reduce. merge. inmen. threshold），将会触发合并（merged）随之写入磁盘。需要注意的，所有的 Map 结果这时都是被压缩过的，需要先在内存中进行解压缩，以便后续合并它们。（合并最终文件的数量可通过 mapreduce. task. io. sort. factor 进行配置）最终 Reduce 进行运算进行输出。

3.7.3 Shuffle 小结

Shuffle 是 MapReduce 处理流程中的一个过程，它的每一个处理步骤是分散在各个 MapTask 和 ReduceTask 节点上完成的，整体来看，分为如下 3 个操作。

1）分区 partition。

2）Sort 根据 key 排序。

3）combiner 进行局部 value 的合并。

详细流程如下：

1）MapTask 将 map( )方法输出的 KV 对放到内存缓冲区中。

2）从内存缓冲区不断溢出本地磁盘文件，可能会溢出多个文件。

3）多个溢出文件会被合并成更大的溢出文件。

4）在溢出及合并的过程中，都要调用 partitioner 进行分组和针对 key 进行排序。

5）ReduceTask 根据自己的分区号，去各个 MapTask 机器上取相应的结果分区数据。

6）ReduceTask 会取到同一个分区的来自不同 MapTask 的结果文件，ReduceTask 会将这些文件再进行合并（归并排序）。

7）合并成大文件后，Shuffle 的过程也就结束了，后面进入 ReduceTask 的逻辑运算过程（从文件中逐一取出键值对 group，调用用户自定义的 reduce( )方法）。

3.8 MapReduce 与 Yarn

3.8.1 Yarn 概述

类似 HDFS，Yarn 也是经典的主从（master/slave）架构，Yarn 是一个资源调度平台，负责为运算程序提供服务器运算资源，相当于一个分布式的操作系统平台，而 MapReduce 等运算程序则相当于运行于操作系统之上的应用程序。

3.8.2 Yarn 的重要概念

1）Yarn 并不清楚用户提交的程序的运行机制。

2）Yarn 只提供运算资源的调度（用户程序向 Yarn 申请资源，Yarn 就负责分配资源）。

3）Yarn 中的主管角色叫 ResourceManager。

4）Yarn 中具体提供运算资源的角色叫 NodeManager。

5）Yarn 其实与运行的用户程序完全解耦，这意味着 Yarn 上可以运行各种类型的分布式运算程序（MapReduce 只是其中的一种），比如 MapReduce、Storm 程序，Spark 程序，Tez 等。

6）所以 Spark、Flink 等运算框架都可以整合在 Yarn 上运行，只要它们各自的框架中有符合 Yarn 规范的资源请求机制即可。

7）Yarn 就像一个通用的资源调度平台，从此企业中以前存在的各种运算集群都可以整合在一个物理集群上，以提高资源利用率，方便数据共享。

3.9 MapReduce 在 Yarn 上运行流程

理解了 MapReduce 编程思想和核心原理之后，接下来介绍 MapReduce 任务是如何提交到 Yarn 中运行的。MapReduce 在 Yarn 中的运行流程如图 3-5 所示。

用户通过编程后提交 jar 包，进行 MapReduce 分布式处理，整个运行过程分为五个环节。

1）向 client 端提交 MapReduce job。

2）随后 Yarn 的 ResourceManager 进行资源分配。

3）由 NodeManager 进行加载与监控 containers。

4）通过 applicationMaster 与 ResourceManager 进行资源的申请及状态的交互，由 NodeManagers 进行 MapReduce 运行时 job 的管理。

5）通过 HDFS 进行 job 配置文件、jar 包的各节点分发。

3.9.1 job 提交过程

job 的提交通过调用 submit( )方法创建一个 JobSubmitter 实例，并调用 submitJobInternal( )方法。整个 job 的运行过程如下。

1）向 ResourceManager 申请 application ID，此 ID 为该 MapReduce 的 jobId。

2）检查 output 的路径是否正确，是否已经被创建。

3）计算 input 的 splits。

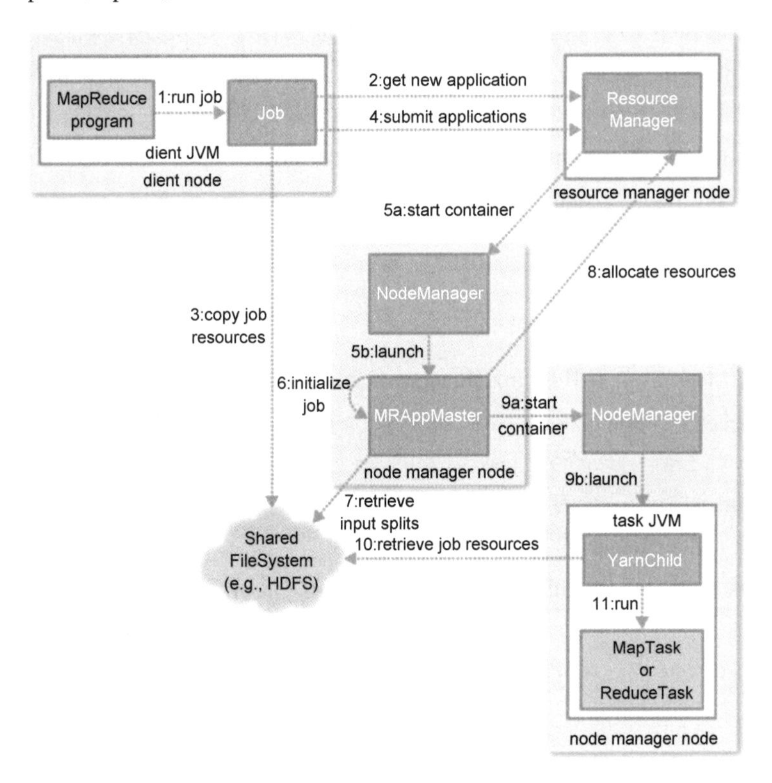

图 3-5 MapReduce 在 Yarn 中运行流程

4）复制运行 job 需要的 jar 包、配置文件以及计算 input 的 split 到各个节点。

5）在 ResourceManager 中调用 submitAppliction( )方法，执行 job。

3.9.2 job 初始化过程

1）当 ResourceManager 收到了 submitApplication( )方法的调用通知后，scheduler 开始分配 container，随之 ResouceManager 发送 applicationMaster 进程，并告知每个 nodeManager 管理器。

2）由 applicationMaster 决定如何运行 tasks，如果 job 数据量比较小，applicationMaster 便选择将 tasks 运行在一个 JVM 中。如何判别这个 job 是大是小？当一个 job 的 Mappers 数量小于 10 个，只有一个 Reducer 或者读取的文件大小要小于一个 HDFS 块时，则判定该 job

数据量较小（可通过修改配置项 mapreduce. job. ubertask. maxmaps，mapreduce. job. ubertask. maxreduces 以及 mapreduce. job. ubertask. maxbytes 进行调整）。

4）在运行 tasks 之前，applicationMaster 将会调用 setupJob( )方法，随之创建 output 的输出路径（这就能够解释，不管 MapReduce 一开始是否报错，输出路径都会创建）。

3.9.3 Task 任务分配

接下来 applicationMaster 向 ResourceManager 请求 containers，用于执行 Map 与 Reduce 的 tasks（图 3-5 中的 step 8），这里 MapTask 的优先级要高于 ReduceTask，当所有的 MapTask 结束后，随之进行 sort，最后进行 ReduceTask 的开始。运行 tasks 是需要消耗内存与 CPU 资源的，默认情况下，Map 和 Reduce 的 task 资源分配为 1024 MB 与一个核（可修改运行的最小与最大参数配置，mapreduce. map. memory. mb，mapreduce. reduce. memory. mb，mapreduce. map. cpu. vcores，mapreduce. reduce. reduce. cpu. vcores）。

3.9.4 Task 任务执行

1）这时一个 task 已经被 ResourceManager 分配到一个 container 中，由 applicationMaster 告知 nodemanager 启动 container，这个 task 将会被一个主函数为 YarnChild 的 Java application 运行，但在运行 task 之前，首先定位 task 需要的 jar 包、配置文件以及加载在缓存中的文件。

2）YarnChild 运行于一个专属的 JVM 中，所以任何一个 Map 或 Reduce 任务出现问题，都不会影响整个 nodemanager 的 crash 或者 hang。

3）每个 task 都可以在相同的 JVM task 中完成，随之将完成的处理数据写入临时文件中。

3.9.5 运行进度与状态更新

1）MapReduce 是一个较长运行时间的批处理过程，可以是一小时、几小时甚至几天，因此 job 的运行状态监控就非常重要。每个 job 以及每个 task 都有一个包含 job（running，successfully completed，failed）的状态，以及 value 的计数器，状态信息及描述信息（描述信息一般都是在代码中加的打印信息），那么这些信息是如何与客户端进行通信的呢？

2）当一个 Task 开始执行，它将会保持运行记录，记录 task 完成的比例，对于 Map 的任务，将会记录其运行的百分比，对于 Reduce 来说可能复杂点，但系统依旧会估计 Reduce 的完成比例。当一个 Map 或 Reduce 任务执行时，子进程会持续每三秒钟与 applicationMaster 进行交互。

3.9.6 Job 完成

最终 applicationMaster 会收到一个 job 完成的通知，随后改变 job 的状态为 successful。最终，applicationMaster 与 task containers 被清空。

3.10　实战项目1：基于MapReduce实现用户流量分析

3.10.1　需求描述

统计每个用户一天内上网数据的上行流量、下行流量和总流量（注意：用户一天之内很可能有多条上网记录）。数据原型如图3-6所示。

```
1363157985066	13726230503	00-FD-07-A4-72-B8:CMCC	120.196.100.82	i02.c.aliimg.com		24	27	2481	24681	200
1363157995052	13826544101	5C-0E-8B-C7-F1-E0:CMCC	120.197.40.4			4	0	264	0	200
1363157991076	13926435656	20-10-7A-28-CC-0A:CMCC	120.196.100.99			2	4	132	1512	200
1363154400022	13926251106	5C-0E-8B-8B-B1-50:CMCC	120.197.40.4			4	0	240	0	200
1363157993044	18211575961	94-71-AC-CD-E6-18:CMCC-EASY	120.196.100.99	iface.qiyi.com	视频网站	15	12	1527	2106	200
1363157995074	84138413	5C-0E-8B-8C-E8-20:7DaysInn	120.197.40.4	122.72.52.12		20	16	4116	1432	200
1363157993055	13560439658	C4-17-FE-BA-DE-D9:CMCC	120.196.100.99			18	15	1116	954	200
1363157995033	15920133257	5C-0E-8B-C7-BA-20:CMCC	120.197.40.4	sug.so.360.cn	信息安全	20	20	3156	2936	200
1363157983019	13719199419	68-A1-B7-03-07-B1:CMCC-EASY	120.196.100.82			4	0	240	0	200
1363157984041	13660577991	5C-0E-8B-92-5C-20:CMCC-EASY	120.197.40.4	s19.cnzz.com	站点统计	24	9	6960	690	200
1363157973098	15013685858	5C-0E-8B-C7-F7-90:CMCC	120.197.40.4	rank.ie.sogou.com	搜索引擎	28	27	3659	3538	200
1363157986029	15989002119	E8-99-C4-4E-93-E0:CMCC-EASY	120.196.100.99	www.umeng.com	站点统计	3	3	1938	180	200
1363157992093	13560439658	C4-17-FE-BA-DE-D9:CMCC	120.196.100.99			15	9	918	4938	200
1363157986041	13480253104	5C-0E-8B-C7-FC-80:CMCC-EASY	120.197.40.4			3	3	180	180	200
1363157984040	13602846565	5C-0E-8B-8B-B6-00:CMCC	120.197.40.4	2052.flash2-http.qq.com	综合门户	15	12	1938	2910	200
1363157995093	13922314466	00-FD-07-A2-EC-BA:CMCC	120.196.100.82	img.qfc.cn		12	12	3008	3720	200
1363157982040	13502468823	5C-0A-5B-6A-0B-D4:CMCC-EASY	120.196.100.99	y0.ifengimg.com	综合门户	57	102	7335	110349	200
1363157986072	18320173382	84-25-DB-4F-10-1A:CMCC-EASY	120.196.100.99	input.shouji.sogou.com	搜索引擎	21	18	9531	2412	200
1363157990043	13925057413	00-1F-64-E1-E6-9A:CMCC	120.196.100.55	t3.baidu.com	搜索引擎	69	63	11058	48243	200
1363157988072	13760778710	00-FD-07-A4-7B-08:CMCC	120.196.100.82			2	2	120	120	200
1363157985066	13726238888	00-FD-07-A4-72-B8:CMCC	120.196.100.82	i02.c.aliimg.com		24	27	2481	24681	200
1363157993055	13560436666	C4-17-FE-BA-DE-D9:CMCC	120.196.100.99			18	15	1116	954	200
```

●图3-6　用户访问数据原型

每行数据原型格式释义：（访问日期）（手机号）（mac地址）（IP地址）（网站名称）（网站类型）（上行数据包）（下行数据包）（上行流量）（下行流量）（运行状态码）。

3.10.2　需求分析

需求实现基本思路：实现自定义的bean来封装流量信息，将上行流量、下行流量和总流量封装起来，并将bean作为Map输出的value来传输。其中要注意的细节如下。

1）自定义数据类型，需要像LongWritable、Text一样实现Writable接口。

2）定义成员变量，生成getter/setter方法。

3）添加一个有参构造函数，目的是为了方便对象的初始化。

4）同时添加默认的无参构造方法。

5）重写序列化方法write（DataOutput out）。

6）重写反序列化方法readFields（DataInput in）。

①序列化与反序列化的输出顺序一定要一致。

②参数个数一定要一致，有多少输出成员变量，就有多少输入成员变量。

7）如果有需要，重写该自定义类的toString()方法，便于输出到文件中去。

3.10.3 开发实现

1. 自定义数据类型代码开发

```
//自定义数据类型
public class FlowBean implements Writable{
    private long upFlow; //上行流量
    private longdFlow;   //下行流量
    private longsumFlow;//总共流量

    //反序列化时,需要反射调用空参构造函数,所以要显示定义一个
    public FlowBean(){}

    public FlowBean(long upFlow, long dFlow) {
        this.upFlow = upFlow;
        this.dFlow = dFlow;
        this.sumFlow = upFlow + dFlow;
    }

    public longgetUpFlow() {
        return upFlow;
    }
    public voidsetUpFlow(long upFlow) {
        this.upFlow = upFlow;
    }
    public longgetdFlow() {
        return dFlow;
    }
    public voidsetdFlow(long dFlow) {
        this.dFlow = dFlow;
    }
    public longgetSumFlow() {
        return sumFlow;
    }
    public voidsetSumFlow(long sumFlow) {
        this.sumFlow = sumFlow;
    }
    /**
      *重写序列化方法
      */
    public void write(DataOutput out)throws IOException{
        out.writeLong(upFlow);
```

```
            out.writeLong(dFlow);
            out.writeLong(sumFlow);

        }

        /**
         *反序列化方法
         *注意:反序列化的顺序跟序列化的顺序完全一致
         */
        public voidreadFields(DataInput in) throws IOException {
            upFlow = in.readLong();
            dFlow = in.readLong();
            sumFlow = in.readLong();
        }

        /**
         *重写 toString 方法
         */
        public String toString() {

            return upFlow + "\t" + dFlow + "\t" + sumFlow;
        }

    }
```

2. Mapper 类代码开发

```
//定义 Mapper 类
public static class FlowCountMapper extends Mapper<LongWritable, Text, Text,
FlowBean>{

    @Override
    protected void map(LongWritable key, Text value, Context context) throws IO-
Exception, InterruptedException {

        //将一行内容转成 string
        String line = value.toString();
        //切分字段
        String[] fields = line.split("\t");
        //取出手机号
        String phoneNbr = fields[1];
        //取出上行流量下行流量
```

```
        if(fields.length>10){
            long upFlow = Long.parseLong(fields[8]);
            long dFlow = Long.parseLong(fields[9]);
            context.write(new Text(phoneNbr), new FlowBean(upFlow, dFlow));
        }
    }
}
```

3. Reducer 类代码开发

```
//定义 Reducer 类
    static class FlowCountReducer extends Reducer < Text, FlowBean, Text, FlowBean>{

        @Override
        protected void reduce(Text key, Iterable<FlowBean> values, Context context) throws IOException, InterruptedException {

            long sum_upFlow = 0;
            long sum_dFlow = 0;

            //遍历所有 bean,将其中的上行流量,下行流量分别累加
            for(FlowBean bean: values){
            sum_upFlow += bean.getUpFlow();
            sum_dFlow += bean.getdFlow();
        }
        FlowBean resultBean = new FlowBean(sum_upFlow, sum_dFlow);
        context.write(key, resultBean);
    }
}
```

4. 驱动主类代码开发

```
public class FlowCount {
    public static void main(String[] args) throws Exception {
        Configuration conf = new Configuration();
        Job job = Job.getInstance(conf);

        job.setJarByClass(FlowCount.class);

        //指定本业务 job 要使用的 Mapper/Reducer 业务类
        job.setMapperClass(FlowCountMapper.class);
        job.setReducerClass(FlowCountReducer.class);

        //指定 Mapper 输出数据的 KV 类型
        job.setMapOutputKeyClass(Text.class);
```

```
        job.setMapOutputValueClass(FlowBean.class);

        //指定最终输出的数据的 KV 类型
        job.setOutputKeyClass(Text.class);
        job.setOutputValueClass(FlowBean.class);

        //指定 job 的输入原始文件所在目录
        FileInputFormat.setInputPaths(job, new Path(args[0]));
        //指定 job 的输出结果所在目录
        FileOutputFormat.setOutputPath(job, new Path(args[1]));

        //提交给 Yarn 去运行
        boolean res = job.waitForCompletion(true);
        System.exit(res?0:1);

    }
}
```

3.10.4 提交任务

1）将程序 export 导出打包成 jar，命名为 FlowCount.jar。

2）上传 FlowCount.jar 到服务器上。

3）将数据文件上传到 Linux 上，然后在上传到 HDFS 上。

```
hdfs dfs -mkdir /in
hdfs dfs -put user_http.data /in
```

4）提交 jar 包到 Yarn 中运行。

```
hadoop jar FlowCount.jar  cn.test.customType.FlowCount /in/user_http.data /
out
```

注意：

后面的两个参数是给 main 方法中的两个变量传参。

5）运行完成后，查看 HDFS 上输出结果。

3.11 本章小结

本章主要介绍了 Hadoop 中分布式计算核心 MapReduce 和资源调度 Yarn，MapReduce 的本质就是“分而治之”的处理思想，能够把简单的运算逻辑很方便地扩展到海量数据的场景下分布式运算。而 Yarn 作为一个资源调度的平台，可以为分布式程序提供计算资源。用户通过开发不同的 MapReduce 程序来满足企业实际的大规模数据分析场景。

第4章 分布式协调服务 Zookeeper

4.1 Zookeeper 简介

4.1.1 Zookeeper 是什么

Zookeeper 是 Apache Hadoop 的一个子项目，它也是一个主从架构的分布式开源框架。提供类似于 Linux 文件系统（有目录节点树）的简版文件系统来存储数据，Zookeeper 维护和监控存储数据的状态变化，通过监控这些数据状态的变化，实现基于数据的集群管理。

4.1.2 Zookeeper 常用应用场景

（1）数据发布与订阅（配置中心）

发布与订阅模型，即所谓的配置中心，顾名思义就是发布者将数据发布到 Zookeeper 节点上，供订阅者动态获取数据，实现配置信息的集中式管理和动态更新。例如，对于全局的配置信息，服务式服务框架的服务地址列表等就非常适合使用。

（2）负载均衡（Load Balance）

这里说的负载均衡是指软负载均衡。在分布式环境中，为了保证高可用性，通常同一个应用或同一个服务的提供方都会部署多份，达到对等服务。而消费者就需要在这些对等的服务器中选择一个来执行相关的业务逻辑，其中比较典型的是消息中间件中的生产者、消费者负载均衡。

（3）命名服务（Naming Service）

命名服务也是分布式系统中比较常见的一类场景。在分布式系统中，通过使用命名服务，客户端应用能够根据指定名字来获取资源或服务的地址、提供者等信息。被命名的实体通常可以是集群中的机器、提供的服务地址、远程对象等，这些都可以统称为名字（Name）。其中较为常见的就是一些分布式服务框架中的服务地址列表。通过调用 Zookeeper 提供的创建节点的 API，能够很容易创建一个全局唯一的 path，这个 path 就可以作为一个名称。

(4) 分布式通知/协调

Zookeeper 中特有 watcher 注册与异步通知机制，能够很好地实现分布式环境下不同系统之间的通知与协调，实现对数据变更的实时处理。使用方法通常是不同系统都对 Zookeeper 上同一个 znode 进行注册，监听 znode 的变化（包括 znode 本身内容及子节点的），其中一个系统更新了 znode，那么另一个系统能够收到通知，并做出相应处理。

(5) 集群管理与 Master 选举

集群机器监控：这通常用于对集群中机器状态、机器在线率有较高要求的场景，能够快速对集群中机器的变化做出响应。这样的场景中，往往有一个监控系统，实时检测集群机器是否存活。过去的做法通常是：监控系统通过某种手段（比如 ping）定时检测每个机器，或者每个机器自己定时向监控系统汇报“我还活着”。这种做法可行，但是存在两个比较明显的问题。

1）集群中机器有变动的时候，牵连修改的东西比较多。

2）有一定的延时。

利用 Zookeeper 的集群管理和 Master 选举这两个特性，就可以实现对其他集群机器存活性的监控。

Master 选举则是 Zookeeper 中最为经典的应用场景：在分布式环境中，相同的业务应用分布在不同的机器上，有些业务逻辑（例如一些耗时的计算，网络 I/O 处理）往往只需要让整个集群中的某一台机器进行执行，其余机器可以共享这个结果，这样可以大大减少重复劳动，提高性能，于是 Master 选举便是这种场景下的碰到的主要问题。

(6) 分布式锁

分布式锁，这个主要得益于 Zookeeper 保证了数据的强一致性。

(7) 分布式队列

队列方面，简单地讲有两种，一种是常规的先进先出队列，另一种是要等到队列成员聚齐之后才统一按序执行。第一种先进先出队列和分布式锁服务中的控制时序场景基本原理一致。

4.2 Zookeeper 集群部署

4.2.1 Zookeeper 集群角色

Zookeeper 集群也是主从架构的：leader 为主，follower 为从，Zookeeper 集群服务如图 4-1 所示。

Zookeeper 集群最好配成奇数个节点，只要集群中有半数以上的节点存活，集群就能提供服务。

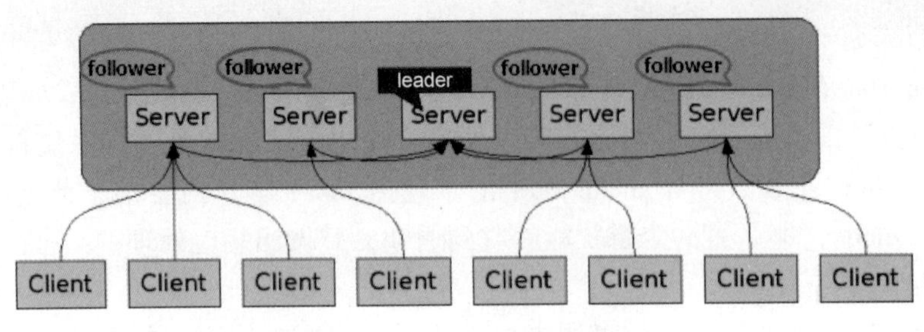

●图 4-1 Zookeeper 集群服务

4.2.2 Zookeeper 集群安装

1. 下载 Zookeeper 的安装包

通过访问下面网址下载对应的安装包，使用的 Zookeeper 版本为 apache-Zookeeper-3.6.2，下载完成之后，上传到 node01 的/kkb/soft 路径下准备进行安装。

2. 解压 Zookeeper 的安装包

node01 执行以下命令解压 Zookeeper 的安装包到/kkb/install 路径，然后准备进行安装。

```
cd /kkb/soft
tar -zxvf apache-Zookeeper-3.6.2-bin.tar.gz  -C /kkb/install/
```

3. 修改配置文件

1）在 node01 上修改配置文件，进行如下命令操作。

```
cd /kkb/install/apache-Zookeeper-3.6.2-bin/conf
mkdir -p /kkb/install/apache-Zookeeper-3.6.2-bin/zkdatas
cp zoo_sample.cfg zoo.cfg
```

2）用 vim zoo.cfg 修改文件，修改如下属性值。

```
dataDir=/kkb/install/apache-Zookeeper-3.6.2-bin/zkdatas
autopurge.snapRetainCount=3
autopurge.purgeInterval=1
#文件末尾增加如下三行
server.1=node01:2888:3888
server.2=node02:2888:3888
server.3=node03:2888:3888
```

4. 添加 myid 配置

在 node01/kkb/install/apache-Zookeeper-3.6.2-bin/zkdatas/路径下创建一个文件，文件名为 myid，文件内容为 1。

```
echo 1 >  /kkb/install/apache-Zookeeper-3.6.2-bin/zkdatas/myid
```

5. 安装包分发并修改 myid 的值

在 node01 上面执行以下两个命令。

```
scp -r /kkb/install/apache-Zookeeper-3.6.2-bin/node03:/kkb/install/
scp -r /kkb/install/apache-Zookeeper-3.6.2-bin/node03:/kkb/install/
```

在 node02 上修改 myid 的值为 2。

```
echo 2 > /kkb/install/apache-Zookeeper-3.6.2-bin/zkdatas/myid
```

在 node03 上修改 myid 的值为 3。

```
echo 3 > /kkb/install/apache-Zookeeper-3.6.2-bin/zkdatas/myid
```

6. 配置环境变量

在 node01、node02、node03 这三个节点都配置/etc/profile 文件，使用如下命令。

```
sudo vim /etc/profile
export ZK_HOME=/kkb/install/apache-Zookeeper-3.6.2-bin
export PATH=$PATH:$ZK_HOME/bin
```

最后让三个节点的新添环境变量生效，执行 source /etc/profile 即可。

7. 启动 Zookeeper 集群

分别在三个节点执行如下命令，启动 Zookeeper 集群。

```
zkServer.sh start
```

然后可以通过如下命令查看每台节点对应的状态，一个 zkServer 的状态要么是 follower，要么是 leader。

```
zkServer.sh status
```

8. 关闭 Zookeeper 集群

分别在三个节点执行如下命令，关闭 Zookeeper 集群。

```
zkServer.sh stop
```

4.3 Zookeeper 核心工作机制

4.3.1 Zookeeper 特性

1）Zookeeper：一个 leader，多个 follower 组成的集群。

2）全局数据一致：每个 server 保存一份相同的数据副本，client 无论连接到哪个 server，数据都是一致的。

3）分布式读写，更新请求转发，由 leader 实施。

4）更新请求顺序进行，来自同一个 client 的更新请求按其发送顺序依次执行。

5）数据更新原子性，一次数据更新要么成功（半数以上节点成功），要么失败。

6）实时性，在一定时间范围内，client 能读到最新数据。

4.3.2 Zookeeper 数据结构

Zookeeper 主要由以下三个部分实现：①简版文件系统（znode）；②原语；③通知机制（Watcher）。

Zookeeper 文件系统：基于类似于文件系统的目录节点树方式的数据存储。

原语：可简单理解成 Zookeeper 的基本的命令。

Watcher：监听器 Zookeeper 维护一个类似文件系统的数据结构，如图 4-2 Zookeeper 文件系统所示。

图中的每个节点称为一个 znode. 每个 znode 由 3 部分组成。

1）stat：此为状态信息，描述该 znode 的版本、权限等信息。

2）data：与该 znode 关联的数据。

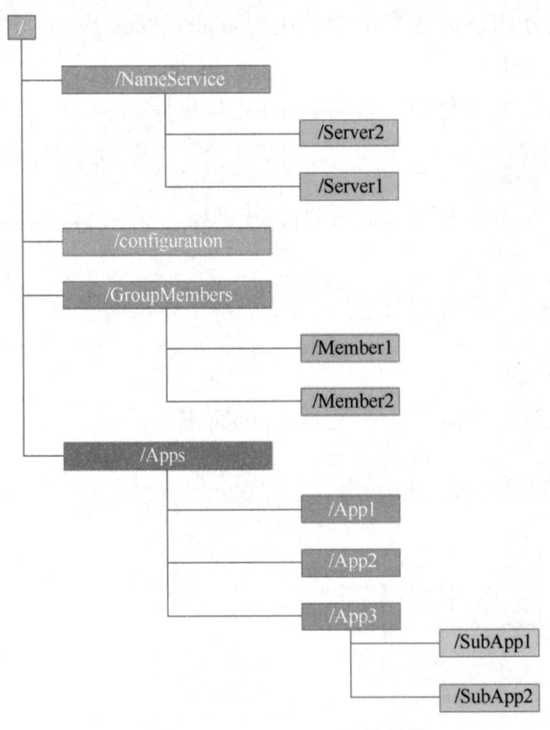

●图 4-2　Zookeeper 文件系统

3）children：该 znode 下的子节点。

每个子目录项如 NameService 都被称作为 znode，和文件系统一样，能够自由地增加、删除 znode，在一个 znode 下增加、删除子 znode，唯一的不同在于 znode 可以存储数据。

4.3.3 节点类型

1）znode 有两种类型：临时（ephemeral）和持久（persistent）。

2）znode 有四种形式的目录节点（默认是 persistent）。

① persistent（持久节点）：所谓持久节点，是指在节点创建后，就一直存在，直到有删除操作来主动清除这个节点——不会因为创建该节点的客户端会话失效而消失。

② persistent_sequential（持久化顺序节点）：这类节点的基本特性和上面的节点类型是一致的。额外的特性是，在 Zookeeper 中，每个父节点会为他的第一级子节点维护一份时序，会记录每个子节点创建的先后顺序。基于这个特性，在创建子节点的时候，可以设置这个属性，那么在创建节点过程中，Zookeeper 会自动为给定节点名加上一个数字后缀作为新的节点名。这个数字后缀的范围是整型的最大值。

③ ephemeral（临时节点）：和持久节点不同的是，临时节点的生命周期和客户端会话绑定。也就是说，如果客户端会话失效，那么这个节点就会自动被清除掉。注意，这里提到的是会话失效，而非连接断开。另外，在临时节点下面不能创建子节点。

④ ephemeral_sequential（临时顺序节点）：和临时节点一样，只是 Zookeeper 给该节点名称进行顺序编号。如果客户端会话失效，那么这个节点就会自动被清除掉。

3）创建 znode 时设置顺序标识，znode 名称后会附加一个值，顺序号是一个单调递增的计数器，由父节点维护。

4）在分布式系统中，顺序号可以被用于为所有的事件进行全局排序，这样客户端可以通过顺序号推断事件的顺序。

4.4　Zookeeper 的 Shell 命令行操作

4.4.1　客户端连接

启动 Zookeeper 集群后，执行客户端 Shell 命令连接 Zookeeper。运行 zkCli. sh-server ip：port 进入命令行工具。

例如：zkCli. sh - server hdp-node-01：2181 中 server 参数表示连接到对应主机，Zookeeper 客户端 Shell 连接如图 4-3 所示。

```
[root@hdp-node-01 ~]# zkCli.sh -server hdp-node-01:2181
Connecting to hdp-node-01:2181
```

●图 4-3　Zookeeper 客户端 Shell 连接

这里也可以简写：zkCli. sh ，默认连接到本机的 Zookeeper 服务上。

4.4.2　命令行操作

1. 显示根目录下文件：ls/

使用 ls 命令来查看当前 Zookeeper 中所包含的内容，ls 操作命令如图 4-4 所示。

```
[zk: hdp-node-01:2181(CONNECTED) 1] ls /
[zookeeper]
[zk: hdp-node-01:2181(CONNECTED) 2]
```

●图 4-4　ls 操作命令

2. 创建文件，并设置初始内容：create

例如：create /zk "test" 创建一个新的 znode 节点 " zk " 以及与它关联的字符串，create 操作命令如图 4-5 所示。

3. 获取文件内容：get

例如：get /zk 确认 znode 是否包含所创建的字符串，get 操作命令如图 4-6 所示。

```
[zk: hdp-node-01:2181(CONNECTED) 3] create /zk "test"
Created /zk
[zk: hdp-node-01:2181(CONNECTED) 4] ls /
[zk, zookeeper]
[zk: hdp-node-01:2181(CONNECTED) 5]
```

●图 4-5　create 操作命令

```
[zk: hdp-node-01:2181(CONNECTED) 5] get /zk
"test"
cZxid = 0x4
ctime = Fri Aug 25 18:03:09 CST 2017
mZxid = 0x4
mtime = Fri Aug 25 18:03:09 CST 2017
pZxid = 0x4
cversion = 0
dataVersion = 0
aclVersion = 0
ephemeralOwner = 0x0
dataLength = 6
numChildren = 0
[zk: hdp-node-01:2181(CONNECTED) 6]
```

●图 4-6　get 操作命令

4. 修改文件内容：set

例如：set /zk "bigdata" 对 zk 所关联的字符串进行设置，set 操作命令如图 4-7 所示。

```
[zk: hdp-node-01:2181(CONNECTED) 6] set /zk "bigdata"
cZxid = 0x4
ctime = Fri Aug 25 18:03:09 CST 2017
mZxid = 0x5
mtime = Fri Aug 25 18:05:05 CST 2017
pZxid = 0x4
cversion = 0
dataVersion = 1
aclVersion = 0
ephemeralOwner = 0x0
dataLength = 9
numChildren = 0
[zk: hdp-node-01:2181(CONNECTED) 7] get /zk
"bigdata"
cZxid = 0x4
ctime = Fri Aug 25 18:03:09 CST 2017
mZxid = 0x5
mtime = Fri Aug 25 18:05:05 CST 2017
pZxid = 0x4
cversion = 0
dataVersion = 1
aclVersion = 0
ephemeralOwner = 0x0
dataLength = 9
numChildren = 0
[zk: hdp-node-01:2181(CONNECTED) 8]
```

●图 4-7　set 操作命令

5. 监听 znode 事件：watch

(1) 监听节点的子节点变化

例如：ls /zk watch 就对一个节点的子节点变化事件注册了监听，watch 操作命令如图 4-8 所示。

```
[zk: localhost:2181(CONNECTED) 2] ls /zk watch
[]
```

通过watch命令对zk子节点进行监听，感知子节点的变化

●图 4-8　watch 操作命令

另开一个回话，在/zk 节点下创建子节点，例如：create /zk/node1 “node1-data”，create 创建子节点如图 4-9 所示。

```
[zk: localhost:2181(CONNECTED) 1] create /zk/node1 "node1-data"
Created /zk/node1
[zk: localhost:2181(CONNECTED) 2]
```

●图 4-9　create 创建子节点

子节点创建成功后同时观察注册了监听的会话，出现如下提示说明，监听到节点变化如图 4-10 所示 。

```
[zk: localhost:2181(CONNECTED) 2] ls /zk watch
[]
[zk: localhost:2181(CONNECTED) 3]
WATCHER::

WatchedEvent state:SyncConnected type:NodeChildrenChanged path:/zk
```

●图 4-10　监听到节点变化

结论：由于对 /zk 节点下的子节点变化注册了监听事件，当子节点发生变化时，就会被感知。

（2）监听节点的数据内容变化

例如：get /zk watch 就对一个节点的数据内容变化事件注册了监听，节点内容监听如图 4-11 所示。

```
[zk: localhost:2181(CONNECTED) 1] get /zk watch
"bigdata"
cZxid = 0xa
ctime = Fri Aug 25 18:14:11 CST 2017
mZxid = 0xa
mtime = Fri Aug 25 18:14:11 CST 2017
pZxid = 0xb
cversion = 1
dataVersion = 0
aclVersion = 0
ephemeralOwner = 0x0
dataLength = 9
numChildren = 1
[zk: localhost:2181(CONNECTED) 2]
```

对/zk节点数据的变化注册监听事件

●图 4-11　节点内容监听

另开一个会话，修改/zk 节点的数据，例如：set /zk “bigdata-Zookeeper”，监听到节点内容变化如图 4-12 所示。

```
Created /zk/node1
[zk: localhost:2181(CONNECTED) 2] set /zk "bigdata-zookeeper"
cZxid = 0xa
ctime = Fri Aug 25 18:14:11 CST 2017
mZxid = 0xe
mtime = Fri Aug 25 18:23:50 CST 2017
pZxid = 0xb
cversion = 1
dataVersion = 1
aclVersion = 0
ephemeralOwner = 0x0
dataLength = 19
numChildren = 1
[zk: localhost:2181(CONNECTED) 3] get /zk
"bigdata-zookeeper"
cZxid = 0xa
ctime = Fri Aug 25 18:14:11 CST 2017
mZxid = 0xe
mtime = Fri Aug 25 18:23:50 CST 2017
pZxid = 0xb
cversion = 1
dataVersion = 1
aclVersion = 0
ephemeralOwner = 0x0
dataLength = 19
numChildren = 1
[zk: localhost:2181(CONNECTED) 4]
```

修改/zk节点数据

查看/zk节点数据

●图 4-12　监听到节点内容变化

节点数据修改成功后，同时观察注册了监听的会话，出现如图 4-13 所示的提示说明。

结论：由于对 /zk 节点的数据内容变化注册了监听事件，当节点数据内容发生变化时，就会被感知。

```
[zk: localhost:2181(CONNECTED) 2]
WATCHER::

WatchedEvent state:SyncConnected type:NodeDataChanged path:/zk
```

感知到节点数据发生改变

●图 4-13　节点内容变化提示

总结：

- watch 监听器只生效一次。
- 监听器的工作机制，其实是在客户端会专门创建一个监听线程，在本机的一个端口上等待 Zookeeper 集群发送过来事件。

6. 删除节点：delete

例如：delete /zk 将刚才创建的 znode 删除，delete 操作命令如图 4-14 所示。

```
[zk: hdp-node-01:2181(CONNECTED) 8] delete /zk
[zk: hdp-node-01:2181(CONNECTED) 9] ls /
[zookeeper]
[zk: hdp-node-01:2181(CONNECTED) 10]
```

删除zk节点后，此时在查看节点时，已经不存在了

●图 4-14　delete 操作命令

7. 退出客户端：quit，quit 操作命令如图 4-15 所示。

```
[zk: hdp-node-01:2181(CONNECTED) 10] quit
Quitting...
2017-08-25 18:07:09,935 [myid:] - INFO  [main:ZooKeeper@684] - Session: 0x15e18cdd3430001 closed
2017-08-25 18:07:09,936 [myid:] - INFO  [main-EventThread:ClientCnxn$EventThread@512] - EventThread shut down
[root@hdp-node-01 ~]#
```

执行quit命令，此时已经退出客户端连接

●图 4-15　quit 操作命令

8. 帮助命令：help

使用 help 命令，查看所有的 Shell 操作命令，help 操作命令如图 4-16 所示。

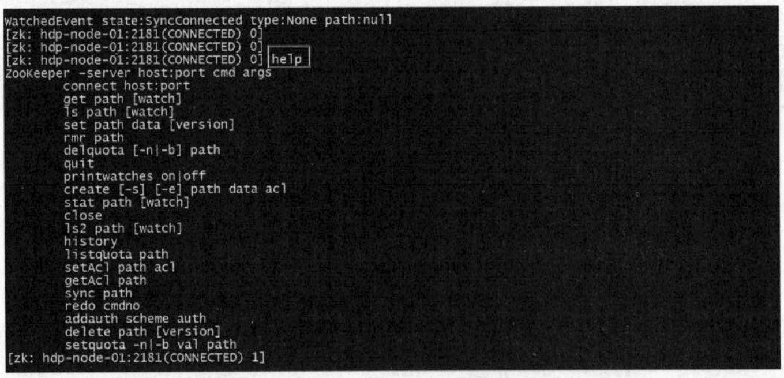

```
WatchedEvent state:SyncConnected type:None path:null
[zk: hdp-node-01:2181(CONNECTED) 0]
[zk: hdp-node-01:2181(CONNECTED) 0]
[zk: hdp-node-01:2181(CONNECTED) 0] help
ZooKeeper -server host:port cmd args
        connect host:port
        get path [watch]
        ls path [watch]
        set path data [version]
        rmr path
        delquota [-n|-b] path
        quit
        printwatches on|off
        create [-s] [-e] path data acl
        stat path [watch]
        close
        ls2 path [watch]
        history
        listquota path
        setAcl path acl
        getAcl path
        sync path
        redo cmdno
        addauth scheme auth
        delete path [version]
        setquota -n|-b val path
[zk: hdp-node-01:2181(CONNECTED) 1]
```

●图 4-16　help 操作命令

4.5　项目实战 2：基于 Zookeeper 实现服务器上下线动态感知

4.5.1　需求描述

某分布式系统中，主节点可以有多台，可以动态上下线，任意一台客户端都能实时感

知到主节点服务器的上下线。当主节点下线的时候，客户端会收到通知，并更新目前还在线的主节点 host 信息，可以防止客户端向已经挂掉的节点进行请求。

4.5.2 开发实现

1. 服务端代码实现

要想完成上述功能，可以通过 Zookeeper 短暂态的节点完成，在服务器启动时，可以连接到 Zookeeper 并向其注册一个短暂态的节点，当服务器因为某种意外宕机时，这个节点也会被删除，这样客户端访问所有注册节点的信息，就是仍然在正常工作的主节点。

服务端代码实现如下所示。

```
public class AppServer {
    private String groupNode = "sgroup";
    private String subNode = "sub";
    /**
     * 连接 Zookeeper
     * @param address server 的地址
     */
    public void connectZookeeper(String address) throws Exception {
        Zookeeper zk = new Zookeeper("192.168.200.160:2181", 500000, new Watcher(){
        public void process(WatchedEvent event) {
                //不做处理
            }
        });
        //zk 不支持递归创建多级节点,首先创建父节点,不进行 ACL 权限控制
        if(zk.exists("/"+groupNode, false)==null){
            //不存在则创建
            zk.create("/"+groupNode, groupNode.getBytes("utf-8"), Ids.OPEN_ACL
_UNSAFE,CreateMode.PERSISTENT);
        }

        //在"/sgroup"下创建子节点
        //子节点的类型设置为 EPHEMERAL_SEQUENTIAL, 表明这是一个临时节点, 且在子节点
的名称后面加上一串数字后缀
        //将 server 的地址数据关联到新创建的子节点上
         String createdPath = zk.create ("/" + groupNode + "/" + subNode, ad-
dress.getBytes("utf-8"),
            Ids.OPEN_ACL_UNSAFE, CreateMode.EPHEMERAL_SEQUENTIAL);
        System.out.println("create: " + createdPath);
    }
    /**
     * server 的工作逻辑写在这个方法中
```

```
     * 此处不做任何处理，只让 server sleep
     */
    public void handle() throws InterruptedException {
        Thread.sleep(Long.MAX_VALUE);
    }
    public static void main(String[] args) throws Exception {
            //构建客户端主机名
            String clientHost = UUID.randomUUID().toString();
        AppServer as = new AppServer();
        as.connectZookeeper(clientHost);
        as.handle();
    }
}
```

2. 客户端代码实现

客户端所需要的工作是获取正常工作的主节点，当主节点发生变化时可以收到信息，获取最新的正常工作的主节点。所以用户可以对存放服务端地址的节点下面的子节点信息进行监听，客户端代码实现如下所示。

```
public class AppClient {
    private String groupNode = "sgroup";
    private Zookeeper zk;
    private Stat stat = new Stat();
    private List<String>serverList=new ArrayList<String>();
    private int i=0;
    /**
     * 连接 Zookeeper
     */
    public void connectZookeeper() throws Exception {
        zk = new Zookeeper("192.168.200.100:2181", 5000, new Watcher() {
            public void process(WatchedEvent event) {
                //如果发生了"/sgroup"节点下的子节点变化事件，更新 server 列表，并重新
注册监听
                if (event.getType() == Event.EventType.NodeChildrenChanged &&
("/" + groupNode).equals(event.getPath())) {
                    try {
                        updateServerList();
                    } catch (Exception e) {
                        e.printStackTrace();
                    }
                }
            }
        });
```

```
        updateServerList();
    }
    /**
     *更新 server 列表
     */
    private void updateServerList() throws Exception {
        List<String>newServerList = new ArrayList<String>();
        //获取并监听 groupNode 的子节点变化
        //watch 参数为 true，表示监听子节点变化事件
        //每次都需要重新注册监听，因为一次注册，只能监听一次事件，如果还想继续保持监听，
必须重新注册
        List<String>subList = zk.getChildren("/" + groupNode, true);
        for (StringsubNode : subList) {
            //获取每个子节点下关联的 server 地址
             byte[] data = zk.getData("/" + groupNode + "/" + subNode, false,
stat);
            newServerList.add(new String(data, "utf-8"));
        }
        System.out.println("第"+(++i)+"次获取服务端列表");
        for (StringserverAddress : subList) {
            //替换 server 列表
            serverList.add(serverAddress);
            System.out.println("server list updated: " + serverAddress);
        }
    }
    /**
     * client 的工作逻辑写在这个方法中
     *此处不做任何处理，只让 client sleep
     */
    public void handle() throws InterruptedException {
        Thread.sleep(Long.MAX_VALUE);
    }
    public static void main(String[] args) throws Exception {
        AppClient ac = new AppClient();
        ac.connectZookeeper();
        ac.handle();
    }
}
```

3. 代码测试

1）启动 Zookeeper 集群，通过 IDEA 启动服务端代码，查看控制台输出信息，服务端控制台输出结果如图 4-17 所示。

2）启动客户端，查看控制台输出信息，客户端控制台输出结果如图 4-18 所示。

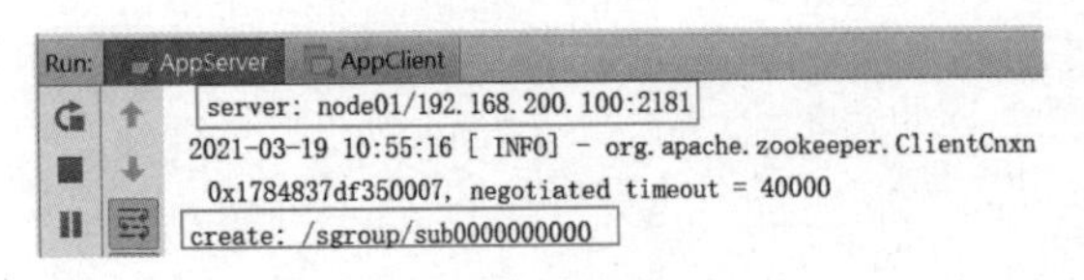

●图 4-17　服务端控制台输出 1

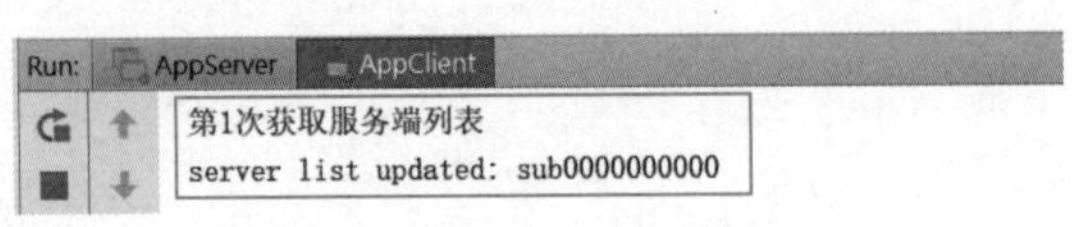

●图 4-18　客户端控制台输出 1

此时说明已经有一台服务器上线了。

3）再次启动服务端代码，再次查看服务端控制台输出信息，服务端控制台输出结果如图 4-19 所示。此时观察客户端控制台输出信息，客户端控制台输出结果如图 4-20 所示。看到目前有两个主节点存在。

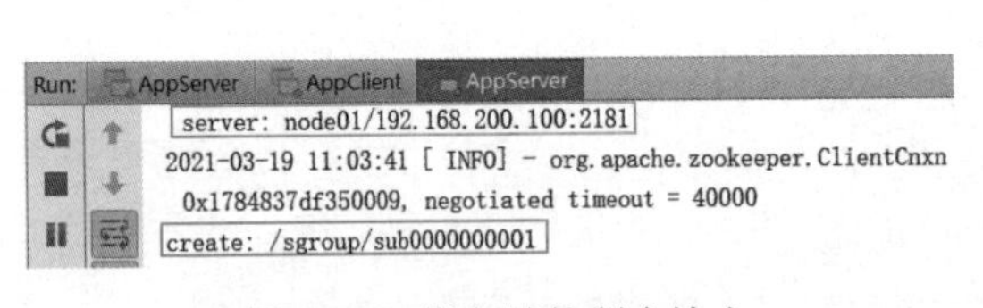

●图 4-19　服务端控制台输出 2

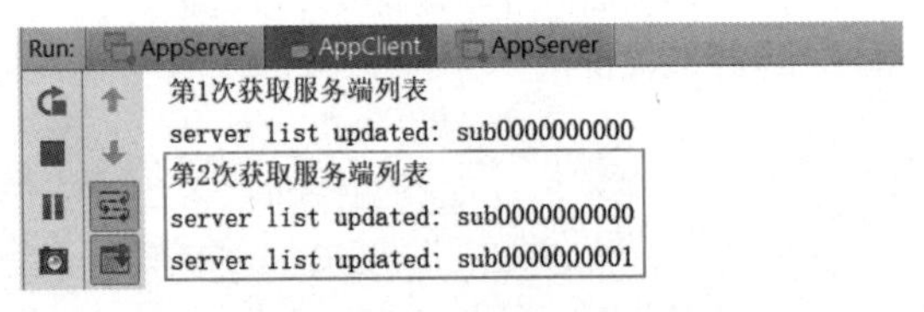

●图 4-20　客户端控制台输出 2

4）关闭第一次启动的服务端程序，再次查看客户端的输出信息，客户端控制台输出结果如图 4-21 所示。此时只有 1 个主节点存在，这样就实现了客户端对服务器上下线的动态感知。

●图 4-21　客户端控制台输出 3

4.6　本章小结

本章介绍了大数据分布式协调服务框架 Zookeeper，从应用场景、环境部署、核心原理、案例实战演练，帮助读者快速入门和上手 Zookeeper。在后续其他技术框架的学习中，也会经常见到它的身影，Zookeeper 在整个大数据技术体系中起到了非常重要作用。

第 5 章 分布式数据库 Hbase

5.1 Hbase 数据库介绍

5.1.1 Hbase 简介

Hbase 是基于 Google BigTable 模型开发的，典型的 key/value 系统。是建立在 HDFS 之上，提供高可靠性、高性能、列存储、可伸缩、实时读写 NoSQL 的数据库系统。它是 Apache Hadoop 生态系统中的重要一员，主要用于海量结构化和半结构化数据存储。

Hbase 中的表一般有以下特点。

- **大**：一个表可以有上十亿行，上百万列，可以存储大批量的数据。
- **列式存储**：Hbase 表的数据是基于列族进行存储的，列族是在列的方向上的划分。
- **极易扩展**：底层依赖 HDFS，当磁盘空间不足的时候，只需要动态增加 DataNode 节点就可以了，可以通过增加服务器来对集群的存储进行扩容。
- **高并发**：支持高并发的读写请求
- **稀疏**：稀疏主要是针对 Hbase 列的灵活性，在列族中，可以指定任意多的列，在列数据为空的情况下，不会占用存储空间。
- **数据多版本**：Hbase 表中的数据可以有多个版本值，默认情况下是根据版本号去区分，版本号就是插入数据的时间戳。
- **数据类型单一**：所有的数据在 Hbase 中是以字节数组进行存储。

5.1.2 Hbase 表的数据模型

这里以一个用户表为案例来认识 Hbase 表的数据模型，此表中包含用户基本信息（用户姓名 name、年龄 age、性别 sex、密码 password）、用户地址信息（国家 country、省份 province、城市 city、邮箱 email）以及时间戳 timestamp。用户表结构如图 5-1 所示。

图 5-1 中，每一行有一个 rowkey 用于唯一地标识和定位行，各行数据按 rowkey 的字典序排列。其中 userinfo 和 addressinfo 是两个列族，列族下又有多个具体（用户基本信息列族：姓名、年龄、性别、密码，地址信息列族：国家、省份、城市、邮箱）。

rowkey	column Family userinfo				column Family addressinfo				timestamp
	name	age	sex	password	country	province	city	email	
1	zhangsan	20	1	123456	china	beijing	beijing	666@163.com	1545307281
2	lisi	25	0	123456	china	henan	zhengzhou	667@163.com	1545307282
3	xiaoming	30	0	123456	china	hubei	wuhan	668@163.com	1545307283

●图 5-1　用户表结构

接下来介绍 Hbase 表中的一些概念，理解了这些概念有助于后面的学习。

（1）rowkey 行键

它是 table 的主键，table 中的记录按照 rowkey 的字典序进行排序，rowkey 行键可以是任意字符串（最大长度是 64 KB，实际应用中长度一般为 10~100B）。

（2）Column Family 列族

Hbase 表中的每个列，都归属于某个列族，列族是表 schema 的一部分（而列不是），即建表时至少指定一个列族。比如创建一张表，名为 user，有两个列族，分别是 info 和 data，建表语句为 create 'user', 'info', 'data'。

（3）Column 列

列肯定是表某一列族下的一个列，用“列族名：列名”表示，如 info 列族下的 name 列，表示为“info：name”。属于某一个 ColumnFamily，类似于 MySQL 当中创建具体的列。

（4）cell 单元格

由行和列的坐标交叉决定，row key 行键、列族、列可以确定的一个 cell，cell 中的数据是没有类型的，全部是以字节数组进行存储。cell 的组成如图 5-2 所示。

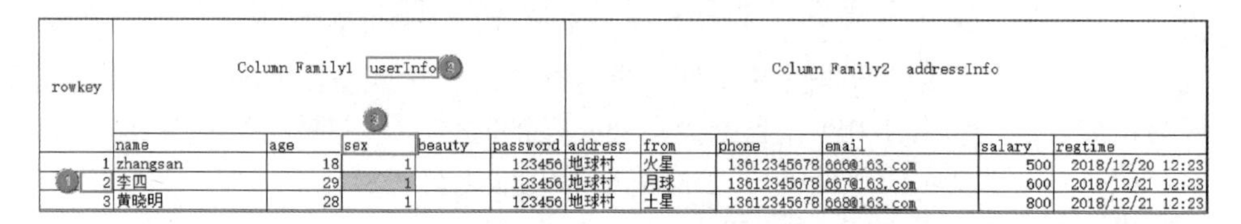

rowkey	Column Family1 userInfo					Column Family2 addressInfo					
	name	age	sex	beauty	password	address	from	phone	email	salary	regtime
1	zhangsan	18	1		123456	地球村	火星	13612345678	666@163.com	500	2018/12/20 12:23
2	李四	29	1		123456	地球村	月球	13612345678	667@163.com	600	2018/12/21 12:23
3	黄晓明	28	1		123456	地球村	土星	13612345678	668@163.com	800	2018/12/21 12:23

●图 5-2　cell 的组成

如果想要获取 rowkey 为 2 的用户的性别，那么这里的 cell 就是由[rowkey=2,columnFamily=userinfo，column=sex]组成的。一个 cell 能够确认唯一的一个值。

（5）Timestamp 时间戳

可以对表中的 Cell 多次赋值，每次赋值操作时的时间戳 timestamp 可看成 Cell 值的版本号 version number，即一个 Cell 可以有多个版本的值。

5.2　Hbase 整体架构

Hbase 采用经典的主从架构，底层依赖于 HDFS，并借助 Zookeeper 作为协同服务，Hbase 整体架构如图 5-3 所示。

1. Client 客户端

Client 是操作 Hbase 集群的入口，对于管理类的操作，如表的增、删、改操作，Client

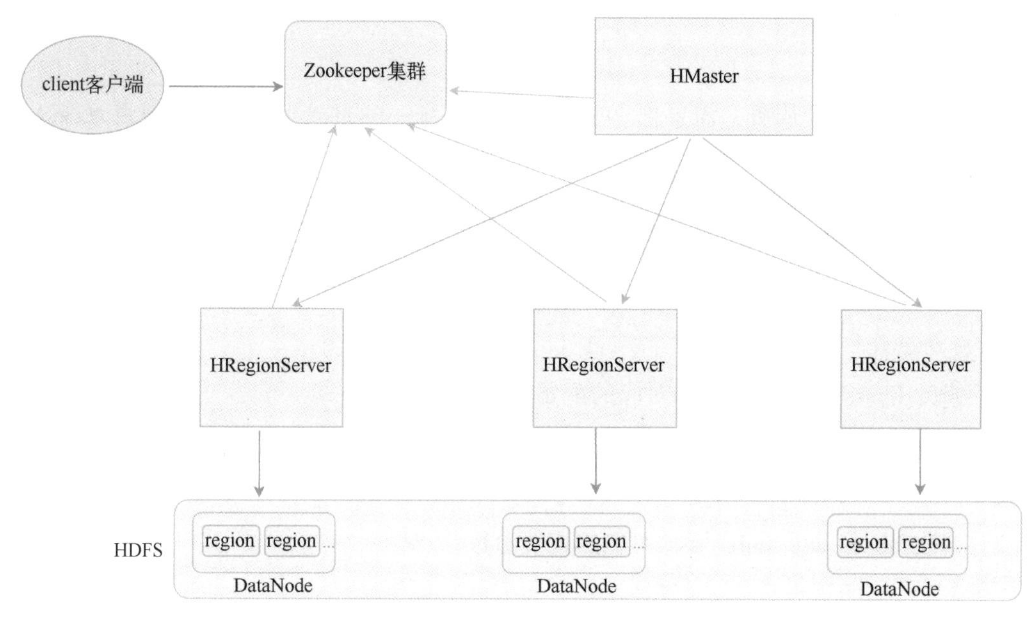

●图 5-3　Hbase 整体架构

通过 RPC 与 HMaster 通信完成。对于表数据的读写操作，Client 通过 RPC 与 RegionServer 交互，读写数据。Client 类型有 Hbase Shell、Java 编程接口、Thrift、Avro、Rest 等。

2. Zookeeper 集群

Hbase 集群的管理需要依赖于 Zookeeper 集群，Zookeeper 集群实现了 HMaster 的高可用，在多 HMaster 间进行主备选举，保存了 Hbase 的元数据信息 meta 表，提供了 Hbase 表中 Region 的寻址入口的线索数据，还对 HMaster 和 HRegionServer 实现了监控。

3. HMaster

HMaster 是 Hbase 集群的主节点，可以配置多个，用来实现 HA（High Availability）。HMaster 主要负责 Table 表和 region 的相关管理工作，为 RegionServer 分配 region，负责 RegionServer 的负载均衡，发现失效的 RegionServer 并重新分配其上的 region。

4. HRegionServer

HRegionServer 是 Hbase 集群的从节点，负责响应客户端的读写数据请求，维护所有的 region，处理对这些 region 的 I/O 请求，还负责切分在运行过程中变得过大的 region。

5. region

Region 是 Hbase 集群中分布式存储的最小单元，一个 region 对应一个 Table 的部分数据。

6. HDFS

HDFS 底层存储系统，负责存储数据，region 中的数据基于 HDFS 来存储。

5.3　Hbase 集群搭建

1. 下载 Hbase 安装包

通过访问 Hbase 官网：http://hbase.apache.org 下载指定版本的安装包，这里使用 hbase-

2.2.2 版本。

2. 规划安装目录

为了便于管理多个服务，需要把这些软件安装在统一的目录下，这里使用目录/kkb/install。

3. 解压安装包

使用如下命令解压 Hbase 安装包。

```
tar -xzvf hbase-2.2.2-bin.tar.gz -C /kkb/install/
```

4. 修改配置文件

1）修改 hbase-env.sh，添加对应的配置参数。

```
export JAVA_HOME=/kkb/install/jdk1.8.0_141
export HBASE_MANAGES_ZK=false
```

2）修改 hbase-site.xml，添加对应的配置参数。

```
<configuration>
        <!-- 指定 hbase 在 HDFS 上存储的路径 -->
       <property>
             <name>hbase.rootdir</name>
             <value>hdfs://node01:8020/hbase</value>
       </property>
       <!--指定 hbase 是否分布式运行 -->
       <property>
             <name>hbase.cluster.distributed</name>
             <value>true</value>
       </property>
       <!--指定 Zookeeper 的地址,多个用","分割 -->
       <property>
             <name>hbase.Zookeeper.quorum</name>
             <value>node01:2181,node02:2181,node03:2181</value>
       </property>
       <!--指定 hbase 管理页面-->
       <property>
            <name>hbase.master.info.port</name>
            <value>60010</value>
       </property>
       <!--在分布式的情况下一定要设置,不然容易出现 Hmaster 起不来的情况 -->
       <property>
             <name>hbase.unsafe.stream.capability.enforce</name>
             <value>false</value>
       </property>
</configuration>
```

3）修改 regionservers，添加对应的配置参数。

```
node01
node02
node03
```

4）创建 back-masters 配置文件，内含备份 HMaster 节点的主机名，每个机器独占一行，实现 HMaster 的高可用，如下是将 node02 作为备份的 HMaster 节点。

```
node02
```

5. 分发安装包

将 node01 上的 Hbase 安装包复制到其他机器上，命令如下。

```
cd /kkb/install
scp -r hbase-2.2.2/node02:$PWD
scp -r hbase-2.2.2/node03:$PWD
```

6. 创建软连接

由于 Hbase 集群需要读取 Hadoop 中 core-site.xml、hdfs-site.xml 的配置文件信息，所以 node01、node02、node03 三个节点都要执行以下命令，在相应的目录创建这两个配置文件的软连接。

```
ln -s /kkb/install/hadoop-3.1.4/etc/hadoop/core-site.xml  /kkb/install/
hbase-2.2.2/conf/core-site.xml
ln -s /kkb/install/hadoop-3.1.4/etc/hadoop/hdfs-site.xml  /kkb/install/
hbase-2.2.2/conf/hdfs-site.xml
```

7. 添加 Hbase 环境变量

修改/etc/profile 文件，添加 Hbase 环境变量，最后执行 source 命令。

```
export HBASE_HOME=/kkb/install/hbase-2.2.2
export PATH=$PATH:$HBASE_HOME/bin
```

8. Hbase 集群启动和停止

1）启动 Hbase 集群

在启动 Hbase 集群之前，需要提前启动 HDFS 和 Zookeeper 集群。通过如下命令在 node01 启动。

```
start-hbase.sh
```

2）停止 Hbase 集群

在 node01 上执行如下命令停止 Hbase 集群。

```
stop-hbase.sh
```

9. Hbase 集群 Web 页面

Hbase 集群也提供了 Web 界面来查看集群相关的一些信息，当启动好集群后，可以访问地址 http://node01:16010 来查看。Hbase 集群的 Web 界面如图 5-4 所示。

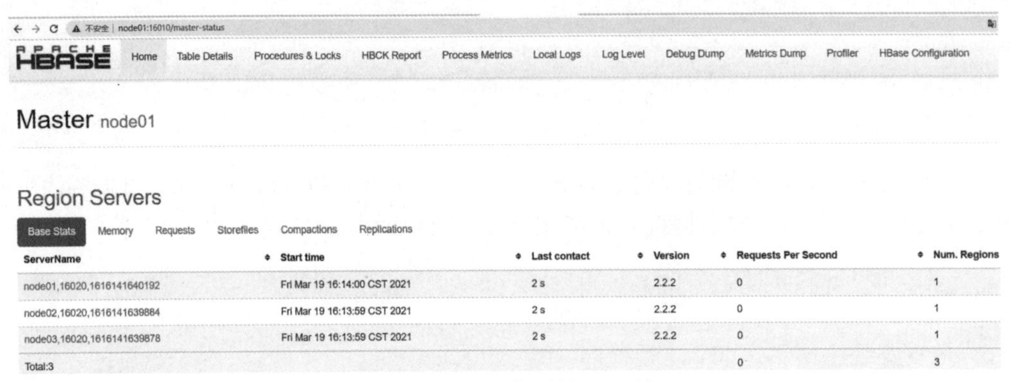

ServerName	Start time	Last contact	Version	Requests Per Second	Num. Regions
node01,16020,1616141640192	Fri Mar 19 16:14:00 CST 2021	2 s	2.2.2	0	1
node02,16020,1616141639884	Fri Mar 19 16:13:59 CST 2021	2 s	2.2.2	0	1
node03,16020,1616141639878	Fri Mar 19 16:13:59 CST 2021	2 s	2.2.2	0	1
Total:3				0	3

●图 5-4　Hbase 集群的 Web 界面

5.4　Hbase 的 Shell 命令演示

Hbase 数据库也提供了 Shell 命令来管理操作表，可以通过执行命令进入 hbase Shell 客户端命令行。

```
cd /kkb/install/hbase-2.2.2/
bin/hbase shell
```

1. help 帮助命令

```
help
#查看具体命令的帮助信息
help 'create'
```

2. list 查看有哪些表

```
#查看当前数据库中有哪些表
list
```

3. create 创建表

```
#创建 user 表,包含 info、data 两个列族,使用 create 命令
create 'user', 'info', 'data'
#或者
create 'user',{NAME => 'info', VERSIONS => '3'},{NAME => 'data'}
```

4. put 插入数据

```
#向 user 表中插入信息,rowkey 为 rk0001,列族 info 中添加名为 name 的列,值为 zhangsan
put 'user', 'rk0001', 'info:name', 'zhangsan'

#向 user 表中插入信息,rowkey 为 rk0001,列族 info 中添加名为 gender 的列,值为 female
put 'user', 'rk0001', 'info:gender', 'female'
```

```
#向 user 表中插入信息,rowkey 为 rk0001,列族 info 中添加名为 age 的列,值为 20
put 'user', 'rk0001', 'info:age', 20

#向 user 表中插入信息,row key 为 rk0001,列族 data 中添加名为 pic 的列,值为 picture
put 'user', 'rk0001', 'data:pic', 'picture'
```

5. 查询数据

(1) 通过 rowkey 进行查询

```
#获取 user 表中 rowkey 为 rk0001 的所有信息(即所有 cell 的数据),使用 get 命令
get 'user', 'rk0001'
```

(2) 查看 rowkey 下某个列族的信息

```
#获取 user 表中 rowkey 为 rk0001,info 列族的所有信息
get 'user', 'rk0001', 'info'
```

(3) 查看 rowkey 指定列族指定字段的值

```
get 'user', 'rk0001', 'info:name', 'info:age'
```

(4) 查看 rowkey 指定多个列族的信息

```
#获取 user 表中 rowkey 为 rk0001,info、data 列族的信息
get 'user', 'rk0001', 'info', 'data'
#或者也可以这样写
get 'user', 'rk0001', {COLUMN => ['info', 'data']}
#或者还可以这样写
get 'user', 'rk0001', {COLUMN => ['info:name', 'data:pic']}
```

(5) 指定 rowkey 与列值过滤器查询

```
#获取 user 表中 rowkey 为 rk0001,cell 的值为 zhangsan 的信息
get 'user', 'rk0001', {FILTER => "ValueFilter(=, 'binary:zhangsan')"}
```

(6) 指定 rowkey 与列名模糊查询

```
#获取 user 表中 rowkey 为 rk0001,列标示符中含有 a 的信息
get 'user', 'rk0001', {FILTER => "QualifierFilter(=,'substring:a')"}
#继续插入一批数据
put 'user', 'rk0002', 'info:name', 'fanbingbing'
put 'user', 'rk0002', 'info:gender', 'female'
put 'user', 'rk0002', 'info:nationality', '中国'
get 'user', 'rk0002', {FILTER => "ValueFilter(=, 'binary:中国')"}
```

(7) 查询所有行的数据

```
#查询 user 表中的所有信息,使用 scan 命令
scan 'user',
```

（8）列族查询

```
#查询 user 表中列族为 info 的信息
scan 'user', {COLUMNS => 'info'}
#当把某些列的值删除后,具体的数据并不会马上从存储文件中删除;查询的时候,不显示被删除的数据;如果想要查询出来,则令 RAW => true
scan 'user', {COLUMNS => 'info', RAW => true, VERSIONS => 5}
scan 'user', {COLUMNS => 'info', RAW => true, VERSIONS => 3}
```

（9）多列族查询

```
#查询 user 表中列族为 info 和 data 的信息
scan 'user', {COLUMNS => ['info', 'data']}
```

（10）指定列族与某个列名查询

```
#查询 user 表中列族为 info、列标示符为 name 的信息
scan 'user', {COLUMNS => 'info:name'}
#查询 info:name 列、data:pic 列的数据
scan 'user', {COLUMNS => ['info:name', 'data:pic']}
#查询 user 表中列族为 info、列标示符为 name 的信息,并且可以存储 5 个最新的值
scan 'user', {COLUMNS => 'info:name', VERSIONS => 5}
```

（11）指定多个列族与条件模糊查询

```
#查询 user 表中列族为 info 和 data,且列标示符中含有 a 字符的信息
scan 'user', {COLUMNS => ['info', 'data'], FILTER => "QualifierFilter(=,'substring:a')"}
```

（12）指定 rowkey 的范围查询

```
#查询 user 表中列族为 info,rk 范围是[rk0001, rk0003)的数据
scan 'user', {COLUMNS => 'info', STARTROW => 'rk0001', ENDROW => 'rk0003'}
```

（13）指定 rowkey 模糊查询

```
#查询 user 表中 rowkey 以 rk 字符开头的数据
scan 'user',{FILTER=>"PrefixFilter('rk')"}
```

（14）指定数据版本的范围查询

```
#查询 user 表中指定范围的数据(前闭后开)
scan 'user', {TIMERANGE => [1392368783980, 1392380169184]}
```

6. 更新数据

（1）更新数据值

更新操作同插入操作一模一样，只不过有数据就更新，没数据就添加，使用 put 命令。

（2）更新版本号

```
#将 user 表的 f1 列族版本数改为 5
alter 'user', NAME => 'info', VERSIONS => 5
```

7. 删除数据以及删除表

（1）对指定 rowkey 以及列名的数据进行删除

```
#删除 user 表 rowkey 为 rk0001,列标示符为 info:name 的数据
delete 'user', 'rk0001', 'info:name'
```

（2）对指定 rowkey，列名以及版本号的数据进行删除

```
#删除 user 表 rowkey 为 rk0001,列标示符为 info:name,timestamp 为 1392383705316 的
数据
delete 'user', 'rk0001', 'info:name', 1392383705316
```

（3）删除一个列族

```
#删除一个列族
alter 'user', NAME => 'info', METHOD => 'delete'
#或
alter 'user', 'delete' => 'info'
```

（4）清空表数据

```
truncate 'user'
```

（5）删除表

```
#首先需要让该表为 disable 状态
disable 'user'
#然后使用 drop 命令删除这个表,如果直接 drop 表,会报错:【Drop the named table. Table
must first be disabled】
drop 'user'
```

5.5 Hbase 的内部原理

5.5.1 Hbase 的存储原理

Hbase 集群的数据（region）存储是由 HRegionServer 来进行管理的，一个 HRegionServer 会负责管理很多个 region，一个 region 包含很多个 store，store 按照列族进行划分，一个列族就划分成一个 store，如果一个表中只有 1 个列族，那么这个表的每一个 region 中只有一个 store，如果一个表中有 N 个列族，那么这个表的每一个 region 中有 N 个 store。

一个 store 里面只有一个 memstore，memstore 是一块内存区域，写入的数据会先进入 memstore 进行缓冲，然后再把数据刷到磁盘，一个 store 里面有很多个 StoreFile，最后数据是以很多个 HFile 这种数据结构的文件保存在 HDFS 上。其中 StoreFile 是 HFile 的抽象对象，如果 StoreFile 就等于 HFile，每次 memstore 刷写数据到磁盘，就生成对应的一个新的 HFile 文件出来。Hbase 的存储原理如图 5-5 所示。

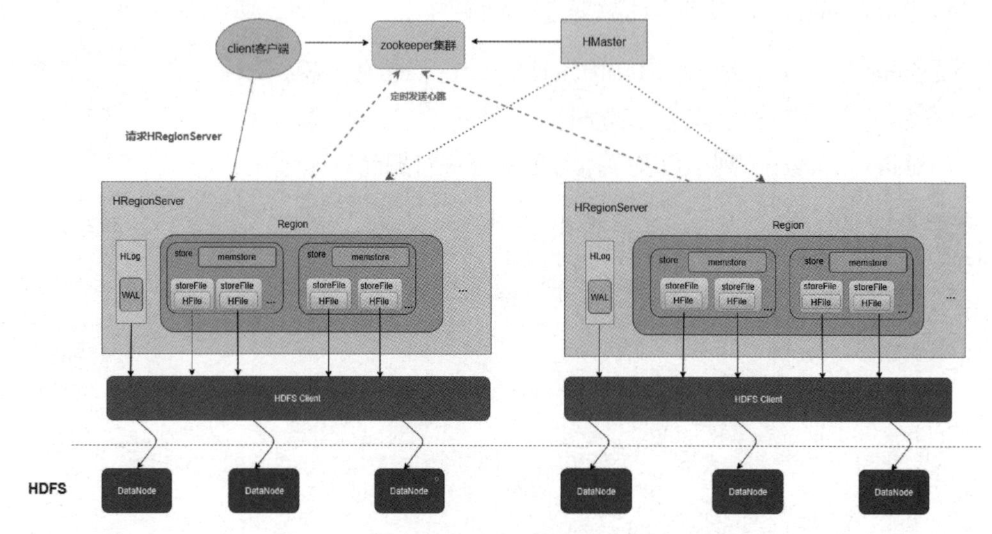

●图 5-5　Hbase 的存储原理

假设创建一张表 user，表中有 2 个列族，base_info 和 extra_info，列族在 region 中的分布和对应的 store、memstore 关系如图 5-6 所示。

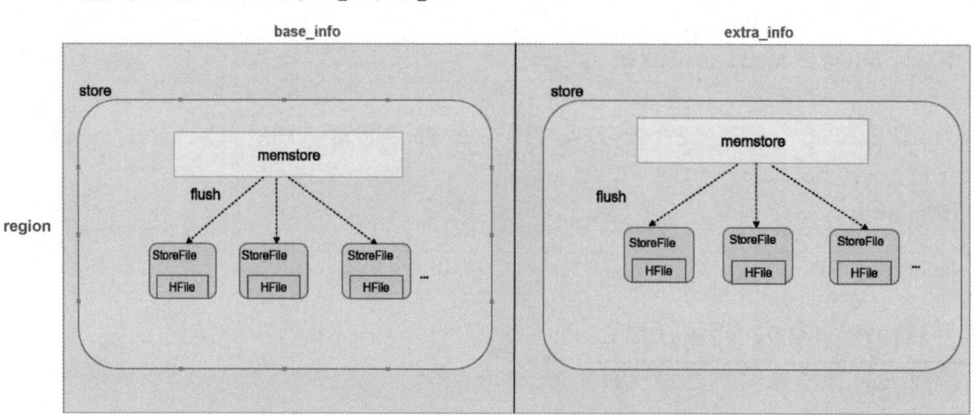

●图 5-6　列族与 store、memstore 之间的关系

5.5.2　Hbase 读数据流程

在 Hbase 集群中，有一张系统内置的表 meta，meta 表的一条记录包含了一个 region 的位置、起始 key，创建时间等信息。meta 表存储了 Habse 集群一系列的 region 信息，meta 表的信息存储在 Zookeeper 上，默认 meta 表的大小只会占用一个 region。Hbase 在读数据的过

程中会用到 meta，Hbase 读数据的流程如图 5-7 所示。

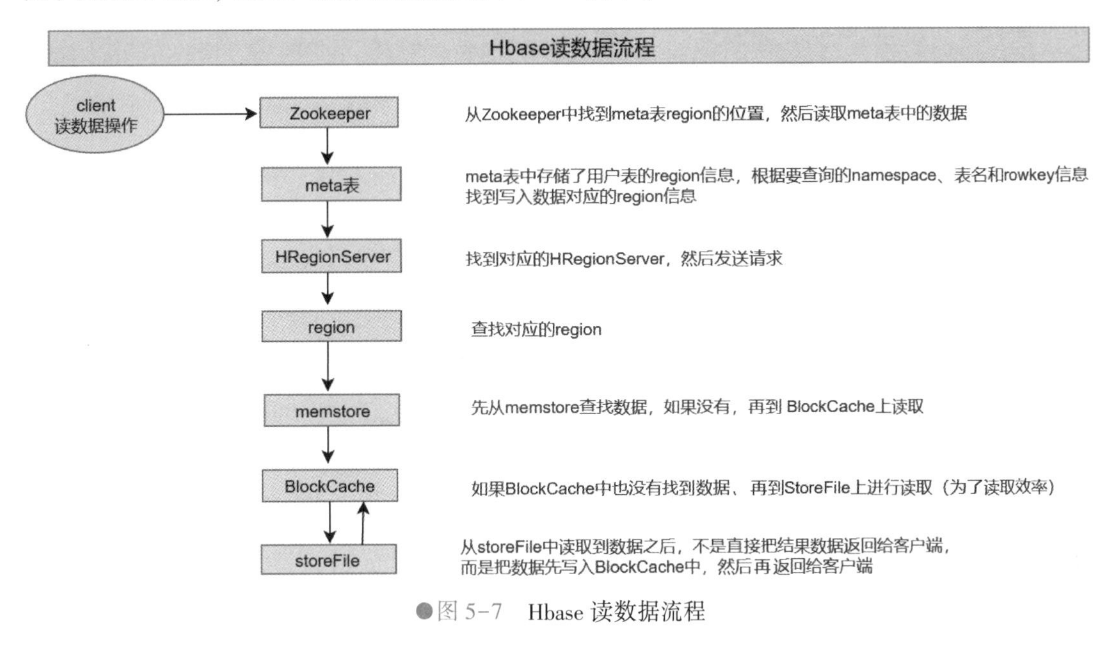

图 5-7　Hbase 读数据流程

1）客户端首先与 Zookeeper 进行连接，从 Zookeeper 找到 meta 表的 region 位置，即 meta 表的数据存储在某一 HRegionServer 上。然后客户端与此 HRegionServer 建立连接，最后读取 meta 表中的数据。meta 表中存储了所有用户表的 region 信息，可以通过 scan 'hbase：meta' 来查看 meta 表信息。

2）根据要查询的 namespace、表名和 rowkey 信息。找到写入数据对应的 region 信息。

3）找到这个 region 对应的 HRegionServer，然后发送请求。

4）查找并定位到对应的 region。

5）先从 memstore 查找数据，如果没有，再从 BlockCache 上读取。其中 HBase 上 HRegionserver 的内存分为两个部分：一部分作为 Memstore，主要用来写数据；另外一部分作为 BlockCache，主要用于读数据。

6）如果 BlockCache 中也没有找到数据，再到 StoreFile 上进行读取。从 storeFile 中读取到数据之后，不是直接把结果数据返回给客户端，而是把数据先写入 BlockCache 中，目的是为了加快后续的查询，然后再返回结果给客户端。

5.5.3　Hbase 写数据流程

无论是从 Hbase 表中读取数据，还是把数据写入 Hbase 表中，都需要用到 Hbase 内置的 meta 表，Hbase 写数据流程如图 5-8 所示。

1）客户端首先从 Zookeeper 找到 meta 表的 region 位置，然后读取 meta 表中的数据，meta 表中存储了用户表的 region 信息。

2）根据 namespace、表名和 rowkey 信息。找到写入数据对应的 region 信息。

3）找到这个 region 对应的 regionServer，然后发送请求。

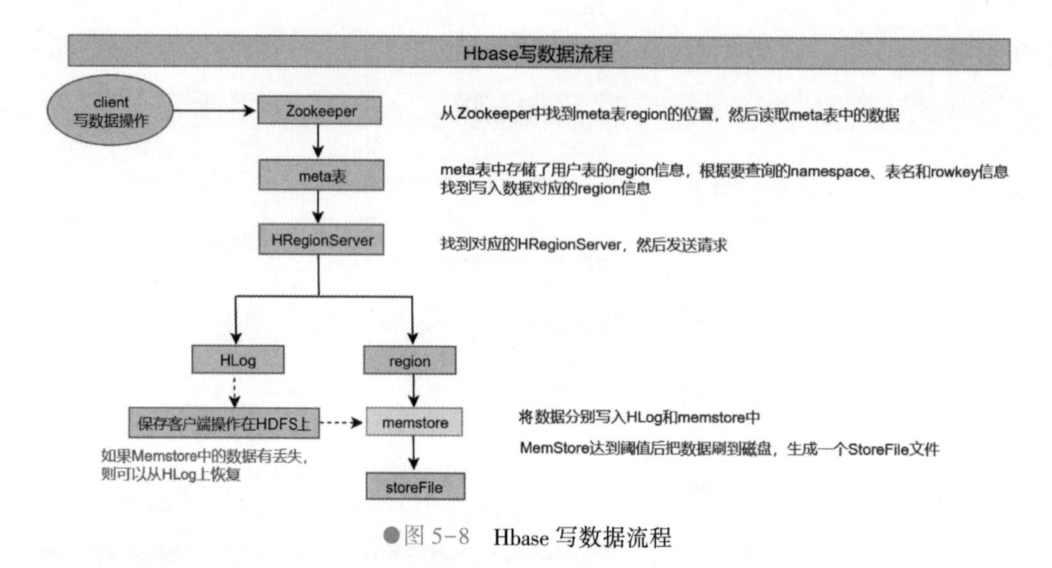

●图 5-8　Hbase 写数据流程

4）将数据分别写入 HLog（write ahead log）和 memstore，各一份。

5）memstore 达到阈值后把数据刷到磁盘，生成 storeFile 文件。

完成数据写入后，删除 HLog 中的历史数据。

补充说明：

HLog（write ahead log）也称为 WAL 意为 Write ahead log，类似 MySQL 中的 binlog，用来做灾难恢复时用，HLog 记录数据的所有变更，一旦数据修改，就可以从 log 中进行恢复。

5.6　Hbase 的 Flush、compact 机制

把数据写入 Hbase 表中，数据首先会写入 memstore，memstore 达到 Flush 条件时，memstore 所有的数据会被排序，刷数据到磁盘写成一个 storefile，最后以 HFile 格式文件存储在 HDFS 上，HFile 中保存的数据都是有序的。后续又会对大量的 HFile 文件进行 compact 合并。Hbase 的 Flush 和 compact 机制如图 5-9 所示。

5.6.1　Flush 触发条件

1. memstore 级别限制

当 region 中任意一个 memstore 的大小达到了上限（hbase. hregion. memstore. flush. size，默认 128 MB），会触发 memstore 刷新，可以通过如下参数配置阈值上限。

```
<property>
   <name>hbase.hregion.memstore.flush.size</name>
   <value>134217728</value>
</property>
```

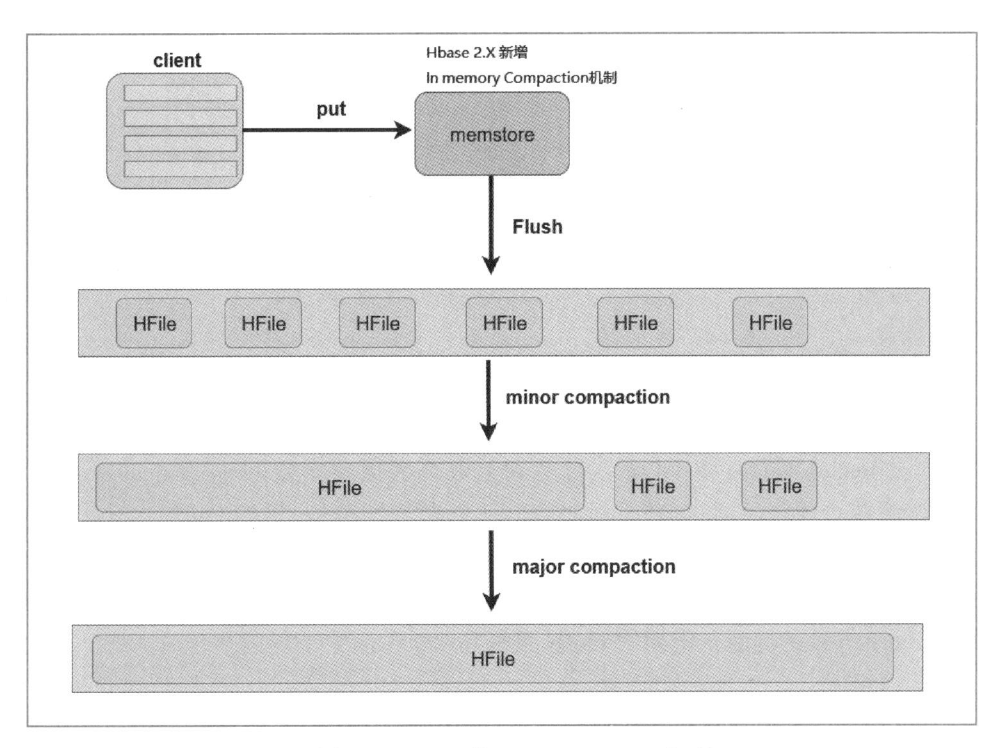

●图 5-9　Hbase 的 Flush 和 compact 机制

2. region 级别限制

当 region 中所有 memstore 的大小总和达到了上限（hbase. hregion. memstore. block. multiplier * hbase. hregion. memstore. flush. size，默认 2×128M=256M），会触发 memstore 刷新，可以通过如下参数配置阈值上限。

```
<property>
    <name>hbase.hregion.memstore.flush.size</name>
    <value>134217728</value>
</property>
<property>
    <name>hbase.hregion.memstore.block.multiplier</name>
    <value>4</value>
</property>
```

3. HRegionServer 级别限制

当一个 HRegionServer 中所有 memstore 的大小总和超过低水位阈值 hbase. regionserver. global. memstore. size. lower. limit * hbase. regionserver. global. memstore. size（前者默认值 0. 95）时，RegionServer 开始强制 Flush；先 Flush memstore 中最大的 region，再执行次大的，依次执行。

如写入速度大于 Flush 写出的速度，导致总 memstore 大小超过高水位阈值 hbase. regionserver. global. memstore. size（默认为 JVM 内存的 40%），此时 HRegionServer 会阻塞更新并强制执行 flush，直到总 MemStore 大小低于低水位阈值。可以通过如下参数配置阈值上限。

```
<property>
    <name>hbase.regionserver.global.memstore.size.lower.limit</name>
    <value>0.95</value>
</property>
<property>
    <name>hbase.regionserver.global.memstore.size</name>
    <value>0.4</value>
</property>
```

4. HLog 数量上限

当一个 HRegion Server 中 HLog 数量达到上限（可通过参数 hbase. regionserver. maxlogs 配置）时，系统会选取最早的 HLog 所对应的一个或多个 region 进行 Flush。

5. 定期刷新 memstore

默认周期为 1 h，确保 memstore 不会长时间没有持久化，以避免所有 memstore 在同一时间都执行 Flush 导致的问题，定期的 Flush 操作有 20000 ms 左右的随机延时。

6. 手动 Flush

用户可以通过 Shell 命令 flush ‘tablename’ 或者 flush ‘region name’ 分别对一个表或者一个 region 进行 Flush。

5.6.2 Flush 的流程

为了减少 Flush 过程对读写的影响，将整个 Flush 过程分为三个阶段。

1）prepare 阶段：遍历当前 region 中所有的 Memstore，为 Memstore 中当前数据集 CellSkipListSet 做一个快照 snapshot；然后再新建一个 CellSkipListSet。后期写入的数据都会写入新的 CellSkipListSet 中。prepare 阶段需要加一把 updateLock 对写请求阻塞，结束之后会释放该锁。因为此阶段没有任何费时操作，所以持锁时间很短。

2）Flush 阶段：遍历所有 Memstore，将 prepare 阶段生成的 snapshot 持久化为临时文件，临时文件会统一放到目录 . tmp 下。这个过程因为涉及磁盘 I/O 操作，因此相对比较耗时。

3）commit 阶段：遍历所有 Memstore，将 Flush 阶段生成的临时文件移到指定的 ColumnFamily 目录下，针对 HFile 生成对应的 storefile 和 Reader，将 storefile 添加到 HStore 的 storefiles 列表中，最后再清空 prepare 阶段生成的 snapshot。

5.6.3 compact 合并机制

Hbase 为了防止小文件过多，以保证查询效率，需要在必要的时候将这些小的 store file 合并成相对较大的 store file，这个过程就称之为 compaction。

Hbase 中主要存在三种类型的 compaction 合并：in memory compaction 内存合并、minor compaction 小合并、major compaction 大合并。

1. in memory compaction 内存合并

in memory compaction 是 Hbase2.0 中的重要特性之一，通过在内存中引入 LSM 结构，减少多余数据，实现降低 Flush 频率和减小写放大的效果，in memory compaction 合并逻辑如图 5-10 所示。

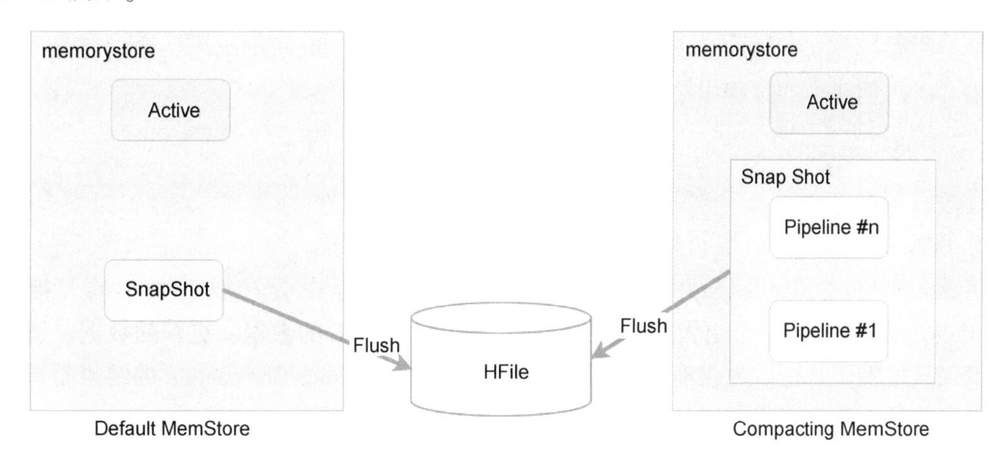

●图 5-10　in memory compaction 合并逻辑

其中 memorystore 的组成部分如下。

1）Segment：CompactingMemStore 中，数据以 Segment 作为单位进行组织。memorystore 中的每个内存区域都是一个 Segment，如：Active、Snapshot。

2）Active：可读、可写入的内存区域。

3）Snapshot：只读的内存区域，即将被 Flush 到磁盘中。

数据写入时首先写入 active 中，当 active 满之后，会被移动到 pipeline 中，这个过程称为 in - memory flush 。pipeline 中包含多个 segment，其中的数据不可修改。CompactingMemStore 会在后台将 pipeline 中的多个 segment 合并为一个更大、更紧凑的 segment，这就是 compaction 的过程。

如果 RegionServer 需要把 memstore 的数据 Flush 到磁盘，会首先选择其他类型的 memstore，然后再选择 CompactingMemStore。这是因为 CompactingMemStore 对内存的管理更有效率，所以延长 CompactingMemStore 的生命周期可以减少总的 I/O。

当 CompactingMemStore 被 Flush 到磁盘时，pipeline 中的所有 segment 会被移到一个 snapshot 中进行合并然后写入 HFile。

compaction 策略如下。

1）Basic：不会清理多余的数据版本，这样就不需要对 cell 的内存进行复制。适用于所有写入模式。

2）Eager：会过滤重复的数据，并清理多余的版本，这意味着会有额外的开销。主要针对数据大量淘汰的场景，如消息队列、购物车等。

3）Adaptive：根据数据的重复情况来决定是否使用 Eager 策略，在 Adaptive 策略中，首先会对待合并的 segment 进行评估，方法是在已经统计过不重复 key 个数的 segment 中，找出 cell 个数最多的一个，然后用这个 segment 的 numUniqueKeys / getCellsCount 得到一个比例，如果比例小于设定的阈值，则使用 Eager 策略，否则使用 Basic 策略，可以通过如下参数配置指定。

```
<property>
 <name>hbase.hregion.compacting.memstore.type</name>
 <value><none |basic |eager |adaptive></value>
</property>
```

也可以在创建表的过程中单独设置某个列族的级别，单独指定。

```
create'<tablename>',
{NAME =>'<cfname>', IN_MEMORY_COMPACTION => '<NONE |BASIC |EAGER |ADAPTIVE>'}
```

2. minor compaction 小合并

将 Store 中多个 HFile 合并为一个 HFile，在这个过程中会选取一些小的、相邻的 StoreFile 将它们合并成一个更大的 StoreFile，对于超过了 TTL 的数据、更新的数据、删除的数据仅仅只是做了标记。并没有进行物理删除，进行一次 Minor Compaction 的结果是产生数量上更少并且内存上更大的 StoreFile。这种合并的触发频率很高。

minor compaction 触发条件由以下几个参数共同决定。

```
<!--默认值 3;表示一个 store 中至少有 4 个 store file 时,会触发 minor compaction-->
<property>
    <name>hbase.hstore.compactionThreshold</name>
    <value>3</value>
</property>
<!--默认值 10;表示一次 minor compaction 中最多合并 10 个 store file-->
<property>
    <name>hbase.hstore.compaction.max</name>
    <value>10</value>
</property>
<!--默认值为 128m;表示 store file 文件大小小于该值时,一定会加入 minor compaction-->
<property>
    <name>hbase.hstore.compaction.min.size</name>
    <value>134217728</value>
</property>
<!--默认值为 LONG.MAX_VALUE;表示 store file 文件大小大于该值时,一定会被 minor com-
paction 排除-->
<property>
    <name>hbase.hstore.compaction.max.size</name>
    <value>9223372036854775807</value>
</property>
```

3. major compaction 大合并

major compaction 过程会将 Store 中所有 HFile 合并为一个 HFile，将所有的 StoreFile 合并成一个 StoreFile，这个过程还会清理三类无意义数据：被删除的数据、TTL 过期数据、版本号超过设定的数据。合并频率比较低，默认 7 天执行一次，并且性能消耗非常大，建议集群运行时关闭自动 major compaction（设置为0），在应用空闲时间手动触发。一般可以是手动控制进行合并，防止出现在业务高峰期。

major compaction 触发时间条件如下。

```
<!--默认值为7天进行一次大合并,-->
<property>
    <name>hbase.hregion.majorcompaction</name>
    <value>604800000</value>
</property>
```

也可以通过执行如下命令手动触发。

```
##使用 major_compact 命令
major_compacttableName
```

5.7　Hbase 表的预分区

当一个 table 刚被创建的时候，Hbase 默认分配一个 region 给 table。也就是说这个时候，所有读写请求都会访问同一个 regionServer 的同一个 region，这个时候就达不到负载均衡的效果了，集群中的其他 regionServer 就可能会处于比较空闲的状态。解决这个问题可以用 pre-splitting，在创建 table 的时候就配置好，生成多个 region。每一个 region 维护着 startrow 与 endrowkey，如果加入的数据符合某个 region 维护的 rowkey 范围，则该数据交给这个 region 维护。

Hbase 表的预分区的目的就是为了实现如下效果。

1）增加数据读写效率。

2）负载均衡，防止数据倾斜。

3）方便集群容灾调度 region。

4）优化 Map 数量。

在创建表的过程中，可以通过手动指定预分区方案指定该表有很多个 region，具体实施有三种方式，具体如下。

1）通过 Hbase Shell 来创建，指定初始 region 的 rowkey 范围，创建后查看 Web 界面，Hbase 预分区表如图 5-11 所示。

```
create 'person','info1','info2',SPLITS => ['1000','2000','3000','4000']
```

Name	Region Server	startrowkey	endrowkey	Locality	Requests
person,,1565939682415.34e1286e0e57c40115b258568d30d21e.	node2:16020		1000	0.0	0
person,1000,1565939682415.1bad9d8ab48abec6021b9a205efb7b9f.	node3:16020	1000	2000	0.0	0
person,2000,1565939682415.f0a5e20b0e238345e47a3968c3cf1f39.	node2:16020	2000	3000	0.0	0
person,3000,1565939682415.ad4aadffae42b9baacae0c57d6e9d94d.	node2:16020	3000	4000	0.0	0
person,4000,1565939682415.2b4805c380f5695307ce8795445da2bd.	node3:16020	4000		0.0	0

图 5-11　Hbase 预分区表

2）通过 Hbase Shell 来创建，这里需要读取分区策略的文件指定 region 的 rowkey 范围。

① 创建一个文件 split. txt，内容如下。

```
aaa
bbb
ccc
ddd
```

② 然后在 Hbase Shell 中，执行如下命令。

```
create 'student','info',SPLITS_FILE =>'/split.txt'
```

③ 执行成功后查看 Web 界面，Hbase 预分区表如图 5-12 所示。

Table Regions

Name	Region Server	Start Key	End Key	Locality	Requests
student,,1565940158496.46683a75ef39356 01d4a3be8ba76ca6d.	node3:16020		aaa	0.0	0
student,aaa,1565940158496.817bf6bf9f93e 30c876034ad7ef5b321.	node3:16020	aaa	bbb	0.0	0
student,bbb,1565940158496.58a7868cf34d b788f890ff442c120ef8.	node2:16020	bbb	ccc	0.0	0
student,ccc,1565940158496.bd6a8989e12fe 7c472b40e4d20eff9aa.	node2:16020	ccc	ddd	0.0	0
student,ddd,1565940158496.62771b84a0ee 1beaf3991152fc2be587.	node2:16020	ddd		0.0	0

●图 5-12　Hbase 预分区表

3）通过 Hbase Shell 来创建，使用 HexStringSplit 算法指定每一个 region 的 rowkey 范围。HexStringSplit 会将数据从“00000000”到“FFFFFFFF”之间的数据长度按照 n 等分之后算出每一段的 startrowkey 和 endrowkey，以此作为拆分点。创建表的命令如下。

```
create 'mytable','base_info',' extra_info', {NUMREGIONS => 15, SPLITALGO => 'Hex-
StringSplit'}
```

执行成功后查看 Web 界面，Hbase 预分区表如图 5-13 所示。

Name	Region Server	startrowkey	endrowkey	Locality	Requests
mytable,,1565938764780.e0db4b1616022e9a0041d7f3 2bb92cf4.	node2:16020		11111111	0.0	0
mytable,11111111,1565938764780.699524e072b848b93 6f66273db7fd3b6.	node3:16020	11111111	22222222	0.0	0
mytable,22222222,1565938764780.cd84b8af4d8dbd86 accbd5666487c042.	node3:16020	22222222	33333333	0.0	0
mytable,33333333,1565938764780.907a6a481bb133cc b0410e5f46ac2754.	node2:16020	33333333	44444444	0.0	0
mytable,44444444,1565938764780.0bd7fcc8f12bc847c 635395c72ef82cd.	node2:16020	44444444	55555555	0.0	0
mytable,55555555,1565938764780.53812227106ec9fd 394a88439218eaa9.	node2:16020	55555555	66666666	0.0	0
mytable,66666666,1565938764780.b7117c08c1d3b2c1 870c8bd0af043cff.	node3:16020	66666666	77777777	0.0	0
mytable,77777777,1565938764780.08291e40fd0c1b10 8021327d67464926.	node3:16020	77777777	88888888	0.0	0
mytable,88888888,1565938764780.5f25be8ecc1ec30cb de3b2e96b3cf207.	node2:16020	88888888	99999999	0.0	0
mytable,99999999,1565938764780.d64a92438f3e8d75 8b8e2f84304e96b6.	node3:16020	99999999	aaaaaaaa	0.0	0
mytable,aaaaaaaa,1565938764780.9d5c7555fb76bdc2 a2d14684df0a59e0.	node2:16020	aaaaaaaa	bbbbbbbb	0.0	0
mytable,bbbbbbbb,1565938764780.90062399955c9b0b 9930a3eedbeea690.	node2:16020	bbbbbbbb	cccccccc	0.0	0
mytable,cccccccc,1565938764780.acbc7190e778a23c7 31607c86bc8bd74.	node3:16020	cccccccc	dddddddd	0.0	0
mytable,dddddddd,1565938764780.d6eb77a929c8e1b1 0124fbee0f3b8683.	node3:16020	dddddddd	eeeeeeee	0.0	0
mytable,eeeeeeee,1565938764780.2b190fd734e297c3 b289042ed04ecc16.	node2:16020	eeeeeeee		0.0	0

●图 5-13　Hbase 预分区表

5.8　region 合并

5.8.1　region 合并说明

region 的合并不是为了性能，而是出于便于运维的目的。比如删除了大量的数据，这个时候每个 region 都变得很小，存储多个 region 就浪费了，这个时候可以把 region 合并起来，进而减少一些 region 服务器节点。

5.8.2　如何进行 region 合并

1. 通过 Merge 类冷合并 region

执行合并前，需要先关闭 Hbase 集群，接下来演示该流程。

1）创建一张 Hbase 表。

```
create 'test','info1',SPLITS => ['1000','2000','3000']
```

2）查看表 region 信息，region 信息如图 5-14 所示。

Table Regions

Name	Region Server	startrowkey	endrowkey	Locality	Requests
test,,1565940912661.62d28d7d20f18debd2e7dac093bc09d8.	node2:16020		1000	0.0	0
test,1000,1565940912661.5b6f9e8dad3880bcc825826d12e81436.	node3:16020	1000	2000	0.0	0
test,2000,1565940912661.c2212a3956b814a6f0d57a90983a8515.	node2:16020	2000	3000	0.0	0
test,3000,1565940912661.553dd4db667814cf2f050561167ca030.	node3:16020	3000		0.0	0

●图 5-14　region 信息

3）需求说明：需要把 test 表中的 2 个 region 数据进行合并（test，1565940912661. 62d28d7d20f18debd2e7dac093bc09d8. 和 test，1000，1565940912661. 5b6f9e8dad3880bcc825826d12e81436）。

4）这里通过 org. apache. hadoop. hbase. util. Merge 类来实现，不需要进入 Hbase Shell，直接执行（需要先关闭 Hbase 集群）。

```
hbase    org.apache.hadoop.hbase.util.Merge    test    test,,
1565940912661.62d28d7d20f18debd2e7dac093bc09d8.    test,    1000,
1565940912661.5b6f9e8dad3880bcc825826d12e81436.
```

5）成功后观察界面，Merge 类冷合并 region 如图 5-15 所示。

2. 通过 online_merge 热合并 region

不需要关闭 Hbase 集群，在线进行合并，与冷合并不同的是，online_merge 的传参是 region 的 Hash 值，而 region 的 Hash 值就是 region 名称的最后那段在两个“.”之间的字符串部分。

Table Regions

Name	Region Server	startrowkey	endrowkey	Locality	Requests
test,,1565941288128.4cf457e0b3fd1c884c42958a0104e252.	node2:16020		2000	0.0	0
test,2000,1565940912661.c2212a3956b814a6f0d57a90983a8515.	node2:16020	2000	3000	0.0	0
test,3000,1565940912661.553dd4db667814cf2f050561167ca030.	node3:16020	3000		0.0	0

●图 5-15 Merge 类冷合并 region

1）需求：需要把 test 表中的 2 个 region 数据进行合并（test,2000,1565940912661. c2212a3956b814a6f0d57a90983a8515. 和 test, 3000, 1565940912661. 553dd4db667814cf2f0505611-67ca030）。

2）需要进入 Hbase Shell，执行如下命令。

```
merge_region 'c2212a3956b814a6f0d57a90983a8515','553dd4db667814cf2f050561167
ca030'
```

3）成功后观察界面，online_merge 热合并 region，如图 5-16 所示。

Table Regions

Name	Region Server	startrowkey	endrowkey	Locality	Requests
test,,1565941288128.4cf457e0b3fd1c884c42958a0104e252.	node2:16020		2000	0.0	0
test,2000,1565941742644.2b2c8d4deb9c0d09c1dc5ae75318641f.	node2:16020	2000		0.0	0

●图 5-16 online_merge 热合并 region

5.9 Hbase 表的 rowkey 设计

5.9.1 rowkey 长度原则

rowkey 是一个二进制码流，可以是任意字符串，最大长度 64 KB，实际应用中一般为 10~100B，以 byte[ ]形式保存，一般设计成定长。建议越短越好，不要超过 16B，原因如下。

1）数据的持久化文件 HFile 中是按照 KeyValue 存储的，如果 rowkey 过长，比如超过 100B，10^7 行数据，仅 rowkey 就要占用 $100B \times 10^7 = 10^9B$，近 1G 数据，这样会极大影响 HFile 的存储效率。

2）MemStore 将缓存部分数据到内存，如果 rowkey 字段过长，内存的有效利用率就会降低，系统不能缓存更多的数据，这样会降低检索效率。

3）目前操作系统都是 64 bit 系统，内存 8B 对齐，控制在 16B，8B 的整数倍利用了操作系统的最佳特性。

5.9.2 rowkey 散列原则

如果 rowkey 按照时间戳的方式递增，不要将时间放在二进制码的前面，建议将 rowkey

的高位作为散列字段，由程序随机生成，低位放时间字段，这样有利于数据在每一个 HRegionServer 上的均衡分布，以实现负载均衡。如果没有散列字段，首字段直接是时间信息，所有的数据都会集中在一个 HRegionServer 上，这样在数据检索时负载会集中在个别的 HRegionServer 上，造成热点问题，降低查询效率。

5.9.3　rowkey 唯一原则

rowkey 必须在设计上保证其唯一性，rowkey 是按照字典顺序排序存储的，因此设计 rowkey 时，要充分利用排序的特点，将经常读取的数据存储到一块，将最近可能会被访问的数据放到一块。

5.10　Hbase 表的热点

5.10.1　表的热点描述

Hbase 中的行是按照 rowkey 的字典顺序排序的，这种设计优化了 scan 操作，可以将相关的行以及会被一起读取的行存取在临近位置，便于 scan。然而糟糕的 rowkey 设计是热点的源头。热点通常发生在大量的 client 直接访问集群的一个或极少数个节点（访问可能是读/写或者其他操作）。当大量的 client 访问 Hbase 集群的一个或少数几个节点，造成少数 HRegionserver 的读/写请求过多、负载过大，而其他 HRegionserver 负载却很小，就造成了“热点”现象。

5.10.2　热点问题解决

了解了什么是 Hbase 表的热点后，下面是一些常见的避免热点的方法以及它们的优缺点。

（1）预分区

预分区的目的是让表的数据可以均衡地分散在集群中，而不是默认只有一个 region 分布在集群的一个节点上。

（2）加盐

这里所说的加盐不是密码学中的加盐，而是在 rowkey 的前面增加随机数，具体就是给 rowkey 分配一个随机前缀以使得它和之前 rowkey 的开头不同。分配的 rowkey 前缀种类数量应该和要分配的 region 的数量一致。加盐之后的 rowkey 就会根据随机生成的前缀分散到各个 region 上，以避免热点。

（3）哈希

哈希会使同一行永远用一个前缀加盐。哈希也可以使负载分散到整个集群，但是读却是可以预测的。使用确定的哈希可以让客户端重构完整的 rowkey，可以使用 get 操作准确获取某一个行数据。

(4) 反转

反转固定长度或者数字格式的 rowkey，可以使得 rowkey 中经常改变的部分（最没有意义的部分）放在前面。这样可以有效地随机 rowkey，但是牺牲了 rowkey 的有序性。

以手机号在反转 rowkey 场景中的应用为例，可以将手机号反转后的字符串作为 rowkey，这样就避免了以手机号作为比较固定的开头导致热点问题。

5.11 项目实战 3：基于 MapReduce 实现数据入库 Hbase 表中

5.11.1 需求描述

由于 Hbase 表中的数据最终都是存储在 HDFS 上，Hbase 天生的支持 MapReduce 的操作，用户可以通过 MapReduce 直接处理 Hbase 表中的数据，并且 MapReduce 可以将处理后的结果直接存储到 Hbase 表中。

项目实战需求描述如下：读取 Hbase 当中 myuser1 这张表的 f1:name 和 f1:age 数据，将数据写入另外一张 myuser2 表的 f1 列族里面去。

5.11.2 开发实现

1. 创建表 myuser1 和表 myuser2

这两张表的结构一样。其中 myuser1 表中有一个列族 f1，对应的列名为 name 和 age。

2. 创建 maven 工程并导入 jar 包

```
<dependencies>
    <dependency>
        <groupId>org.apache.hadoop</groupId>
        <artifactId>hadoop-client</artifactId>
        <version>3.1.3</version>
    </dependency>
    <dependency>
        <groupId>org.apache.hadoop</groupId>
        <artifactId>hadoop-auth</artifactId>
        <version>3.1.3</version>
    </dependency>
    <!-- https://mvnrepository.com/artifact/org.apache.hbase/hbase-client -->
    <dependency>
        <groupId>org.apache.hbase</groupId>
        <artifactId>hbase-client</artifactId>
        <version>2.2.2</version>
    </dependency>
```

```
        <dependency>
            <groupId>org.apache.hbase</groupId>
            <artifactId>hbase-mapreduce</artifactId>
            <version>2.2.2</version>
        </dependency>
        <dependency>
            <groupId>org.apache.hbase</groupId>
            <artifactId>hbase-server</artifactId>
            <version>2.2.2</version>
        </dependency>
        <dependency>
            <groupId>junit</groupId>
            <artifactId>junit</artifactId>
            <version>4.12</version>
            <scope>test</scope>
        </dependency>
        <dependency>
            <groupId>org.testng</groupId>
            <artifactId>testng</artifactId>
            <version>6.14.3</version>
            <scope>test</scope>
        </dependency>
    </dependencies>
    <build>
        <plugins>
            <plugin>
                <groupId>org.apache.maven.plugins</groupId>
                <artifactId>maven-compiler-plugin</artifactId>
                <version>3.0</version>
                <configuration>
                    <source>1.8</source>
                    <target>1.8</target>
                    <encoding>UTF-8</encoding>
                    <!--    <verbal>true</verbal>-->
                </configuration>
            </plugin>
            <plugin>
                <groupId>org.apache.maven.plugins</groupId>
                <artifactId>maven-shade-plugin</artifactId>
                <version>2.2</version>
                <executions>
                    <execution>
```

```
                        <phase>package</phase>
                        <goals>
                            <goal>shade</goal>
                        </goals>
                        <configuration>
                            <filters>
                                <filter>
                                    <artifact>*:*</artifact>
                                    <excludes>
                                        <exclude>META-INF/*.SF</exclude>
                                        <exclude>META-INF/*.DSA</exclude>
                                        <exclude>META-INF/*/RSA</exclude>
                                    </excludes>
                                </filter>
                            </filters>
                        </configuration>
                    </execution>
                </executions>
            </plugin>
        </plugins>
    </build>
```

3. 开发 Mapper 类

```
public class HBaseReadMapper extends TableMapper<Text, Put> {
    /**
     * @param key     rowkey
     * @param value   rowkey 此行的数据 Result 类型
     * @param context
     * @throwsIOException
     * @throws InterruptedException
     */
    @Override
    protected void map(ImmutableBytesWritable key, Result value, Context con-
text) throws IOException, InterruptedException {
        //获得 rowkey 的字节数组
        byte[]rowKeyBytes = key.get();
        String rowKeyStr = Bytes.toString(rowKeyBytes);
        Text text = new Text(rowKeyStr);

        //输出数据→写数据→构建 Put 对象
        Put put = new Put(rowKeyBytes);
        //获取一行中所有的 Cell 对象
        Cell[] cells = value.rawCells();
        //将 f1 : name& age 输出
```

```
        for (Cell cell : cells) {
            //当前 cell 是否是 f1
            //列族
            byte[] familyBytes = CellUtil.cloneFamily(cell);
            String familyStr = Bytes.toString(familyBytes);
            if ("f1".equals(familyStr)) {
                //判断是否是 name | age
                byte[] qualifier_bytes =CellUtil.cloneQualifier(cell);
                String qualifierStr = Bytes.toString(qualifier_bytes);
                if ("name".equals(qualifierStr)) {
                    put.add(cell);
                }
                if ("age".equals(qualifierStr)) {
                    put.add(cell);
                }
            }
        }
        //判断是否为空;不为空,才输出
        if (!put.isEmpty()) {
            context.write(text, put);
        }
    }
}
```

4. 开发 Reducer 类

```
/**
 * TableReducer 第三个泛型包含 rowkey 信息
 */
public class HBaseWriteReducer extends TableReducer<Text, Put, ImmutableBytes-
Writable> {
    //将 Map 传输过来的数据,写入到 Hbase 表
    @Override
    protected void reduce(Text key, Iterable<Put> values, Context context)
throws IOException, InterruptedException {
        //rowkey
        ImmutableBytesWritable immutableBytesWritable = new ImmutableBytes-
Writable();
        immutableBytesWritable.set(key.toString().getBytes());

        //遍历 put 对象,并输出
        for(Put put: values) {
            context.write(immutableBytesWritable, put);
        }
    }
}
```

5. 开发驱动主类

```
public class Main extends Configured implements Tool {
    public static void main(String[] args) throws Exception {
        Configuration configuration =HBaseConfiguration.create();
        //设定绑定的 Zookeeper 集群
        configuration.set("hbase.Zookeeper.quorum", "node01:2181,node02:2181,
node03:2181");

        int run =ToolRunner.run(configuration, new Main(), args);
        System.exit(run);
    }
    @Override
    public int run(String[] args) throws Exception {
        Job job = Job.getInstance(super.getConf());
        job.setJarByClass(Main.class);
        //mapper
        TableMapReduceUtil.initTableMapperJob(TableName.valueOf("myuser"), new
Scan(), HBaseReadMapper.class, Text.class, Put.class, job);
        //reducer
        TableMapReduceUtil.initTableReducerJob("myuser2", HBaseWriteReducer.
class, job);
        boolean b = job.waitForCompletion(true);
        return b ? 0 : 1;
    }
}
```

6. 程序编译打包提交运行

程序编译后打成 jar 包，提交到集群运行，提交脚本如下。

```
hadoop jar HBaseDemo-1.0-SNAPSHOT.jar com.kkb.hbase.mr.Main
```

5.12 本章小结

本章介绍了大数据分布式列存储数据库 Hbase，在大数据场景中经常会碰到海量数据的存储问题，存储不是最终的目的，选择合适的存储系统一定要结合后续的应用，比如需要进行高效的数据分析和快速的数据检索。Hbase 能够支持大批量数据的实时写入，也支持秒级查询。通过学习 Hbase 数据库，掌握其使用和原理，为不同的业务和技术架构服务打下扎实的基础。

第 6 章 数据仓库 Hive

6.1 Hive 基本概念

6.1.1 Hive 简介

Hive 是基于 Hadoop 的一个数据仓库工具，可以将结构化的数据文件映射为一张数据库表，并提供类 SQL 查询功能。

Hive 的本质是将 SQL 转换为 MapReduce 的任务进行运算，底层由 HDFS 来提供数据的存储支持，甚至更进一步可以说 Hive 就是一个 MapReduce 的客户端。Hive 与 MapReduce 的关系如图 6-1 所示。

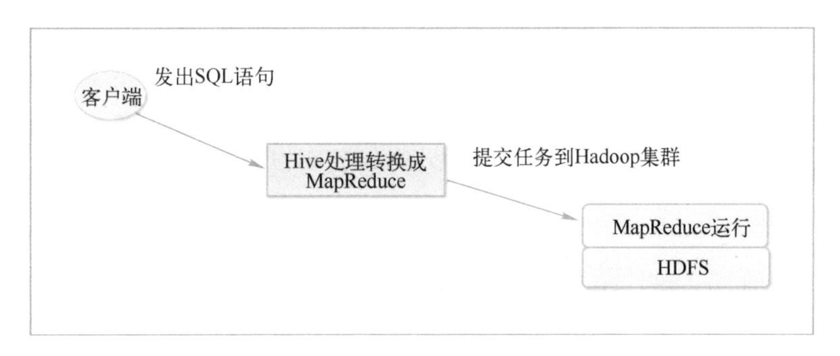

●图 6-1　Hive 与 MapReduce 的关系

6.1.2 Hive 与传统数据库对比

Hive 具有关系型数据库的查询分析功能，但应用场景完全不同，Hive 只适合用来做批量数据统计分析，数据量大、对应的延迟较高。Hive 与传统数据库对比如图 6-2 所示。

1）查询语言。由于 SQL 被广泛应用在数据仓库中，因此专门针对 Hive 的特性设计了类 SQL 的查询语言 HQL。熟悉 SQL 开发的开发者可以很方便地使用 Hive 进行开发。

2）数据存储位置。Hive 是建立在 Hadoop 之上的，所有 Hive 的数据都存储在 HDFS

	Hive	RDBMS
查询语言	HQL	SQL
数据存储	HDFS	Raw Device or Local FS
执行	MapReduce	Excutor
执行延迟	高	低
处理数据规模	大	小
索引	0.8版本后加入位图索引	有复杂的索引

●图 6-2　Hive 与传统数据库对比

中。而数据库则可以将数据保存在块设备或者本地文件系统中。

3）数据格式。Hive 中没有定义专门的数据格式，数据格式可以由用户指定。

4）数据更新。由于 Hive 是针对数据仓库应用设计的，而数据仓库的内容是读多写少的。因此，Hive 中不支持对数据的改写和添加，所有的数据都是在加载时确定好的。而数据库中的数据通常需要经常修改，因此可以使用 INSERT INTO … VALUES 添加数据，使用 UPDATE… SET 修改数据。

5）索引。Hive 在加载数据的过程中不会对数据进行任何处理，甚至不会对数据进行扫描，因此也没有对数据中的某些 Key 建立索引。Hive 要访问数据中满足条件的特定值时，需要暴力扫描整个数据，因此访问延迟较高。

6）执行。Hive 中大多数查询的执行是通过 Hadoop 提供的 MapReduce 来实现的（类似 select * from tb 的查询不需要 MapReduce），而数据库通常有自己的执行引擎。

7）执行延迟。之前提到，Hive 在查询数据时，由于没有索引，需要扫描整个表，因此延迟较高。另外一个导致 Hive 执行延迟高的因素是 MapReduce 框架。由于 MapReduce 本身具有较高的延迟，因此在利用 MapReduce 执行 Hive 查询时，也会有较高的延迟。相对的，数据库的执行延迟较低。当然，这个低是有条件的，即数据规模较小，当数据规模大到超过数据库的处理能力时，Hive 的并行计算显然能体现出优势。

8）数据规模。由于 Hive 建立在集群上，并可以利用 MapReduce 进行并行计算，因此可以支持很大规模的数据；对应的，数据库可以支持的数据规模较小。

6.2　Hive 的架构原理

Hive 的架构原理如图 6-3 所示。

1. 用户接口

用户可以通过 Client、CLI（Hive Shell）、JDBC/ODBC（Java 访问 Hive）、WEBUI（浏览器访问 Hive）方式来操作 Hive 表。

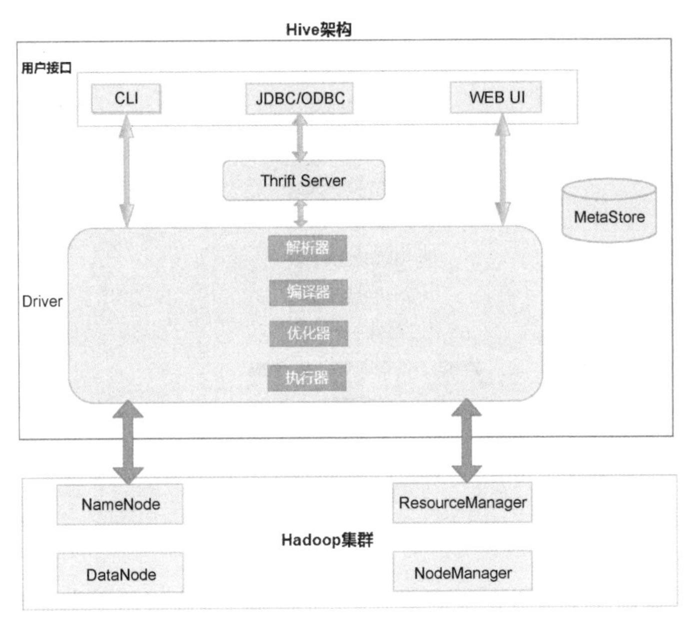

●图 6-3　Hive 的架构原理

2. 元数据 Metastore

Metastore 是 hive 元数据的集中存放地。Metastore 默认使用内嵌的 derby 数据库作为存储引擎，Derby 引擎的缺点：一次只能打开一个会话。使用 MySQL 作为外置存储引擎，多用户同时访问。

元数据包括：表名、表所属的数据库（默认是 default）、表的拥有者、列/分区字段、表的类型（是否是外部表）、表的数据所在目录等。

3. Hadoop 集群

使用 HDFS 进行存储，使用 MapReduce 进行计算。

4. Driver 驱动器

1）解析器（SQL Parser）：将 SQL 字符串转换成抽象语法树 AST，对 AST 进行语法分析，比如表是否存在、字段是否存在、SQL 语义是否有误。

2）编译器（Compiler）：编译 AST，生成逻辑执行计划。

3）优化器（Query Optimizer）：对逻辑执行计划进行优化。

4）执行器（Execution）：将逻辑执行计划转换成可以运行的物理计划。对于 Hive 来说默认就是 MapReduce 任务。

6.3　Hivc 的数据类型

Hive 的内置数据类型可以分为两大类：基础数据类型和复杂数据类型。

1. Hive 基本数据类型

Hive 的基本数据类型中包括了很多不同的类型，Hive 的基本数据类型如图 6-4 所示。

类型名称	描述	举例
boolean	true/false	true
tinyint	1字节的有符号整数	1
smallint	2字节的有符号整数	1
int	4字节的有符号整数	1
bigint	8字节的有符号整数	1
float	4字节单精度浮点数	1.0
double	8字节单精度浮点数	1.0
string	字符串(不设长度)	"abc"
varchar	字符串（1-65355长度，超长截断）	"abc"
timestamp	时间戳	1563157873
date	日期	20190715

●图 6-4 Hive 的基本数据类型

2. Hive 复合数据类型

Hive 除了基本数据类型之外，还有复合数据类型，在特定的需求场景下可以使用复合数据类型，Hive 的复合数据类型如图 6-5 所示。

类型名称	描述	举例
array	一组有序的字段，字段类型必须相同 array(元素1，元素2)	Array（1,2,3)
map	一组无序的键值对 map(k1,v1,k2,v2)	Map('a',1,'b',2)
struct	一组命名的字段，字段类型可以不同 struct(元素1，元素2)	Struct('a',1,2,0)

●图 6-5 Hive 的复合数据类型

6.4 Hive 的安装部署

1. 环境准备

需要事先安装 MySQL 服务，用于存储 Hive 表的 metastore 元数据信息。

2. 下载 Hive 安装包

通过访问 Hive 官网：http://hive.apache.org 下载指定版本的安装包，这里使用 Hive-3.1.2 版本。

3. 规划安装目录

为了便于管理多个服务需要把这些软件安装在统一的目录下，这里使用目录/kkb/install。

4. 解压安装包

使用如下命令解压 Hive 安装包，然后重命名解压目录。

```
tar -xzvf apache-hive-3.1.2-bin.tar.gz -C /kkb/install
mv /kkb/install/apache-hive-3.1.2-bin/ /kkb/install/apache-hive-3.1.2
```

5. 修改配置文件

1）进入到解压目录 conf 中，修改 hive-site.xml，添加对应的配置参数，其中 MySQL

服务部署在 node03 上。

```
<?xml version="1.0"?>
<?xml-stylesheet type="text/xsl" href="configuration.xsl"?>
<configuration>
<!--指定依赖的 MySQL 服务地址-->
        <property>
                <name>javax.jdo.option.ConnectionURL</name>
                  <value>jdbc:mysql://node03:3306/metastore?useSSL=false</
value>
        </property>

        <property>
                <name>javax.jdo.option.ConnectionDriverName</name>
                <value>com.mysql.jdbc.Driver</value>
        </property>
        <property>
                <name>javax.jdo.option.ConnectionUserName</name>
                <value>root</value>
        </property>
  <property>
                <name>hive.metastore.warehouse.dir</name>
                <value>/user/hive/warehouse</value>
        </property>
        <property>
                <name>javax.jdo.option.ConnectionPassword</name>
                <value>123456</value>
        </property>
        <property>
                <name>hive.metastore.schema.verification</name>
                <value>false</value>
        </property>
        <property>
                <name>hive.metastore.event.db.notification.api.auth</name>
                <value>false</value>
        </property>
         <property>
                <name>hive.cli.print.current.db</name>
                <value>true</value>
        </property>
         <property>
                <name>hive.cli.print.header</name>
                <value>true</value>
```

```
        </property>
        <property>
                <name>hive.server2.thrift.bind.host</name>
                <value>node03</value>
        </property>
        <property>
                <name>hive.server2.thrift.port</name>
                <value>10000</value>
        </property>
</configuration>
```

2）修改 hive-env. sh，添加 Hadoop 的环境变量。

```
export HADOOP_HOME=/kkb/install/hadoop-3.1.4
```

6. 添加 MySQL 连接驱动包

上传 MySQL 驱动包（如 mysql-connector-java-5. 1. 38. jar）到 Hive 的 lib 目录中。

7. 配置 Hive 的环境变量

修改配置文件/etc/profile，添加如下内容。

```
export HIVE_HOME=/kkb/install/apache-hive-3.1.2
export PATH=$PATH:$HIVE_HOME/bin
```

8. source 环境变量

```
source /etc/profile
```

9. 初始化元数据库

1）新建一个 node03 连接，登录 MySQL。

```
mysql -uroot -p123456
```

2）创建 Hive 元数据，需要和 hive-site. xml 中配置的一致。

```
--创建数据库,数据库名为:metastore
create databasemetastore;
show databases;
```

3）执行如下命令，初始化元数据库。

```
schematool -initSchema -dbType mysql -verbose
```

6.5 Hive 的交互方式

Hive 的交互方式主要有三种，使用 Hive 之前需要先启动 Hadoop 集群，因为 HQL 语句会被编译成 MapReduce 任务提交到集群运行，Hive 表数据一般存储在 HDFS 上。同时也需要启动 MySQL 服务，因为对 Hive 操作过程中，需要访问 MySQL 中存储元数据的库及表。

6.5.1 Hive 交互 Shell

在任意目录执行以下命令，出现如图 6-6 所示的 Hive 交互 Shell。

```
[hadoop@node03 ~]$ hive
```

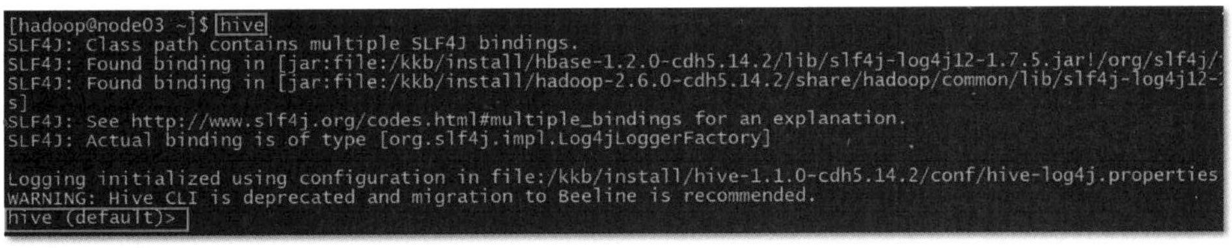

```
[hadoop@node03 ~]$ hive
SLF4J: Class path contains multiple SLF4J bindings.
SLF4J: Found binding in [jar:file:/kkb/install/hbase-1.2.0-cdh5.14.2/lib/slf4j-log4j12-1.7.5.jar!/org/slf4j/
SLF4J: Found binding in [jar:file:/kkb/install/hadoop-2.6.0-cdh5.14.2/share/hadoop/common/lib/slf4j-log4j12-
s]
SLF4J: See http://www.slf4j.org/codes.html#multiple_bindings for an explanation.
SLF4J: Actual binding is of type [org.slf4j.impl.Log4jLoggerFactory]

Logging initialized using configuration in file:/kkb/install/hive-1.1.0-cdh5.14.2/conf/hive-log4j.properties
WARNING: Hive CLI is deprecated and migration to Beeline is recommended.
hive (default)>
```

●图 6-6 Hive 交互 Shell

6.5.2 Hive JDBC 服务

1）启动 hiveserver2 服务，然后通过 beeline 连接。

```
[hadoop@node03 ~]$ hive --servicehiveserver2
```

2）beeline 连接 hiveserver2 服务，再开启一个新会话窗口，然后使用 beeline 连接 Hive。操作如图 6-7 所示。

```
[hadoop@node03 ~]$ beeline --color=true
beeline> !connectjdbc:hive2://node03:10000
```

```
[hadoop@node03 ~]$ beeline
SLF4J: Class path contains multiple SLF4J bindings.
SLF4J: Found binding in [jar:file:/kkb/install/hbase-1.2.0-cdh5.14.2/lib/slf4j-log4
SLF4J: Found binding in [jar:file:/kkb/install/hadoop-2.6.0-cdh5.14.2/share/hadoop/
s]
SLF4J: See http://www.slf4j.org/codes.html#multiple_bindings for an explanation.
SLF4J: Actual binding is of type [org.slf4j.impl.Log4jLoggerFactory]
Beeline version 1.1.0-cdh5.14.2 by Apache Hive
beeline> !connect jdbc:hive2://node03:10000
scan complete in 2ms
Connecting to jdbc:hive2://node03:10000
Enter username for jdbc:hive2://node03:10000: hadoop
Enter password for jdbc:hive2://node03:10000:
Connected to: Apache Hive (version 1.1.0-cdh5.14.2)
Driver: Hive JDBC (version 1.1.0-cdh5.14.2)
Transaction isolation: TRANSACTION_REPEATABLE_READ
0: jdbc:hive2://node03:10000> show databases;
INFO  : Compiling command(queryId=hadoop_20191210174848_9159fd44-6df5-49a1-b34c-172
INFO  : Semantic Analysis Completed
INFO  : Returning Hive schema: Schema(fieldSchemas:[FieldSchema(name:database_name,
INFO  : Completed compiling command(queryId=hadoop_20191210174848_9159fd44-6df5-49a
INFO  : Concurrency mode is disabled, not creating a lock manager
INFO  : Executing command(queryId=hadoop_20191210174848_9159fd44-6df5-49a1-b34c-172
INFO  : Starting task [Stage-0:DDL] in serial mode
INFO  : Completed executing command(queryId=hadoop_20191210174848_9159fd44-6df5-49a
INFO  : OK
+----------------+--+
| database_name  |
+----------------+--+
| default        |
+----------------+--+
1 row selected (0.834 seconds)
0: jdbc:hive2://node03:10000>
```

用户名hadoop
密码为空即可

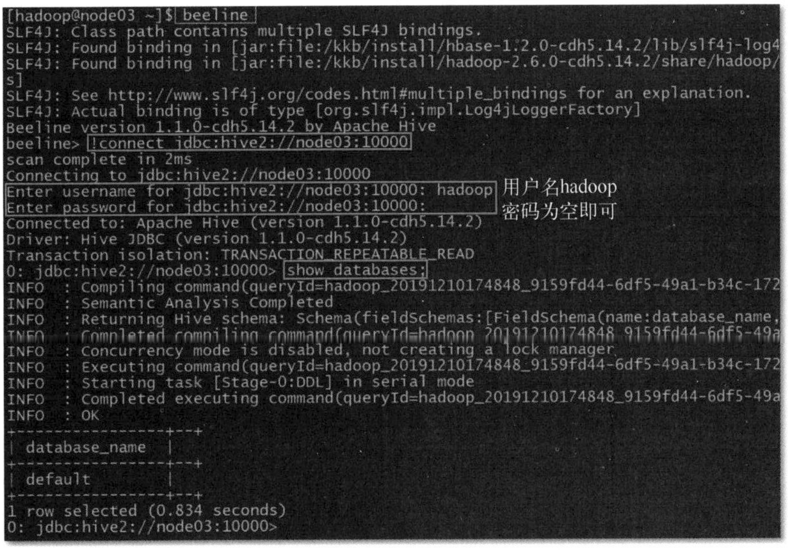

●图 6-7 beeline 连接 hiveserver2 服务

连接成功后就可以在这里提交各种 SQL 语句，如果想要退出，可以执行 ! quit 命令。

6.5.3 Hive 的命令

还可以使用 hive -e hql 语句或者 hive -f hql 文件，后续可以通过这种方式来封装作业的 SQL 脚本。

```
##执行 hive -e hql 语句
[hadoop@node03 ~]$ hive -e "show databases"
##执行 hive -f hql 文件,自定义文件内容
[hadoop@node03 ~]$ hive -fhql 文件
```

6.6 Hive 的 DDL 操作

6.6.1 数据库的 DDL 操作

1. 创建数据库

```
hive > create database db_hive;
#或者
hive > create database if not exists db_hive;
```

数据库在 HDFS 上的默认存储路径是/user/hive/warehouse/数据库名 . db。

2. 显示数据库

```
hive> show databases;
```

3. 查询数据库

```
hive> show databases like 'db_hive*';
```

4. 查看数据库详情

```
hive>desc database db_hive;
或者
hive>desc database extended db_hive;
```

5. 切换当前数据库

```
hive > use db_hive;
```

6. 删除数据库

```
#删除为空的数据库
hive> drop database db_hive;
```

```
#如果删除的数据库不存在,最好采用 if exists 判断数据库是否存在
hive> drop database if exists db_hive;

#如果数据库中有表存在,这里需要使用 cascade 强制删除数据库
hive> drop database if exists db_hive cascade;
```

6.6.2 表的 DDL 操作

1. 建表语法介绍

Hive 的建表语句结构如下所示，可以参考官网：https://cwiki.apache.org/confluence/display/Hive/LanguageManual+DDL。

```
CREATE [EXTERNAL] TABLE [IF NOT EXISTS] table_name
[(col_name data_type [COMMENT col_comment], ...)]
[COMMENT table_comment]
[PARTITIONED BY (col_name data_type [COMMENT col_comment], ...)]分区
[CLUSTERED BY (col_name, col_name, ...)分桶
[SORTED BY (col_name [ASC |DESC], ...)] INTO num_buckets BUCKETS]
[ROW FORMAT row_format]  row format delimited fields terminated by"分隔符"
[STORED AS file_format]
[LOCATION hdfs_path]
```

建表语句中的字段解释说明如下。

1）CREATE TABLE：创建一个指定名字的表。

2）EXTERNAL：创建一个外部表，在建表的同时指定一个指向实际数据的路径（LOCATION），指定表的数据保存在哪里。

3）COMMENT：为表和列添加注释。

4）PARTITIONED BY：创建分区表。

5）CLUSTERED BY：创建分桶表。

6）SORTED BY：按照字段排序。

7）ROW FORMAT：指定每一行中字段的分隔符。可以通过 row format delimited fields terminated by '\t'来指定字段的分隔符为 '\t' 。

8）STORED AS：指定存储文件类型。常用的存储文件类型有 SEQUENCEFILE（二进制序列文件）、TEXTFILE（文本）、ORCFILE（列式存储格式文件）。如果文件数据是纯文本，可以使用 STORED AS TEXTFILE。如果数据需要压缩，使用 STORED AS SEQUENCEFILE。

9）LOCATION：指定表在 HDFS 上的存储位置。

2. 创建内部表

1）使用标准的建表语句直接建表。

```
usemyhive;
create table stu(id int, name string);
insert into stu(id,name) values(1,"zhangsan");
select * from  stu;
```

2）查询建表法，通过 AS 查询语句完成建表：将子查询的结果存入新表里。

```
create table if not existsmyhive.stu1 as select id, name from stu;

--表中有数据
select * from stu1;
```

3）like 建表法，根据已经存在的表结构创建表。

```
create table if not existsmyhive.stu2 like stu;

--表中没有数据
select * from stu2;
```

4）查询表的类型，内部表的类型如图 6-8 所示。

```
hive >desc formatted myhive.stu;
```

```
    > desc formatted student;
OK
# col_name              data_type               comment

id                      int
name                    string

# Detailed Table Information
Database:               db_hive
Owner:                  hadoop
CreateTime:             Fri Jul 12 14:31:13 CST 2019
LastAccessTime:         UNKNOWN
Protect Mode:           None
Retention:              0
Location:               hdfs://node1:9000/user/hive/warehouse/db_hive.db/student
Table Type:             MANAGED_TABLE  内部表
Table Parameters:
```

●图 6-8　内部表的类型

HQL 创建表示例：创建内部表并指定字段之间的分隔符，指定文件的存储格式，以及数据存放的位置。

```
create table if not existsmyhive.stu3(id int, name string)
row format delimited fields terminated by '\t'
stored as textfile
location '/user/stu3';
```

3. 创建外部表

外部表因为是指定其他 HDFS 路径的数据加载到表当中来，所以 Hive 表会认为自己不完全独占这份数据，所以删除 Hive 表时，数据仍然存放在 HDFS 当中，不会删掉，使用 external 关键字来创建一个外部表。

```
create external tablemyhive.teacher (t_id string, t_name string)
row format delimited fields terminated by '\t';
```

其中 location 字段可以指定，也可以不指定。指定就是数据存放的具体目录，不指定就是使用默认目录 /user/hive/warehouse。查看外部表的类型如图 6-9 所示。

```
    > desc formatted default.emp;
OK
# col_name              data_type               comment

id                      int
name                    string
age                     int

# Detailed Table Information
Database:               default
Owner:                  hadoop
CreateTime:             Fri Jul 12 14:47:33 CST 2019
LastAccessTime:         UNKNOWN
Protect Mode:           None
Retention:              0
Location:               hdfs://node1:9000/user/hive/warehouse/emp
Table Type:             EXTERNAL_TABLE 外部表
```

●图 6-9　外部表的类型

前面已经看到过通过 insert 的方式向内部表当中插入数据，外部表也可以通过 insert 的方式插入数据，只不过一般不推荐 insert 的方式，实际工作当中都是使用 load 的方式来加载数据到内部表或者外部表。load 数据可以从本地文件系统加载或者也可以从 HDFS 上面的数据进行加载。

1）从本地文件系统加载数据到 teacher 表当中去，先准备数据 teacher. csv 上传到 node03 服务器的/kkb/install/hivedatas 路径下面去，然后在 hive 客户端下执行以下操作。

```
load data localinpath '/kkb/install/hivedatas/teacher.csv' into table
myhive.teacher;
```

2）从 HDFS 加载数据到 teacher 表当中去，先准备数据 teacher. csv 上传到 HDFS 的/kkb/hdfsload/hivedatas 路径下面去，然后在 Hive 客户端下执行以下操作。

```
load datainpath '/kkb/hdfsload/hivedatas' overwrite into table myhive.teacher;
```

二者的区别在于：如果是本地文件系统的数据加载到 Hive 表中，需要加上 local 关键字，如果是 HDFS 上的数据则不需要 local 关键字。

4. 内部表与外部表的互相转换

1）内部表转换为外部表

```
#将 stu 内部表改为外部表
alter table stu settblproperties('EXTERNAL'='TRUE');
```

2）外部表转换为内部表

```
#把 teacher 外部表改为内部表
alter table teacher settblproperties('EXTERNAL'='FALSE');
```

5. 内部表与外部表的区别

1）建表语法的区别

外部表在创建的时候需要加上 external 关键字。

2）删除表之后的区别

内部表删除后，表的元数据和真实数据都被删除了，外部表删除后，仅仅只是把该表的元数据删除了，真实数据还在，后期还是可以恢复出来。

6. 内部表与外部表的使用时机

内部表由于删除表的时候会同步删除 HDFS 的数据文件，所以确定如果一个表仅仅是某个人独占使用，其他人不使用，就可以创建内部表，如果一个表的文件数据，其他人也要使用，那么就创建外部表。一般外部表都用在数据仓库的 ODS 层，内部表都用在数据仓库的 DW 层。

6.7 Hive 的分区表

如果 Hive 当中所有的数据都存入一个文件夹下面，那么在使用 MapReduce 计算程序时，读取一整个目录下面的所有文件来进行计算，就会变得特别慢，因为数据量太大了。

实际工作当中一般都是计算前一天的数据，所以只需要将前一天的数据挑出来放到一个文件夹下即可。这样就可以使用 Hive 当中的分区表，通过分文件夹的形式，将每一天的数据都分成为一个文件夹，然后计算数据时，通过指定前一天的文件夹即可只计算前一天的数据。

在大数据中，最常用的一种思想就是分治，可以把大的文件切割划分成一个个小的文件，这样每次操作一个小的文件就会很容易了，同样的道理，在 Hive 当中也是支持这种思想的，就是可以把大的数据，按照每天或者每小时将大文件切分成一个个的小的文件，这样去操作小的文件就会容易得多。Hive 分区表如图 6-10 所示。

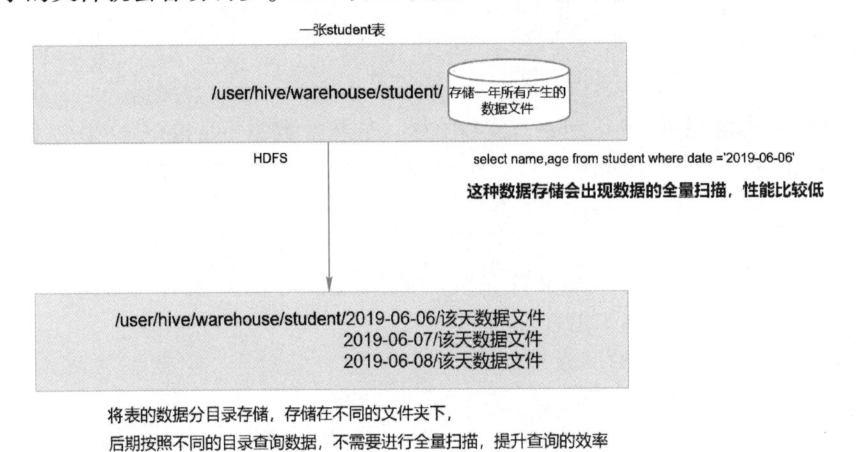

●图 6-10　Hive 的分区表

如图 6-10 所示，可以创建一张分区表 student，然后按照天目录存储每一天产生的数据，后续可以对指定日期的数据进行查询分析，不需要进行全量扫描，提升查询数据的效率。

（1）创建分区表语法示例

```
hive (myhive)> create table score(s_id string, c_id string, s_score int) parti-
tioned by (month string) row format delimited fields terminated by '\t';
```

（2）创建多级分区表语法示例

```
hive (myhive)> create table score2 (s_id string,c_id string, s_score int) parti-
tioned by (year string, month string, day string) row format delimited fields
terminated by '\t';
```

（3）加载数据到分区表中

```
hive (myhive)>load data local inpath '/kkb/install/hivedatas/score.csv' into
table score partition (month='201806');
```

（4）加载数据到多级分区表当中

```
hive (myhive)> load data local inpath '/kkb/install/hivedatas/score.csv' into
table score2 partition(year='2018', month='06', day='01');
```

（5）查看分区表的分区信息

```
hive (myhive)> show  partitions  score;
```

（6）给分区表添加一个分区

```
hive (myhive)> alter table score add partition(month='201805');
```

（7）给分区表添加多个分区

```
hive (myhive)> alter table score add partition(month='201804') partition(month =
'201803');
```

注意：

添加分区之后就可以在HDFS当中看到表下面多了一个文件夹。

（8）删除分区

```
hive (myhive)> alter table score drop partition(month = '201806');
```

6.8 Hive的静态分区和动态分区

6.8.1 静态分区

静态分区指的是表的分区字段的值需要开发人员手动给定。

（1）创建一张分区表

```
usemyhive;
create table order_partition(
order_number string,
order_price  double,
order_time string
)
partitioned BY(month string)
row format delimited fields terminated by '\t';
```

（2）准备数据文件 order. txt

```
10001     100   2019-03-02
10002     200   2019-03-02
10003     300   2019-03-02
10004     400   2019-03-03
10005     500   2019-03-03
10006     600   2019-03-03
10007     700   2019-03-04
10008     800   2019-03-04
10009     900   2019-03-04
```

（3）加载数据到分区表中

```
load data localinpath '/kkb/install/hivedatas/order.txt' overwrite into table
order_partition partition(month='2019-03');
```

（4）查询结果数据

```
select * from order_partition where month='2019-03';
```

结果为：

```
10001   100.0   2019-03-02      2019-03
10002   200.0   2019-03-02      2019-03
10003   300.0   2019-03-02      2019-03
10004   400.0   2019-03-03      2019-03
10005   500.0   2019-03-03      2019-03
10006   600.0   2019-03-03      2019-03
10007   700.0   2019-03-04      2019-03
10008   800.0   2019-03-04      2019-03
10009   900.0   2019-03-04      2019-03
```

6.8.2 动态分区

动态分区是按照需求实现把数据自动导入表的相应分区中，不需要手动指定分区字段的值。

案例需求：根据分区字段不同的值，自动将数据导入分区表不同的分区中。

（1）创建表

```
--创建普通表
create table t_order(
    order_number string,
    order_price  double,
    order_time   string
)row format delimited fields terminated by '\t';
```

```
--创建目标分区表
create table order_dynamic_partition(
    order_number string,
    order_price  double
)partitioned BY(order_time string)
row format delimited fields terminated by '\t';
```

（2）准备数据 order_ partition. txt

```
10001    100  2019-03-02
10002    200  2019-03-02
10003    300  2019-03-02
10004    400  2019-03-03
10005    500  2019-03-03
10006    600  2019-03-03
10007    700  2019-03-04
10008    800  2019-03-04
10009    900  2019-03-04
```

（3）向普通表中加载数据

```
load data localinpath '/kkb/install/hivedatas/order_partition.txt' overwrite
into table t_order;
```

（4）动态加载数据到分区表中

```
--要想进行动态分区,需要设置参数
--开启动态分区功能
hive> set hive.exec.dynamic.partition=true;
--设置 hive 为非严格模式
hive> set hive.exec.dynamic.partition.mode=nonstrict;
hive> insert into table order_dynamic_partition partition(order_time) select
order_number,order_price, order_time from t_order;
```

（5）查看分区表分区信息

```
hive> show partitions order_dynamic_partition;
--分区信息结果显示
order_time=2019-03-02
order_time=2019-03-03
order_time=2019-03-04
```

6.9 Hive的数据导入

1. 直接向表中插入数据（强烈不推荐使用）

```
hive (myhive)> create table score3 like score;
hive (myhive)> insert into table score3 partition(month ='201807') values ('001',
'002','100');
```

2. 通过load加载数据（必须掌握）

语法如下：

```
hive > load data [local] inpath ' dataPath' [overwrite] into table student
[partition (partcol1=val1,…)];
```

通过load方式加载数据示例：

```
hive (myhive)> load data local inpath '/kkb/install/hivedatas/score.csv' over-
write into table score partition(month='201806');
```

3. 通过查询加载数据（必须掌握）

语法如下：

```
INSERT OVERWRITE TABLE tablename1 [PARTITION (partcol1 = val1, partcol2 = val2
...) [IF NOT EXISTS]] select_statement1 FROM from_statement;
INSERT INTO TABLE tablename1 [PARTITION (partcol1=val1,partcol2=val2 ...)] se-
lect_statement1 FROM from_statement;
```

通过查询方式加载数据示例：

```
hive (myhive)> create table score5 like score;
hive (myhive)> insert overwrite table score5 partition(month = '201806') select s
_id,c_id,s_score from score;
```

4. 查询语句中创建表并加载数据（as select）

将查询的结果保存到一张表当中去，示例如下。

```
hive (myhive)> create table score6 as select * from score;
```

5. 创建表时指定location

1）创建表，并指定在HDFS上的位置。

```
hive (myhive)> create external table score7 (s_id string,c_id string,s_score
int) row format delimited fields terminated by '\t' location '/myscore7';
```

2）上传数据到HDFS上，也可以直接在Hive客户端下面通过dfs命令来操作HDFS的数据。

```
hive (myhive)> dfs -mkdir -p /myscore7;
hive (myhive)> dfs -put /kkb/install/hivedatas/score.csv /myscore7;
```

3）查询数据

```
hive (myhive)> select * from score7;
```

6. export 导出与 import 导入 Hive 表数据（内部表操作）

```
hive (myhive)> create table teacher2 like teacher;
--导出到 HDFS 路径
hive (myhive)> export table teacher to  '/kkb/teacher';
hive (myhive)> import table teacher2 from '/kkb/teacher';
```

6.10 Hive 数据导出

1. insert 导出

可以通过 insert 命令实现把一个表的数据导出成文件。详细见官网 https://cwiki.apache.org/confluence/display/Hive/LanguageManual+DML#LanguageManualDML-Writingdataintothefilesystemfromqueries。

（1）语法

```
INSERT OVERWRITE [LOCAL] DIRECTORY directory1
  [ROW FORMAT row_format] [STORED AS file_format] (Note: Only available starting
with Hive 0.11.0)
  SELECT ... FROM ...
```

（2）将查询的结果导出到本地

```
insert overwrite local directory '/kkb/install/hivedatas/stu' select * from
stu;
```

（3）将查询的结果格式化导出到本地

```
insert overwrite local directory '/kkb/install/hivedatas/stu2' row format de-
limited fields terminated by ',' select * from stu;
```

（4）将查询的结果导出到 HDFS 上（没有 local）

```
insert overwrite directory '/kkb/hivedatas/stu' row format delimited fields
terminated by  ','  select * from stu;
```

2. Hive Shell 命令导出

Hive Shell 导出的基本语法如下。

- hive -e "sql 语句" > file
- hive -fsql 文件 >   file

例如，在 Linux 命令行中运行如下命令；导出 myhive. stu 表的数据到本地磁盘文件/kkb/install/hivedatas/student1. txt。

```
hive -e 'select * frommyhive.stu;' > /kkb/install/hivedatas/student1.txt
```

3. export 导出到 HDFS 上

可以通过 export 命令实现把表数据导出成文件，示例如下。

```
export tablemyhive.stu to '/kkb/install/hivedatas/stuexport';
```

6.11 项目实战 4：基于 Hive 分析用户搜索日志数据

6.11.1 需求描述

用户通过搜狗浏览器搜索感兴趣的信息，这里会产生大量的用户搜索日志信息数据，接下来要基于搜索引擎的用户日志行为进行分析统计，计算出相关的一些指标。

6.11.2 数据格式

1）准备搜狗搜索的用户日志 SogouQ. sample 文件，日志数据格式如图 6-11 所示。

```
00:00:00	23908140386148713	[莫衷一是的意思]	1 2 www.chinabaike.com/article/81/82/110/2007/2007020724490.html
00:00:00	1797943298449139	[星梦缘全集在线观看]	8 5 www.6wei.net/dianshiju/????\xa1\xe9|????do=index
00:00:00	00717725924582846	[闪字吧]	1 2 www.shanziba.com/
00:00:00	41416219018952116	[霍震霆与朱玲玲照片]	2 6 bbs.gouzai.cn/thread-698736.html
00:00:00	9975666857142764	[电脑创业]	2 2 ks.cn.yahoo.com/question/1307120203719.html
00:00:00	21603374619077448	[111aa图片]	1 6 www.fotolog.com.cn/tags/aa111
00:00:00	7423866288265172	[豆腐的制成]	3 13	ks.cn.yahoo.com/question/1406051201894.html
```

●图 6-11　日志数据格式

2）进行数据字段说明。样本的数据格式为：访问时间、用户 ID、查询词、该 URL 在返回结果中的排名、用户点击的顺序号、用户点击的 URL。其中字段的分隔符为\t，用户 ID 是根据用户使用浏览器访问搜索引擎时的 Cookie 信息自动赋值，即同一次使用浏览器输入的不同查询对应同一个用户 ID。

6.11.3 开发实现

1. 建表

根据数据格式创建对应结构的表，创建表的命令如下。

```
create table querylog (time string,userid string,keyword string,pagerank int,
clickorder int,url string)
 row format delimited fields terminated by '\t' stored as textfile;
```

2. 加载数据到表中

使用 load 命令实现把数据加载到表中，命令如下。

```
load data localinpath '/root/SogouQ.sample' into table querylog;
```

3. 查看表数据

数据加载成功后，可以查看表数据，命令如下。

```
select * fromquerylog;
```

4. 指标分析

（1）用户搜索排行榜前 20 名

```
select * from ( select userid,count(*) as c fromquerylog group by userid having
c>1 ) a order by c desc limit 20 ;
```

执行成功后的结果如图 6-12 所示。

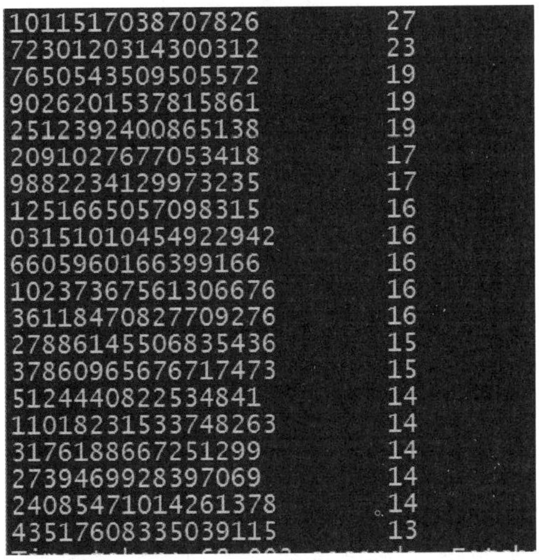

```
1011517038707826        27
7230120314300312        23
7650543509505572        19
9026201537815861        19
2512392400865138        19
2091027677053418        17
9882234129973235        17
1251665057098315        16
03151010454922942       16
6605960166399166        16
10237367561306676       16
36118470827709276       16
27886145506835436       15
37860965676717473       15
5124440822534841        14
11018231533748263       14
3176188667251299        14
2739469928397069        14
24085471014261378       14
43517608335039115       13
```

●图 6-12　用户搜索排行榜前 20 名

（2）url 搜索访问排行榜前 20 名

```
select * from ( select url,count(*) as c fromquerylog group by url having c>1 ) a
order by c desc limit  20;
```

执行成功后的结果如图 6-13 所示。

（3）点击 url 在页面排行 pagerank 的统计

```
select pagerank,count(pagerank) as c from querylog group by pagerank order by
pagerank asc;
```

```
news.21cn.com/social/daqian/2008/05/29/4777194_1.shtml  135
news.21cn.com/zhuanti/domestic/08dizhen/2008/05/19/4733406.shtml        113
www.tudou.com/programs/view/2F3E6SGHFLA/        80
www.17tech.com/news/20080531107270.shtml        69
pic.news.mop.com/gs/2008/0528/12985.shtml       66
www.17tech.com/news/20080531107274.shtml        52
bjyouth.ynet.com/view.jsp?oid=40472396  48
www.big38.net/  43
zhidao.baidu.com/question/3143932       35
www.baidu.com/  26
zhidao.baidu.com/question/47218514      24
v.sohu.com/20070205/n248043827.shtml    23
ks.cn.yahoo.com/question/1406080806718.html     20
www.17tech.com/news/2008041922785.shtml 20
www.360doc.com/showWeb/0/0/1269489.aspx 18
www.97sese.com/ 17
news.qq.com/a/20060425/ 17
www.xmnn.cn/zt/slst/zxxx/200805/t20080531_581644.htm    15
ent.163.com/08/0527/23/4D047T3E00032NOP.html    14
news.vnet.cn/photo/292_6.html   14
```

●图 6-13　url 搜索访问排行榜前 20 名

执行成功后的结果如图 6-14 所示。

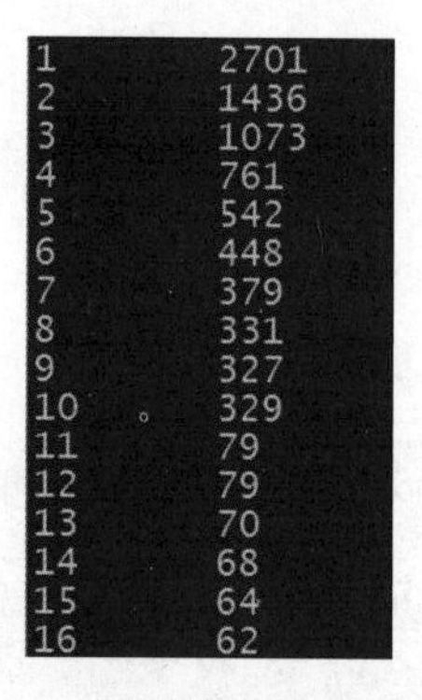

```
1       2701
2       1436
3       1073
4       761
5       542
6       448
7       379
8       331
9       327
10      329
11      79
12      79
13      70
14      68
15      64
16      62
```

●图 6-14　页面排行 pagerank 的统计

（4）用户访问应用的时间特点统计

统计出每个小时的访问量（测试数据中只有 00 点的数据）。

```
select substr(time,1,2),count(*) as num  from querylog group by substr(time,1,2);
```

执行成功后的结果如图 6-15 所示。

```
Total MapReduce CPU Time Spent: 3 seconds 820 msec
OK
00      10000
Time taken: 31.225 seconds, Fetched: 1 row(s)
```

●图 6-15　用户访问应用的时间特点统计

6.12　本章小结

本章介绍了大数据利器之 Hive，它的出现解放了编程人员的双手，不需要写烦琐的 Java 代码开发 MapReduce 程序，通过简单易学的 SQL 语句，就可以实现对海量数据进行复杂的分析处理。大大降低了开发和学习成本，深受企业和数据分析人员喜爱。

第7章 日志采集框架 Flume

7.1 Flume 介绍

7.1.1 Flume 概述

Flume 是一个从可以收集日志、事件等数据资源，并将这些数量庞大的数据从各项数据资源中集中起来存储的工具/服务。Flume 具有高可用、分布式及可扩展等特点，其设计的原理也是基于将数据流（如日志数据）从各种网站服务器上汇集起来存储到 HDFS、Hbase 等集中存储器中。Flume 的结构如图 7-1 所示。

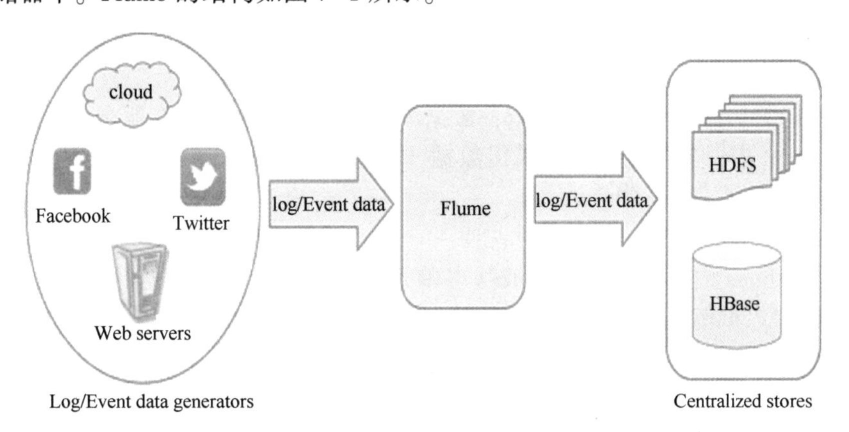

●图 7-1 Flume 的结构

7.1.2 Flume 的优势

1）Flume 可以采集 socket 数据包、文件夹等各种形式源数据，又可以将采集到的数据输出到 HDFS、Hbase、Hive、Kafka 等众多外部存储系统中。

2）当收集数据的速度超过将写入数据时，也就是当收集信息遇到峰值时，收集的信息量非常大，甚至超过了系统的写入数据能力，此时 Flume 会在数据生产者和数据收容器间做出调整，保证其能够在两者之间提供平稳的数据。

3）Flume 的管道是基于事务，保证了数据在传送和接收时的一致性。

4）Flume 具有可靠、容错性高、可升级、易管理的特性，并且可定制。

5）对于一般的采集需求，通过对 Flume 进行简单配置即可实现。

6）Flume 针对特殊场景也具备良好的自定义扩展能力，因此 Flume 可以适用于大部分的日常数据采集场景。

7.1.3 Flume 的运行机制

1）Flume 分布式系统中最核心的角色是 agent，Flume 采集系统就是由一个个 agent 所连接起来组成的。

2）每一个 agent 相当于一个数据传递员，内部有三个组件。

① Source：采集源，用于跟数据源对接，以获取数据。从数据发生器接收数据，并将接收的数据以 flume 的 event 格式传递给一个或多个通道 channel，flume 提供多种数据接收方式，如 Avro、Thrift、twitter 等。

② Sink：下沉地，采集数据的传送目的，用于往下一级 agent 传递数据或者往最终存储系统传递数据。将数据存储到集中存储器，如 Hbase 和 HDFS，它从 channels 消费数据（event）并将其传递给目标地。目标地可能是另一个 sink，也可能是 HDFS、Hbase。

③ Channel：agent 内部的数据传输通道，用于从 source 将数据传递到 sink。是一种短暂的存储容器，它将从 source 处接收到的 event 格式的数据缓存起来，直到它们被 sinks 消费掉，它在 source 和 sink 间起着桥梁的作用，channel 是一个完整的事物，这一点保住了数据在收发时的一致性。并且它可以和任意数量的 source 和 sink 连接。支持类型有：JDBC channel、File System channel、Memory channel 等。

Flume 采集数据流程如图 7-2 所示，数据源产生的数据被运行在服务器上的 agent 所收集。数据在 agent 中，先经过 source 采集数据，再通过 channel 缓存数据，最后通过 sink 把数据存入 HDFS 或者 Hbase 中。

3）Flume 事件 event

事件作为 Flume 内部数据传输的最基本单元，是由一个转载数据的字节数组（该数据组是从数据源接入点传入，并传输给传输器，也就是 HDFS/Hbase）和一个可选头部 Header 构成。Flume 事件结构如图 7-3 所示。

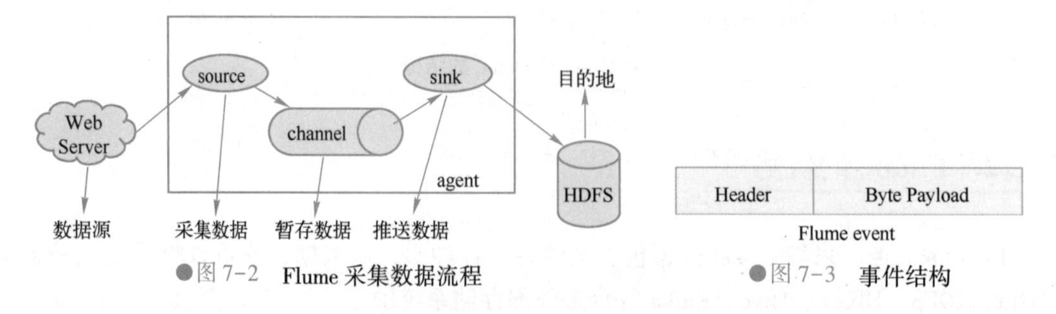

●图 7-2 Flume 采集数据流程

●图 7-3 事件结构

可以基于 event 进行插件定制，比如 flume-hbase-sink 插件获取的就是 event，然后对其解析，并依据情况做过滤等，然后再传输给 Hbase 或者 HDFS。

7.1.4　Flume 采集系统结构图

1. 简单结构

简单结构一般来说就是通过单个 agent 来采集数据，单个 agent 采集数据如图 7-4 所示。

如图 7-4 所示，只通过一个 agent 来实现数据采集。然后最终存储到 HDFS 上。

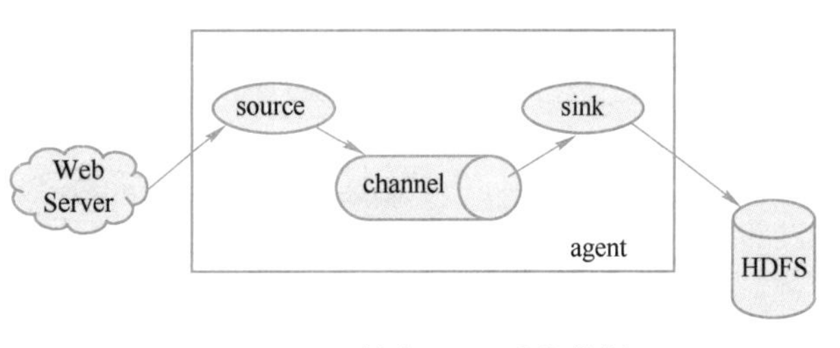

图 7-4　单个 agent 采集数据

2. 复杂结构

复杂结构是基于多级 agent 之间的串联来实现的，多级 agent 串联有很多不同的方式。

（1）两个 agent 串联

通过两个 agent 串联，将第一个 agent 的 sink 数据写入另一个 agent 的 source，实现数据的传输，agent 串联如图 7-5 所示。

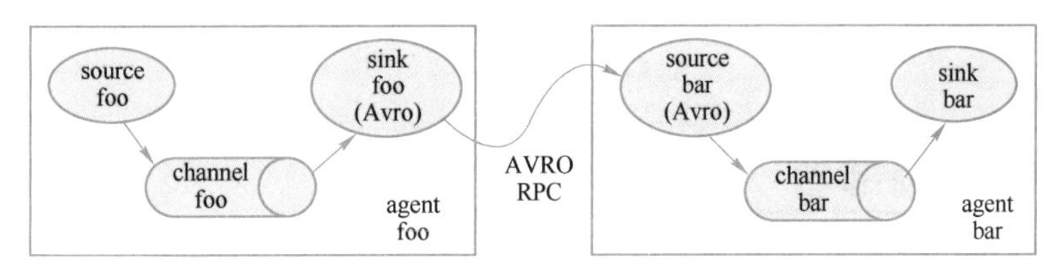

图 7-5　agent 串联

（2）多个 agent 采集的数据进行汇总

可以在多台服务器上部署 agent 分别采集数据，然后数据最终汇总在一个 agent 上，最后数据存储到 HDFS 上，多个 agent 采集的数据汇总实现如图 7-6 所示。

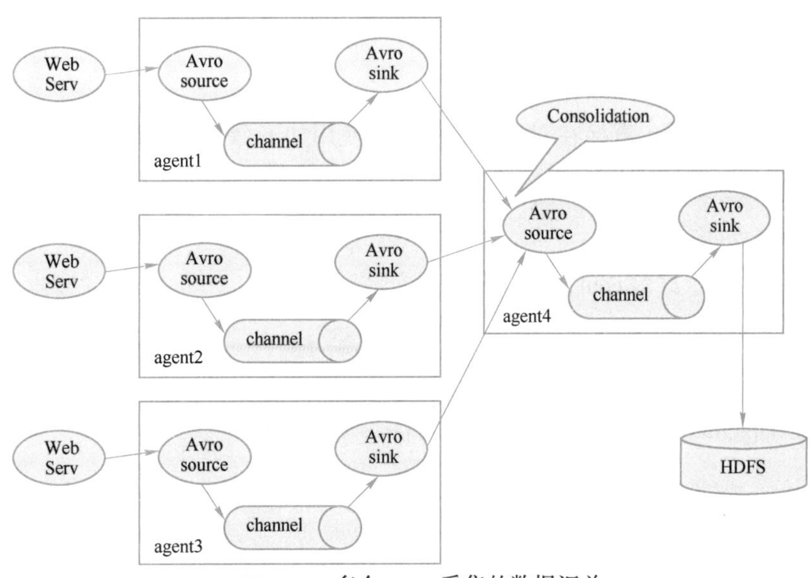

图 7-6　多个 agent 采集的数据汇总

（3）采集数据下层到不同存储系统

在一个 agent 中配置多个 channel，然后针对不同的 channel，使用不同的 sink 将数据存储到不同的系统中，采集数据下层到不同存储系统实现如图 7-7 所示。

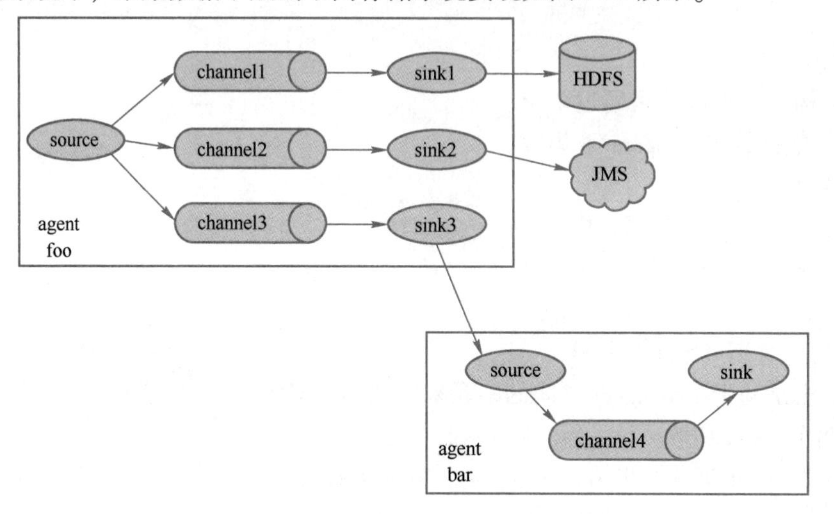

●图 7-7　采集数据下层到不同存储系统

7.2　Flume 安装部署

1. 下载 Flume 安装包

通过访问 Flume 官网：http://flume.apache.org 下载指定版本的安装包，这里下载使用比较新的版本 flume-1.9.0，安装包名为 apache-flume-1.9.0-bin.tar.gz。

2. 规划安装目录

为了便于管理多个服务，需要把这些软件安装在统一的目录下，这里使用目录/kkb/install。

3. 解压安装包

Flume 的安装很简单，直接在对应的服务器上使用如下命令进行解压 flume 安装包。

```
tar -xzvf apache-flume-1.9.0-bin.tar.gz  -C /kkb/install
```

4. 修改配置文件

进入 Flume 的解压目录 conf，重命名配置文件。

```
cd /kkb/install/apache-flume-1.9.0-bin/conf/
mv flume-env.sh.template flume-env.sh
```

修改配置文件 flume-env.sh，添加如下内容。

```
export JAVA_HOME=/kkb/install/jdk1.8.0_141
```

5. 配置 Flume 的环境变量

添加 Flume 的环境变量，添加以下内容到 /etc/profile 文件中。

```
export FLUME_HOME=/kkb/install/apache-flume-1.9.0-bin
export PATH=$PATH:$FLUME_HOME/bin
```

注意最后执行 source /etc/profile 刷新配置，至此，Flume 的安装部署就完成了。

7.3　Flume 数据采集应用

7.3.1　采集目录到 HDFS

1. 采集需求

某服务器的某特定目录下，会不断产生新的文件，每当有新文件出现，就需要把文件采集到 HDFS 中去。采集目录到 HDFS 的流程如图 7-8 所示。

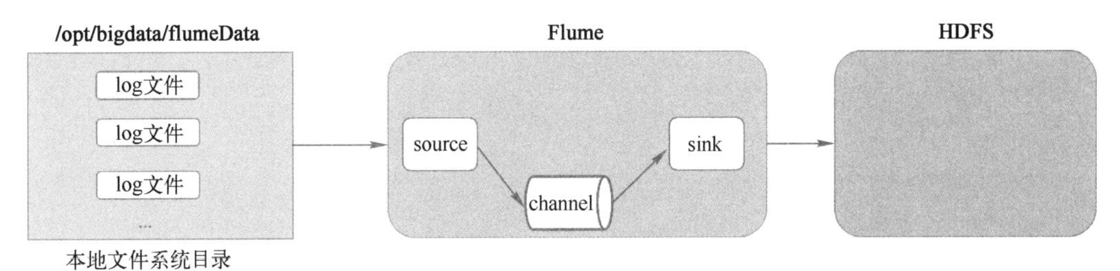

●图 7-8　采集目录到 HDFS 的流程

2. 需求分析

1）数据源组件 source 类型为 spooldir。

spooldir 特性说明：

- 监视一个目录，只要目录中出现新文件，就会采集文件中的内容。
- 采集完成的文件，会被 agent 自动添加一个后缀：COMPLETED。
- 此 source 可靠，不会丢失数据，即使 Flume 重启或被 kill。

2）下沉组件 sink 类型为 hdfs sink。

3）通道组件 channel 类型为 file channel，也可以用内存 channel。

注意：

Flume 支持众多的 source 和 sink 类型，详细手册可参考官方文档 http://flume.apache.org/releases/content/1.9.0/FlumeUserGuide.html。

3. 开发实践

1）创建 Flume 配置文件 spooldir.conf。

```
cd /kkb/install/apache-flume-1.9.0-bin/conf/
vimspooldir.conf
```

2）配置文件 spooldir. conf 内容如下。

```
# Name the components on this agent
a1.sources = r1
a1.sinks = k1
a1.channels = c1

# Describe/configure the source
#注意:不能往监控目录中重复丢同名文件
a1.sources.r1.type =spooldir
#监控的路径
a1.sources.r1.spoolDir = /opt/bigdata/flumeData
a1.sources.r1.fileHeader = true

# Describe the sink
a1.sinks.k1.type =hdfs
a1.sinks.k1.channel = c1
a1.sinks.k1.hdfs.path = hdfs://node01:8020/spooldir/files/%y-%m-%d/%H%M/
#指定在 HDFS 上生成的文件名前缀
a1.sinks.k1.hdfs.filePrefix = events-
# timestamp 向下舍 round down
a1.sinks.k1.hdfs.round = true
#以 10 分钟为单位向下取整;如 55 分,舍成 50;38,舍成 30
a1.sinks.k1.hdfs.roundValue = 10
# round 的单位
a1.sinks.k1.hdfs.roundUnit = minute
#每 3 s 滚动生成一个文件
a1.sinks.k1.hdfs.rollInterval = 3
#每 x 字节,滚动生成一个文件
a1.sinks.k1.hdfs.rollSize = 20
#每 x 个 event,滚动生成一个文件
a1.sinks.k1.hdfs.rollCount = 5
#每 x 个 event,flush 到 hdfs
a1.sinks.k1.hdfs.batchSize = 1
#使用本地时间
a1.sinks.k1.hdfs.useLocalTimeStamp = true
#生成的文件类型,默认是 Sequencefile,可用 DataStream,则为普通文本
a1.sinks.k1.hdfs.fileType = DataStream
# Use a channel which buffers events in memory
a1.channels.c1.type = memory
# channel 中存储的 event 的最大数目
a1.channels.c1.capacity = 1000
#每次传输数据,从 source 最多获得 event 的数目或向 sink 发送的 event 的最大的数目
```

```
a1.channels.c1.transactionCapacity = 100
#event 添加到通道中或者移出的允许时间
a1.channels.c1.keep-alive = 120
# Bind the source and sink to the channel
a1.sources.r1.channels = c1
a1.sinks.k1.channel = c1
```

Channel 参数解释如下。

- capacity：默认该通道中最大可以存储的 event 数量。
- trasactionCapacity：每次最大可以从 source 中拿到或者送到 sink 中的 event 数量。
- keep-alive：event 添加到通道中或者移出的允许时间。

3）启动 agent。

先启动 HDFS，然后再执行如下脚本来启动 agent。

```
cd /kkb/install/apache-flume-1.9.0-bin
bin/flume-ng agent -c conf -f conf/spooldir.conf -n a1 -Dflume.root.logger=IN-
FO,console
```

将不同的文件上传到/opt/bigdata/flumeData 目录中，注意文件不能重名。最后观察 HDFS 上数据文件的生成。

7.3.2 采集文件到 HDFS

1. 采集需求

比如业务系统使用 log4j 生成的日志，日志内容不断增加，需要把追加到日志文件中的数据实时采集到 HDFS。采集文件新增的内容到 HDFS 的结构如图 7-9 所示。

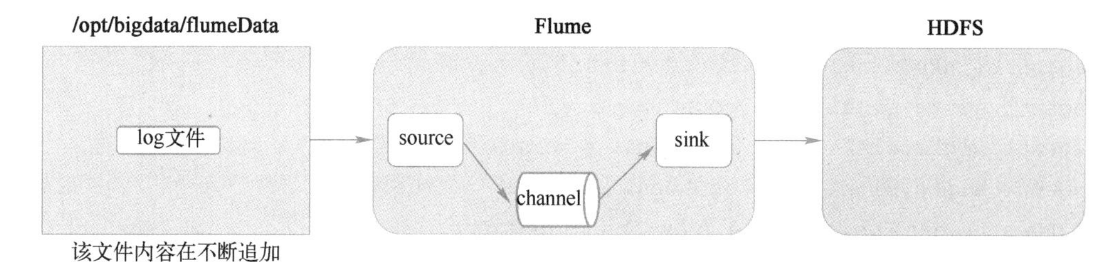

图 7-9 采集文件新增的内容到 HDFS

2. 需求分析

1）数据源组件 source 类型为 exec。

exec 特性说明：

- 监视一个文件，只要文件中有新的内容产生，就把新内容收集起来。
- 此 source 不可靠，一般不建议使用，这里可以用更好的 source 类型 taildir。

2）下沉组件 sink 类型为 hdfs sink。

3）通道组件 channel 类型为 file channel，也可以用内存 channel。

3. 开发实践

1）创建 Flume 配置文件 tail-file. conf。

```
cd /kkb/install/apache-flume-1.9.0-bin/conf/
vim tail-file.conf
```

2）配置文件 tail-file. conf 内容如下。

```
agent1.sources = source1
agent1.sinks = sink1
agent1.channels = channel1

# Describe/configure tail -F source1
agent1.sources.source1.type = exec
agent1.sources.source1.command = tail -F /kkb/install/taillogs/access_log
agent1.sources.source1.channels = channel1

# Describe sink1
agent1.sinks.sink1.type =hdfs
agent1.sinks.sink1.hdfs.path = hdfs://node01:8020/weblog/flume-collection/
%y-%m-%d/%H-%M
agent1.sinks.sink1.hdfs.filePrefix = access_log
agent1.sinks.sink1.hdfs.maxOpenFiles = 5000
agent1.sinks.sink1.hdfs.batchSize= 100
agent1.sinks.sink1.hdfs.fileType = DataStream
agent1.sinks.sink1.hdfs.writeFormat =Text
agent1.sinks.sink1.hdfs.rollSize = 102400
agent1.sinks.sink1.hdfs.rollCount = 1000000
agent1.sinks.sink1.hdfs.rollInterval = 60
agent1.sinks.sink1.hdfs.round = true
agent1.sinks.sink1.hdfs.roundValue = 10
agent1.sinks.sink1.hdfs.roundUnit = minute
agent1.sinks.sink1.hdfs.useLocalTimeStamp = true
# Use a channel which buffers events in memory
agent1.channels.channel1.type = memory
#向 channel 添加一个 event 或从 channel 移除一个 event 的超时时间
agent1.channels.channel1.keep-alive = 120
agent1.channels.channel1.capacity = 500000
agent1.channels.channel1.transactionCapacity = 600
# Bind the source and sink to the channel
agent1.sources.source1.channels = channel1
agent1.sinks.sink1.channel = channel1
```

3）启动 agent

开发 shell 脚本定时追加文件内容，tail-file. sh 脚本的内容如下。

```
#!/bin/bash
while true
do
date >> /kkb/install/taillogs/access_log;
  sleep 0.5;
done
```

启动 tail-file. sh 脚本，然后再执行如下命令来启动 agent，最后观察 HDFS 上数据文件的生成。

```
bin/flume-ng agent -c conf -f conf/tail-hdfs.conf -n agent1 -Dflume.root.logger=
INFO,console
```

7.4　项目实战 5：Flume 之静态拦截器的使用

7.4.1　案例场景

A、B 两台日志服务器实时生产日志的主要类型为 access. log、nginx. log、web. log，现在需要把 A、B 服务器中的 access. log、nginx. log、web. log 采集汇总到 C 机器上然后统一收集到 HDFS 中。

最后在 HDFS 中要求的目录如下所示，需要把相同类型的数据汇总到对应的目录下。

```
/source/logs/access/20200210/**
/source/logs/nginx/20200210/**
/source/logs/web/20200210/**
```

7.4.2　场景分析

需要把不同服务器上相同类型的数据最终收集起来存储在 HDFS 上，整体采集流程如图 7-10 所示。

7.4.3　数据流程处理分析

要想实现该功能，需要用到 Flume 内部的拦截器机制，拦截器本质就是对每一个事件捕获之后然后进行相应的处理，这里可以实现 static interceptor 静态拦截器，其目的就是在 header 中添加每条数据所属的文件名。最后把属于同一个文件的内容收集起来即可。

整体的数据处理流程如图 7-11 所示。

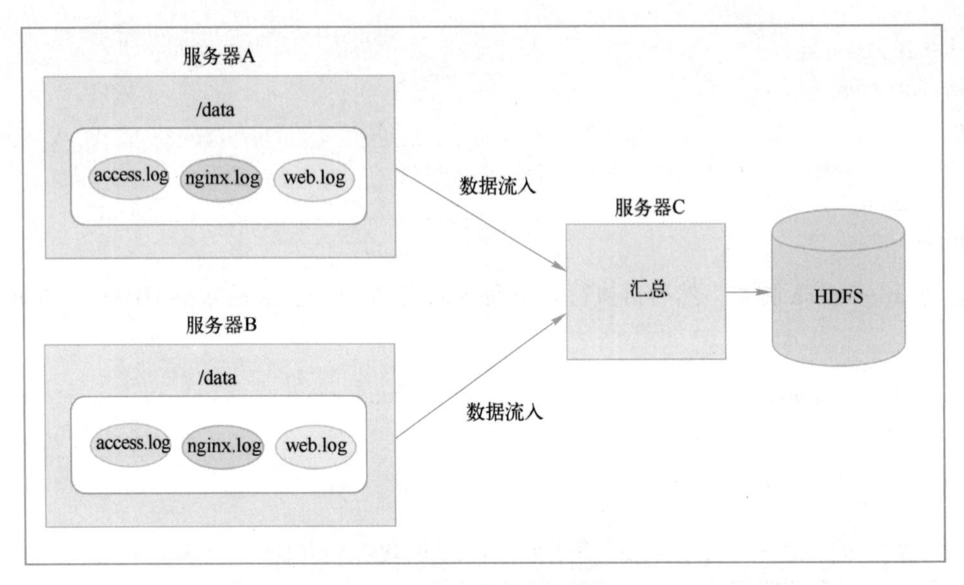

●图 7-10　数据采集流程

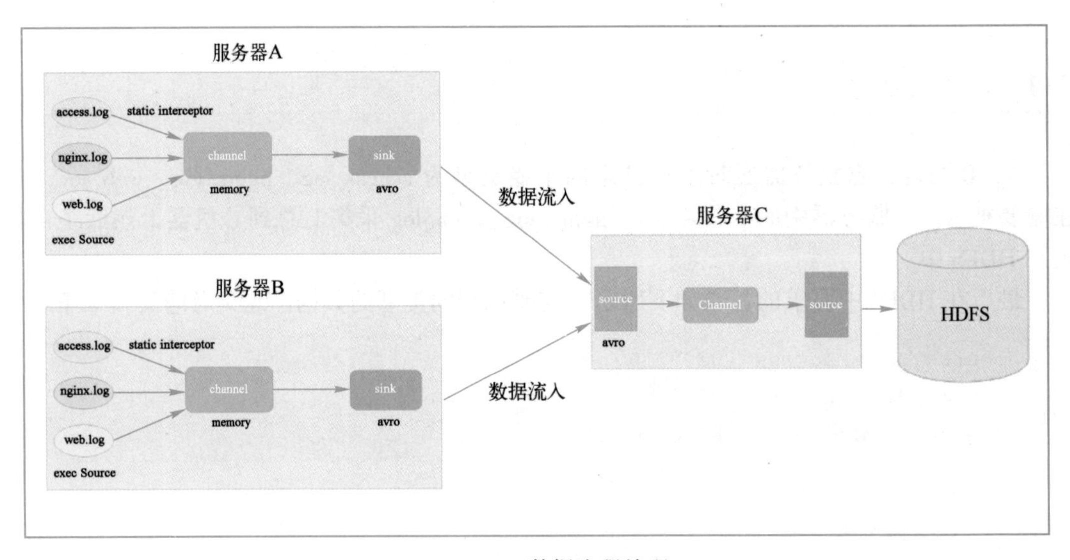

●图 7-11　数据流程处理

7.4.4　开发实现

1. node01 与 node02 服务器开发 Flume 的配置文件 exec_source_avro_sink. conf

```
# Name the components on this agent
a1.sources = r1 r2 r3
a1.sinks = k1
a1.channels = c1

# set source
```

```
a1.sources.r1.type = exec
a1.sources.r1.command = tail -F /kkb/install/taillogs/access.log
a1.sources.r1.interceptors = i1
a1.sources.r1.interceptors.i1.type = static
## static 拦截器的功能就是往采集到的数据的 header 中插入自定义的 key-value 对;与
node03 上的 agent 的 sink 中的 type 相呼应
a1.sources.r1.interceptors.i1.key = type
a1.sources.r1.interceptors.i1.value = access

a1.sources.r2.type = exec
a1.sources.r2.command = tail -F /kkb/install/taillogs/nginx.log
a1.sources.r2.interceptors = i2
a1.sources.r2.interceptors.i2.type = static
a1.sources.r2.interceptors.i2.key = type
a1.sources.r2.interceptors.i2.value =nginx

a1.sources.r3.type = exec
a1.sources.r3.command = tail -F /kkb/install/taillogs/web.log
a1.sources.r3.interceptors = i3
a1.sources.r3.interceptors.i3.type = static
a1.sources.r3.interceptors.i3.key = type
a1.sources.r3.interceptors.i3.value = web

# set sink
a1.sinks.k1.type =avro
a1.sinks.k1.hostname = node03
a1.sinks.k1.port = 41415

# set channel
a1.channels.c1.type = memory
a1.channels.c1.capacity = 20000
a1.channels.c1.transactionCapacity = 10000

# Bind the source and sink to the channel
a1.sources.r1.channels = c1
a1.sources.r2.channels = c1
a1.sources.r3.channels = c1
a1.sinks.k1.channel = c1
```

2. node03 服务器开发 Flume 的配置文件 avro_source_hdfs_sink. conf

```
# Name the components on this agent
a1.sources = r1
```

```
a1.sinks = k1
a1.channels = c1

#定义 source
a1.sources.r1.type =avro
a1.sources.r1.bind = node03
a1.sources.r1.port =41415

#定义 channels
a1.channels.c1.type = memory
a1.channels.c1.capacity = 20000
a1.channels.c1.transactionCapacity = 10000

#定义 sink
a1.sinks.k1.type =hdfs
a1.sinks.k1.hdfs.path=hdfs://node01:8020/source/logs/%{type}/%Y%m%d
a1.sinks.k1.hdfs.filePrefix =events
a1.sinks.k1.hdfs.fileType = DataStream
a1.sinks.k1.hdfs.writeFormat = Text
#时间类型
a1.sinks.k1.hdfs.useLocalTimeStamp = true
#生成的文件不按条数生成
a1.sinks.k1.hdfs.rollCount = 0
#生成的文件按时间生成
a1.sinks.k1.hdfs.rollInterval = 30
#生成的文件按大小生成
a1.sinks.k1.hdfs.rollSize  = 10485760
#批量写入 HDFS 的个数
a1.sinks.k1.hdfs.batchSize = 10000
#Flume 操作 HDFS 的线程数(包括新建,写入等)
a1.sinks.k1.hdfs.threadsPoolSize=10
#操作 HDFS 超时时间
a1.sinks.k1.hdfs.callTimeout=30000

#组装 source、channel、sink
a1.sources.r1.channels = c1
a1.sinks.k1.channel = c1
```

3. 顺序启动

1）先启动 node03 上的 Flume 配置，通过如下脚本来启动。

```
cd /kkb/install/apache-flume-1.9.0-bin/
```

```
bin/flume-ng agent -c conf -f conf/avro_source_hdfs_sink.conf -name a1 -
Dflume.root.logger=DEBUG,console
```

2）然后启动 node01 和 node02 上的 Flume 配置，实现数据监控。

```
cd /kkb/install/apache-flume-1.9.0-bin/

bin/flume-ng agent -c conf -f conf/exec_source_avro_sink.conf -name a1 -
Dflume.root.logger=DEBUG,console
```

3）查看 HDFS 的数据目录/source/logs。

7.5 本章小结

本章介绍了大数据日志采集技术 Flume，谈到大数据技术，读者可能会想到 HDFS、MapReduce、Hbase、Hive、Spark、Flink 等高大上的大数据工具或底层组件。这些都是可以对海量数据进行存储或计算的。但这些数据是怎么收集来的，这里就需要用到日志采集技术，比如 Flume。大数据中存在的技术有很多，不同的技术在大数据生态中发挥的作用也不一样，只有对这些技术都熟悉了，才能在未来的大数据技术选型上给出比较好的方案。

第8章 分布式消息系统 Kafka

8.1 Kafka 概述

8.1.1 Kafka 定义

Kafka 是一个开源消息系统，由 Scala 语言写成。它是由 Apache 软件基金会开发的一个开源消息系统项目。

Kafka 最初是由 LinkedIn 开发，并于 2011 年初开源。2012 年 10 月从 Apache Incubator 毕业（孵化完成）。该项目的目标是为处理实时数据提供一个统一、高吞吐、低等待的平台。

Kafka 是一个分布式消息队列，具有消息队列中生产者、消费者的功能。它提供了类似于 JMS 的特性，但是在设计实现上完全不同，此外它并不是 JMS 规范的实现。

Kafka 对消息保存时根据 Topic 进行归类，消息发送者称为 producer，消息接收者称为 Consumer，此外 Kafka 集群由多个 Kafka 实例组成，每个实例（server）称为 broker。

无论是 Kafka 集群，还是 producer 和 consumer 都依赖于 Zookeeper 集群保存一些 meta 信息，以此来保证系统可用性。

8.1.2 Kafka 的特性

1. 高吞吐、低延迟

Kafka 最大的特点就是收发消息非常快，Kafka 每秒可以处理几十万条消息，它的最低延迟只有几毫秒。

2. 高伸缩性

每个主题（topic）包含多个分区（partition），主题中的分区可以分布在不同的主机（broker）中。

3. 持久性、可靠性

Kafka 能够允许数据的持久化存储，消息被持久化到磁盘，并支持数据备份防止数据丢失。

4. 容错性

允许集群中的节点失败，即某个节点宕机，Kafka 集群仍能够正常工作。

5. 高并发

Kafka 集群能够支持数千个客户端同时读写。

8.1.3 Kafka 集群架构和角色

Kafka 集群需要依赖于 Zookeeper，通过 Zookeeper 来管理 Kafka 集群中的元数据信息，Kafka 集群架构如图 8-1 所示。

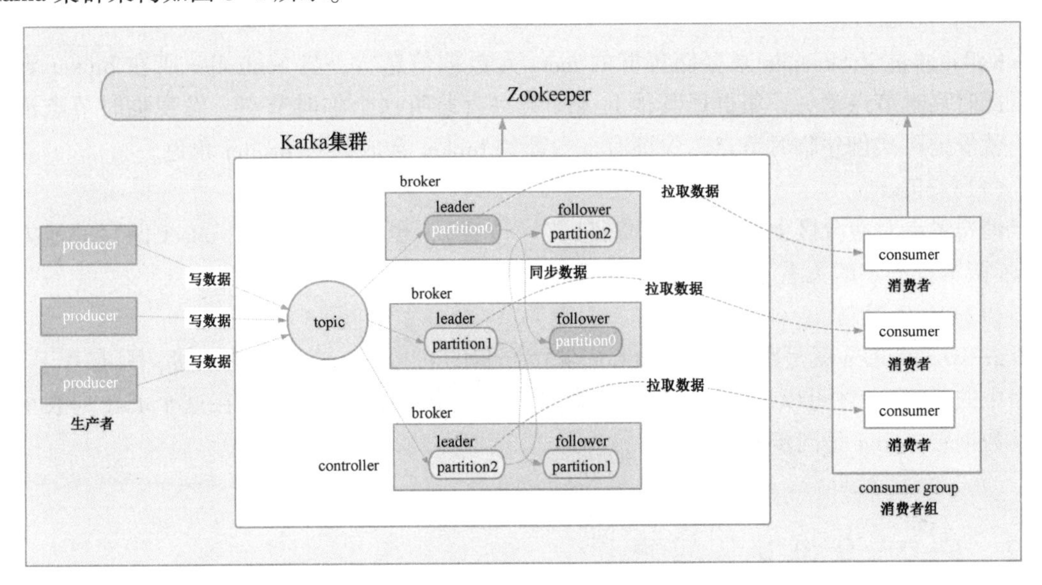

●图 8-1 Kafka 集群架构

如图 8-1 所示的 Kafka 集群架构，其中涉及一些角色和概念。

（1） broker

Kafka 集群中包含的服务器，一个 broker 就表示 Kafka 集群中的一个节点。

（2） producer

消息生产者，发布消息到 Kafka 集群的终端或服务。

（3） topic

每条发布到 Kafka 集群的消息属于 topic 的类别，即 Kafka 是面向 topic 的。更通俗地说，topic 就像一个消息队列，生产者可以向其写入消息，消费者可以从中读取消息，一个 Topic 支持多个生产者或消费者同时订阅它，所以其扩展性很好。

（4） partition

每个 topic 包含一个或多个 partition。Kafka 分配的单位是 partition。

（5） replication

partition 的副本，保障 partition 的高可用。

（6） consumer

从 Kafka 集群中消费消息的终端或服务。

（7）consumer group

每个 consumer 都属于一个 consumer group，每条消息只能被 consumer group 中的一个 consumer 消费，但可以被多个 consumer group 消费。

（8）leader

每个 partition 有多个副本，其中有且仅有一个作为 leader，leader 是当前负责数据的读写的 partition。producer 和 consumer 只跟 leader 交互。

（9）controller

Kafka 集群中会有一个或者多个 broker，其中有一个 broker 会被选举为控制器（Kafka Controller），它负责管理整个集群中所有分区和副本的状态。

（10）Zookeeper

Kafka 通过 Zookeeper 来存储集群的 meta 元数据信息，一旦 controller 所在 broker 宕机了，此时临时节点消失，集群里其他 broker 会一直监听这个临时节点，发现临时节点消失了，就争抢再次创建临时节点，保证有一台新的 broker 会成为 controller 角色。

（11）offset

消费者在对应分区上已经消费的消息数（位置），也称为偏移量，offset 保存的地方跟 Kafka 版本有一定的关系。

（12）ISR 机制

in-sync replica 就是跟 leader partition 保持同步的 follower partition 的数量，只有处于 ISR 列表中的 follower 才可以在 leader 宕机之后被选举为新的 leader，因为在这个 ISR 列表里代表其数据跟 leader 是同步的。

8.2 Kafka 集群安装部署

1. 环境准备

需要事先安装 Zookeeper 集群，用于存储 Kafka 集群的元数据信息。

2. 下载 Kafka 安装包

通过访问 Kafka 官网：http://kafka.apache.org 下载指定版本的安装包，这里使用 kafka_2.10-1.1.0.tgz 版本。

3. 规划安装目录

为了便于管理多个服务，需要把这些软件安装在统一的目录下，这里使用目录/kkb/install。

4. 解压安装包

在 node01 第一个节点上使用如下命令进行解压安装包，然后重命名解压目录。

```
tar -zxvf kafka_2.10-1.1.0.tgz -C /kkb/install
mv  /kkb/install/kafka_2.10-1.1.0  /kkb/install/kafka
```

5. 修改配置文件

1）在 node01 节点中进入 kafka 安装目录的 config 目录下，修改配置文件 server.properties，

添加如下参数。

```
#指定 Kafka 对应的 broker.id,唯一
broker.id=0
#指定数据存放的目录
log.dirs=/kkb/install/kafka/kafka-logs
#指定 Zookeeper 地址
Zookeeper.connect=node01:2181,node02:2181,node03:2181
#指定是否可以删除 topic,默认是 false,表示不可以删除
delete.topic.enable=true
#指定 broker 主机名
host.name=node01
```

2）配置 Kafka 环境变量，修改配置文件 /etc/profile。

```
export KAFKA_HOME=/kkb/install/kafka
export PATH=$PATH:$KAFKA_HOME/bin
```

6. 分发 Kafka 安装目录到 node02 和 node03 节点上

```
scp -r kafka node02:/kkb/install
scp -r kafka node03:/kkb/install
scp /etc/profile node02:/etc
scp /etc/profile node03:/etc
```

7. 修改 node02 节点上的配置文件 server. properties

```
#指定 Kafka 对应的 broker id,唯一
broker.id=1
#指定数据存放的目录
log.dirs=/kkb/install/kafka/kafka-logs
#指定 Zookeeper 地址
Zookeeper.connect=node01:2181,node02:2181,node03:2181
#指定是否可以删除 topic,默认是 false 表示不可以删除
delete.topic.enable=true
#指定 broker 主机名
host.name=node02
```

8. 修改 node03 节点上的配置文件 server. properties

```
#指定 Kafka 对应的 broker id,唯一
broker.id=2
#指定数据存放的目录
log.dirs=/kkb/install/kafka/kafka-logs
#指定 Zookeeper 地址
Zookeeper.connect=node01:2181,node02:2181,node03:2181
#指定是否可以删除 topic,默认是 false,表示不可以删除
delete.topic.enable=true
#指定 broker 主机名
host.name=node03
```

9. 让每台节点的 Kafka 环境变量生效

```
source /etc/profile
```

10. 启动 Kafka 集群

先启动 Zookeeper 集群，然后在每台节点执行如下命令即可。

```
nohup kafka-server-start.sh /kkb/install/kafka/config/server.properties >/
dev/null 2>&1 &
```

11. 关闭 Kafka 集群

在每台节点执行如下关闭命令即可。

```
nohup kafka-server-stop.sh  >/dev/null 2>&1 &
```

8.3 Kafka 命令行的管理使用

当启动好 Kafka 集群后，Kafka 服务提供了客户端命令的方式来操作 Kafka 集群的 topic。

1. 创建 topic

```
kafka-topics.sh --create --topic test --partitions 3 --replication-factor 2  -
-Zookeeper node01:2181,node02:2181,node03:2181
```

参数说明：

- kafka-topics. sh 脚本是用来操作 topic 的。
- --create 表示要创建 topic。
- --topic 指定要创建的 topic 名称。
- --partitions 指定 topic 的分区数。
- --replication-factor 指定每个分区的副本数。
- --Zookeeper 指定依赖的 Zookeeper 集群地址。

2. 查看所有的 topic

```
kafka-topics.sh --list --Zookeeper node01:2181,node02:2181,node03:2181
```

参数说明：

- --list 表示要显示 topic 列表。
- --Zookeeper 指定依赖的 Zookeeper 集群地址。

3. 查看 topic 的描述信息

```
kafka-topics.sh --describe --topic test --Zookeeper node01:2181,node02:2181,
node03:2181
```

参数说明：

- --describe 表示要显示 topic 描述信息。

4. 删除 topic

```
kafka-topics.sh --delete --topic test --Zookeeper node01:2181,node02:2181,
node03:2181
```

参数说明：

- --delete 表示要删除 topic。

5. 模拟生产者将数据写入 topic 中

```
kafka-console-producer.sh --broker-list node01:9092,node02:9092,node03:9092
--topic test
```

参数说明：

- kafka-console-producer.sh 表示模拟生产者生产数据到 topic。
- --broker-list 指定 Kafka 集群地址。

6. 模拟消费者拉取 topic 中的数据

```
kafka-console-consumer.sh --bootstrap-server node01:9092,node02:9092,node03:
9092 --topic test --from-beginning
```

参数说明：

- kafka-console-consumer.sh 表示模拟消费者消费数据。
- --bootstrap-server 指定 Kafka 集群地址
- --from-beginning 从头开始消费数据

8.4 Kafka 生产者和消费者的 API 代码开发

8.4.1 生产者代码开发

Kafka 允许用户通过客户端生产者代码的方式写数据到 topic 中，接下来学习生产者代码如何开发。

1. 创建 maven 工程引入依赖

```
<dependency>
    <groupId>org.apache.kafka</groupId>
    <artifactId>kafka-clients</artifactId>
    <version>1.1.0</version>
</dependency>
```

2. 生产者代码开发示例

```
/**
 *需求:开发 Kafka 生产者代码
 */
public class KafkaProducerStudy {
    public static void main(String[] args) throws ExecutionException, Interrupt-
edException {
        //准备配置属性
        Properties props = new Properties();
```

```
        //Kafka 集群地址
        props.put("bootstrap.servers", "node01:9092,node02:9092,node03:9092");
        props.put("acks", "1");
        //重试的次数
        props.put("retries", 0);
        //缓冲区的大小  //默认 32 MB
        props.put("buffer.memory", 33554432);
        //批处理数据的大小,每次写入多少数据到 topic   //默认 16KB
        props.put("batch.size", 16384);
        //可以延长多久发送数据   //默认为 0,表示不等待,立即发送
        props.put("linger.ms", 1);
        //指定 key 和 value 的序列化器
        props.put("key.serializer", "org.apache.kafka.common.serialization.
StringSerializer");
        props.put("value.serializer", "org.apache.kafka.common.serialization.
StringSerializer");
        Producer<String, String> producer = new KafkaProducer<String, String>
(props);
        for (int i = 0; i < 100; i++) {
            //这里需要三个参数,第一个是 topic 的名称;第二个是消息的 key,第三个是消息具
体内容
            producer.send(new ProducerRecord<String, String>("test", Inte-
ger.toString(i), "hello-kafka-"+i));
        }
        producer.close();
    }
}
```

代码整体逻辑描述：先构建 KafkaProducer 对象，然后通过该实例对象的 send 方法将数据发送给远程的 Kafka 集群，代码中有些重要参数将在后续重点讲解。

8.4.2 消费者代码开发

Kafka 允许用户通过客户端消费者代码的方式消费 topic 数据，该方式根据是否自动提交偏移量又分为两种不同的情况，接下来学习消费者代码如何开发。

1. 自动提交偏移量代码开发

所谓自动提交偏移量就是消费者消费数据后，会定时将消费数据的位置（offset）进行保存，默认是保存在 Kafka 内置的 topic 中，如下就是 Kafka 自动提交偏移量的代码。

```
//todo:需求:开发 Kafka 消费者代码(自动提交偏移量)
public class KafkaConsumerStudy {
    public static void main(String[] args) {
        //准备配置属性
        Properties props = new Properties();
```

```
        //Kafka 集群地址
        props.put("bootstrap.servers", "node01:9092,node02:9092,node03:9092");
        //消费者组 id
        props.put("group.id", "consumer-test");
        //自动提交偏移量
        props.put("enable.auto.commit", "true");
        //自动提交偏移量的时间间隔
        props.put("auto.commit.interval.ms", "1000");
        //默认是 latest
        props.put("auto.offset.reset","earliest");
        props.put("key.deserializer", "org.apache.kafka.common.serialization.
StringDeserializer");
        props.put("value.deserializer", "org.apache.kafka.common.serialization.
StringDeserializer");
         KafkaConsumer<String, String> consumer = new KafkaConsumer<String,
String>(props);
        //指定消费哪些 topic
        consumer.subscribe(Arrays.asList("test"));
        while (true) {
            //不断拉取数据
            ConsumerRecords<String, String> records = consumer.poll(100);
            for (ConsumerRecord<String, String> record : records) {
                //该消息所在的分区号
                int partition = record.partition();
                //该消息对应的 key
                String key = record.key();
                //该消息对应的偏移量
                long offset = record.offset();
                //该消息内容本身
                String value = record.value();
                  System.out.println("partition:"+partition+"\t key:"+key+
"\toffset:"+offset+"\tvalue:"+value);
            }
        }
    }
}
```

2. 手动提交偏移量代码开发

所谓手动提交偏移量就是消费者消费数据后，需要手动来对消费的位置（offset）进行保存，实际生产环境用手动提交偏移量来满足企业业务需求，如下就是Kafka手动提交偏移量的代码。

```
//todo:需求:开发 kafka 消费者代码(手动提交偏移量)
public class KafkaConsumerControllerOffset {
    public static void main(String[] args) {
```

```
        Properties props = new Properties();
        props.put("bootstrap.servers", "node01:9092,node02:9092,node03:9092");
        props.put("group.id", "controllerOffset");
        //关闭自动提交,改为手动提交偏移量
        props.put("enable.auto.commit", "false");
        props.put("key.deserializer", "org.apache.kafka.common.serialization.
StringDeserializer");
        props.put ( "value.deserializer", "org.apache.kafka.common.serialization.
StringDeserializer");
        KafkaConsumer< String, String > consumer = new KafkaConsumer < String,
String>(props);
        //指定消费者要消费的 topic
        consumer.subscribe(Arrays.asList("test"));
        //定义一个数字,表示消息达到多少后手动提交偏移量
        final intminBatchSize = 20;
        //定义一个数组,缓冲一批数据
        List<ConsumerRecord<String, String>> buffer = new ArrayList<Consumer-
Record<String, String>>();
        while (true) {
            ConsumerRecords<String, String> records = consumer.poll(100);
            for (ConsumerRecord<String, String> record : records) {
                buffer.add(record);
            }
            if (buffer.size() >=minBatchSize) {
                //insertIntoDb(buffer);  拿到数据之后,进行消费
                System.out.println("缓冲区的数据条数:"+buffer.size());
                System.out.println("我已经处理完这一批数据了 ...");
                consumer.commitSync();
                buffer.clear();
            }
        }
    }
}
```

自动提交偏移量和手动提交偏移量代码整体逻辑描述：初始化 KafkaConsumer 消费者对象，然后调用 poll 方法实现拉取 topic 数据，进行消费处理。如果是自动提交偏移量，需要设置 enable. auto. commit 参数为 true，同时还需要设置自动提交偏移量的间隔 auto. commit. interval. ms 参数，它会按照时间间隔定时保存消费的偏移量；如果是手动提交偏移量，设置 enable. auto. commit 参数为 false 即可，由客户端自己决定什么时机来保存偏移量。

8.5 Kafka 分区策略

Kafka 的分区策略决定了 producer 产生的一条消息最后会写入 topic 的哪一个分区中。Kafka 内部有多种分区策略，不同的分区策略能够达到不同的效果。

1. 指定具体的分区号

```
//1. 给定具体的分区号,数据就会写入指定的分区中
producer.send(new ProducerRecord<String, String>("test", 0,Integer.toString
(i), "hello-kafka-"+i));
```

2. 不给定具体的分区号，给定 key 的值

```
//2. 不给定具体的分区号,给定一个 key 值, 这里使用 key 的 hashcode% 分区数=分区号
producer.send(new ProducerRecord<String, String>("test", Integer.toString(i),
"hello-kafka-"+i));
```

3. 不给定具体的分区号也不给定对应的 key

```
//3. 不给定具体的分区号,也不给定对应的 key,以轮训的方式将数据写入不同分区中
producer.send(new ProducerRecord<String, String>("test", "hello-kafka-"+i));
```

4. 自定义分区

可以通过自定义分区来达到特定的业务需求，自定义分区需要实现接口 Partitioner，如下代码所示，通过自定义分区来实现 HashPartitioner 效果。

```
//todo:需求:自定义 Kafka 的分区函数
public class MyPartitioner implements Partitioner{
    /**
     *通过这个方法来实现消息要去哪一个分区中
     */
    public int partition(String topic, Object key, byte[] bytes, Object value,
byte[] bytes1, Cluster cluster) {
        //获取 topic 分区数
        int partitions = cluster.partitionsForTopic(topic).size();
        //key.hashCode()可能会出现负数 -1 -2 0 1 2
        //Math.abs 取绝对值
        return Math.abs(key.hashCode()% partitions);
    }
    public void close() {
    }
    public void configure(Map<String, ?> map) {
    }
}
```

在使用的过程中需要配置自定义分区类，如下代码所示。

```
//在 Properties 对象中添加自定义分区类
props.put("partitioner.class","com.kaikeba.partitioner.MyPartitioner");
```

注意：

分区是实现负载均衡以及高吞吐量的关键，故在生产者这一端就要仔细盘算合适的分区策略，避免造成消息数据的“倾斜”，使得某些分区成为性能瓶颈，这样极易引发下游数据消费的性能下降。

8.6 为什么 Kafka 速度那么快

Kafka 是大数据领域无处不在的消息中间件，目前广泛使用在企业内部的实时数据管道，并帮助企业构建自己的流计算应用程序。

Kafka 虽然是基于磁盘做的数据存储，但却具有高性能、高吞吐、低延时的特点，其吞吐量动辄几万、几十上百万，这其中的原因值得分析。

1. 顺序读写

Kafka 是将消息记录持久化到本地磁盘中的，一般人会认为磁盘读写性能差，可能会对 Kafka 性能如何保证提出质疑。实际上不管是内存还是磁盘，快或慢关键在于寻址的方式，磁盘分为顺序读写与随机读写，内存也一样分为顺序读写与随机读写。基于磁盘的随机读写确实很慢，但磁盘的顺序读写性能却很高，一般要高出磁盘随机读写三个数量级，一些情况下磁盘顺序读写性能甚至要高于内存随机读写。

磁盘的顺序读写是磁盘使用模式中最有规律的，并且操作系统也对这种模式做了大量优化，Kafka 就是使用了磁盘顺序读写来提升性能的。Kafka 的 message 是不断追加到本地磁盘文件末尾的，而不是随机写入，这使得 Kafka 写入吞吐量得到了显著提升。

2. Page Cache 页缓存

为了优化读写性能，Kafka 利用了操作系统本身的 Page Cache，就是利用操作系统自身的内存而不是 JVM 空间内存，这样做的好处如下。

1）避免 Object 消耗：如果是使用 Java 堆，Java 对象的内存消耗比较大，通常是所存储数据的两倍甚至更多。

2）避免 GC 问题：随着 JVM 中数据不断增多，垃圾回收将会变得复杂与缓慢，使用系统缓存就不会存在 GC 问题。

3. zero-copy 零复制

零复制并不是不需要复制，而是减少不必要的复制次数。通常是指在 I/O 读写过程中，Kafka 利用 Linux 操作系统的“零复制（zero-copy）”机制在消费端做的优化。

8.7　Kafka 的文件存储机制

8.7.1　文件存储概述

同一个 topic 下有多个不同的 partition，每个 partition 为一个目录，partition 命名的规则是 topic 的名称加上一个序号，序号从 0 开始。topic 的分区存储目录如图 8-2 所示。

```
drwxrwxr-x 2 hadoop hadoop 141 Dec 28 16:36 test-0
drwxrwxr-x 2 hadoop hadoop 141 Dec 28 16:38 test-1
```

图 8-2　topic 的分区存储目录

每一个 partition 目录下的文件被平均切割成大小相等（默认一个文件是 1 GB，可以手动去设置）的数据文件，每一个数据文件都被称为一个段（Segment File），但每个段消息数量不一定相等，这种特性能够使得旧的 segment 被快速清除，默认保留 7 天的数据。每次满1 GB 后，再写入到一个新的文件中。topic 的 segment 结构如图 8-3 所示。

```
[hadoop@node02 test-0]$ ll -sh
total 1.3G
472K -rw-rw-r-- 1 hadoop hadoop 472K Dec 28 17:05 00000000000000000000.index
1.0G -rw-rw-r-- 1 hadoop hadoop 1.0G Dec 28 17:05 00000000000000000000.log
360K -rw-rw-r-- 1 hadoop hadoop 359K Dec 28 17:05 00000000000000000000.timeindex
 28K -rw-rw-r-- 1 hadoop hadoop  10M Dec 28 17:06 00000000000002025849.index
255M -rw-rw-r-- 1 hadoop hadoop 150M Dec 28 17:06 00000000000002025849.log
```

图 8-3　topic 的 segment 结构

另外，每个 partition 只需要支持顺序读写就可以。如图 8-3 所示：首先 00000000000000000000. log 是最早产生的文件，该文件达到 1 GB 后又产生了新的 00000000000002025849. log 文件，新的数据会写入这个新的文件里面。这个文件到达 1 GB 后，数据又会写入下一个文件中。也就是说，它只会往文件的末尾追加数据，这就是顺序写的过程，生产者只会对每一个 partition 做数据的追加写操作。

8.7.2　Segment 文件

生产者生产的消息按照一定的分区策略被发送到 topic 的 partition 中，partition 在磁盘上就是一个目录，该目录名是 topic 的名称加上一个序号，在这个 partition 目录下，有两类文件，一类是以 log 为后缀的数据文件，一类是以 index 为后缀的索引文件，每一个 log 文件和一个 index 文件相对应，这一对文件就是一个段。数值最大为 64 位 long 类型的大小，20 位数字字符长度，没有数字用 0 填充。

自 0. 10. 0. 1 开始的 Kafka 段的组成多了一部分，叫作 . timeindex 索引文件，它是基于时间的索引文件；目前支持的时间戳类型有两种：CreateTime 和 LogAppendTime。前者表示

producer 创建这条消息的时间；后者表示 broker 接收到这条消息的时间（严格来说，是 leader broker 将这条消息写入 log 的时间）。

其中的 log 文件就是数据文件，里面存放的就是消息，而 index 文件是索引文件，索引文件记录了元数据信息。log 文件达到 1 GB 后滚动，重新生成新的 log 文件。

segment 文件命名的规则：partition 全局的第一个 segment 从 0（20 个 0）开始，后续的每一个 segment 文件名是上一个 segment 文件中最后一条消息的 offset 值。

8.7.3 Kafka 如何快速查询数据

segment 的索引文件中存储着大量的元数据，数据文件中存储着大量消息，索引文件中的元数据指向对应数据文件中的 message 的物理偏移地址。索引文件与数据文件的映射关系如图 8-4 所示。

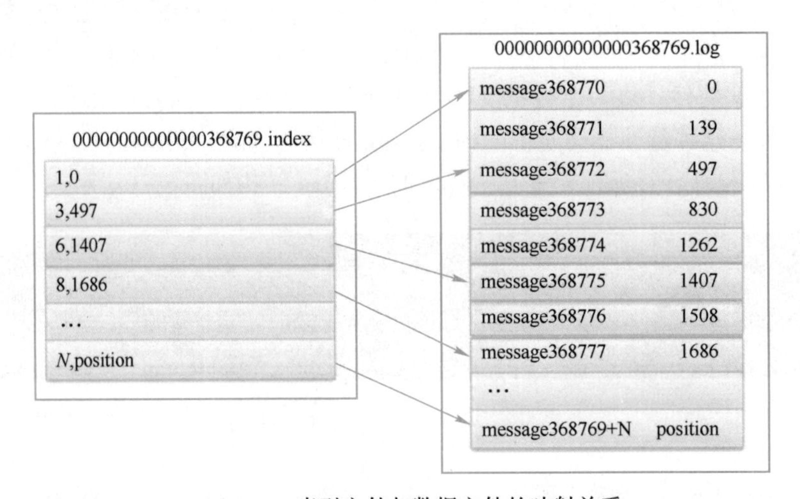

●图 8-4　索引文件与数据文件的映射关系

图 8-4 的左半部分是索引文件，里面存储的是一对一对的 key-value，其中 key 是消息在数据文件（对应的 log 文件）中的编号，比如“1，3，6，8……”，分别表示在 log 文件中的第 1 条消息、第 3 条消息、第 6 条消息、第 8 条消息……，那么为什么在 index 文件中这些编号不是连续的呢？这是因为 index 文件中并没有为数据文件中的每条消息都建立索引，而是采用了稀疏存储的方式，每隔一定字节的数据建立一条索引。这样避免了索引文件占用过多的空间，从而可以将索引文件保留在内存中。但缺点是没有建立索引的 message 也不能一次定位到其在数据文件的位置，从而需要做一次顺序扫描，但是这次顺序扫描的范围就很小了。以索引文件中元数据(3,497)为例，依次在数据文件中表示第 3 个 message（在全局 partition 表示第 368769+3=368772 个 message）以及该消息的物理偏移地址为 497。

如果要读取 offset=368777 的消息，首先通过二分查找定位要读取的消息存在于哪一个 segment 中，最后定位到 00000000000000368769. log 文件，通过这种方式缩小查询范围。

然后通过 368777−368769=8 得到相对的 offset，基于相对偏移量 8 获取该条 message 在数据文件中的物理偏移地址为 16868，最后按照物理偏移地址去读取对应的 log 文件，如何读取到完整正确的消息，底层就需要用到 Kafka 消息特殊的数据格式来实现。

8.7.4 Kafka 高效文件存储设计特点

1）Kafka 把 topic 中一个 partition 大文件分成多个小文件段，通过多个小文件段，就容易定期清除或删除已经消费完的文件，减少磁盘占用。

2）通过索引信息可以快速定位 message。

3）通过将 index 元数据全部映射到 memory，可以避免 segment file 的 I/O 磁盘操作。

4）通过索引文件稀疏存储，可以大幅降低 index 文件元数据占用空间大小。

8.8 consumer 消费原理

8.8.1 consumer 与 topic 关系

1）每个 group 中可以有多个 consumer，每个 consumer 属于一个 consumer group；通常情况下，一个 group 中会包含多个 consumer，这样不仅可以提高 topic 中消息的并发消费能力，而且还能提高“故障容错”性，如果 group 中的某个 consumer 失效，则其消费的 partitions 将会由其他 consumer 自动接管。

2）对于 Topic 中的一条特定的消息，只会被订阅此 topic 的每个 group 中的其中一个 consumer 消费，此消息不会发送给一个 group 的多个 consumer；那么一个 group 中所有的 consumer 将会交错地消费整个 topic，每个 group 中 consumer 消息的消费互相独立，可以认为一个 group 是一个“订阅”者。

3）在 Kafka 中，一个 partition 中的消息只会被 group 中的一个 consumer 消费（同一时刻），不同 group 中的 consumer 可以同时消费一个 partition。

4）一个 topic 中的每个 partition 只会被一个“订阅者”中的一个 consumer 消费，不过一个 consumer 可以消费多个 partition 中的消息。

5）Kafka 只能保证一个 partition 中的消息被某个 consumer 消费时是顺序的；事实上，从 topic 角度来说，当有多个 partitions 时，消息仍不是全局有序的。

8.8.2 Offset 管理

每个 consumer 内存里都保存了对 topic 的每个分区的消费信息 offset，定期会提交 offset，老版本是写入 Zookeeper，但是那样高并发请求 Zookeeper 是不合理的架构设计，Zookeeper

是做分布式系统的协调的，轻量级的元数据存储，不能负责高并发读写，作为数据存储。所以后来就是提交 offset 发送给内部 topic，名称为 consumer_offsets。

当提交偏移量时，key 是 group. id+topic+分区号，value 就是当前 offset 的值，每隔一段时间，Kafka 内部会对这个 topic 进行 compact。也就是每个 group. id+topic+分区号就保留最新的那条数据即可。而且因为这个 consumer_offsets 可能会接收高并发的请求，所以默认分区 50 个，这样如果用户部署了一个大的 KafkA 集群，比如有 50 台机器，就可以用 50 台机器来抗 offset 提交的请求压力。

8.8.3 coordinator 工作机制

每个 consumer group 都会选择一个 broker 作为自己的 coordinator，来负责监控这个消费组里各个消费者的心跳，以及判断是否宕机，然后开启 rebalance。

Coordinator 根据内部的选择机制，会挑选一个对应的 broker，Kafka 总会将各个消费组均匀分配给各个 broker 作为 coordinator 来进行管理。

consumer group 中的每个 consumer 刚刚启动就会跟选举出来的 consumer group 对应的 coordinator 所在的 broker 进行通信，然后由 coordinator 分配分区给这个 consumer 来进行消费。coordinator 会尽可能均匀地分配分区给各个 consumer 来消费。

如何选举出 coordinator？首先对消费组的 groupID 进行 Hash，接着对 consumer_offsets 的分区数量取模，默认是 50，可以通过 offsets. topic. num. partitions 来设置，找到这个 consumer group 的 offset 所要提交到的 consumer_offsets 分区。

例如，groupId，"membership-consumer-group" →hash 值(数字)→对 50 取模→这样就知道这个 consumer group 下的所有消费者提交 offset 时是往哪个分区去提交 offset，找到 consumer_offsets 的一个分区，consumer_offset 分区的副本数量默认是 1，只有一个 leader，然后找到这个分区对应的 leader 所在的 broker，这个 broker 就是这个 consumer group 的 coordinator 了，consumer 接着就会维护一个 Socket 连接，跟这个 broker 进行通信。

如图 8-5 所示 coordinator 的选举和工作原理，首先对 groupid（消费者组 id）进行 Hash 计算，将得到的结果对 50 取模，最后获取内置的 topic 分区编号，最后根据分区编号来确定对应的 coordinator 在哪台主机。获取到 coordinator 后，接下来就会与 comsumer 进行大量的通信，通信的步骤分析如下。

1）所有的 consumer 向 coordinator 发送 JoinGroup 注册请求。

2）coordinator 会从所有的 consumer 中选举出 leader consumer，选举逻辑就是看谁先注册上，就把该 consumer 看成是 leader consumer。

3）leader consumer 开始制订消费数据的方案。

4）leader consumer 将消费方案发送给 coordinator。

5）由 coordinate 发送 SyncGroup 同步分区消费方案请求给其他 consumer。

6）每一个 consumer 按照消费方案从 Leader Partition 所在的主机拉取数据。

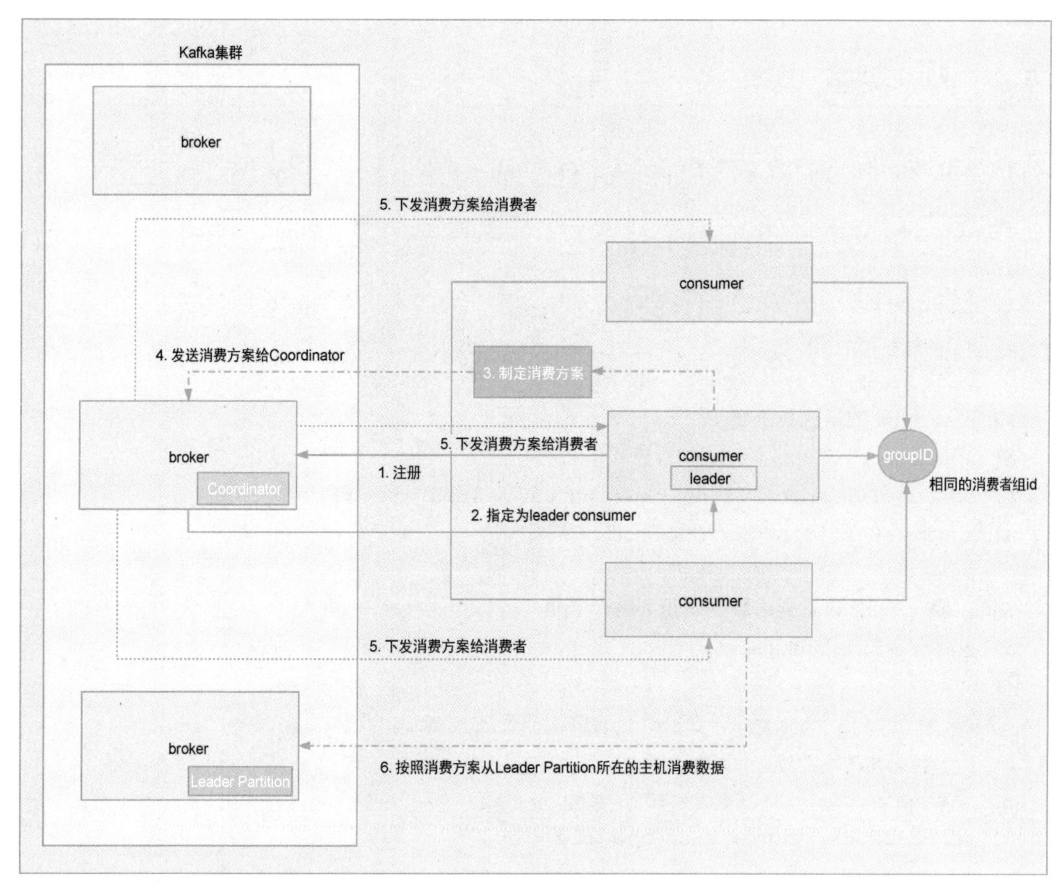

●图 8-5　coordinator 的选举和工作原理

8.9　项目实战 6：Kafka 整合 Flume

8.9.1　需求描述

数据源经过 Flume 进行收集，在 Flume 接收到数据后，将数据写入 Kafka 的 topic 中。

8.9.2　需求分析

要想实现 Flume 与 Kafka 的整合，就必须在 Flume 的 sink 端将数据写入 Kafka 中。这里就需要有一个 sink 类型为 Kafka 定制，比如 KafkaSink，Flume 官网已经提供了该 sink，可以直接使用，将收集到的数据写入 Kafka 中。

8.9.3 需求实现

1. 编写 Flume 的配置文件 flume-kafka.conf

```
#为 source channel  sink 起名
a1.sources = r1
a1.channels = c1
a1.sinks = k1

#指定 source 数据收集策略
a1.sources.r1.type =spooldir
a1.sources.r1.spoolDir = /kkb/install/flumeData/files
a1.sources.r1.inputCharset = utf-8

#指定将 source 收集到的数据发送到哪个管道
a1.sources.r1.channels = c1

#指定 channel 为 memory,即表示所有的数据都装进 memory 当中
a1.channels.c1.type = memory
a1.channels.c1.capacity = 1000
a1.channels.c1.transactionCapacity = 100

#指定 sink 为 kafka sink,并指定 sink 从哪个 channel 当中读取数据
a1.sinks.k1.channel = c1
a1.sinks.k1.type = org.apache.flume.sink.kafka.KafkaSink
a1.sinks.k1.kafka.topic =kaikeba
a1.sinks.k1.kafka.bootstrap.servers = node01:9092,node02:9092,node03:9092
a1.sinks.k1.kafka.flumeBatchSize = 20
a1.sinks.k1.kafka.producer.acks = 1
```

2. 创建 topic

```
kafka-topics.sh --create --topickaikeba --partitions 3 --replication-factor 2
  --Zookeeper node01:2181,node02:2181,node03:2181
```

3. 启动 Flume

```
bin/flume-ng agent -n a1 -c conf -f conf/flume-kafka.conf -Dflume.root.logger
=info,console
```

4. 启动 Kafka 控制台消费者验证数据写入成功

```
kafka-console-consumer.sh --topickaikeba --bootstrap-server node01:9092,
node02:9092,node03:9092  --from-beginning
```

8.10 本章小结

本章介绍了大数据分布式消息系统 Kafka，从基本概念、内部原理、应用实战进行了全面概述。得益于其高可用、高吞吐、低延迟等特性，Kafka 在大数据实时流处理上的应用非常普遍。在大数据实时业务场景中，如日志收集、消息系统、实时运营指标、实时数仓构建都离不开 Kafka。后面将为读者介绍 SparkStreaming 和 Flink 等主流的流处理技术是如何与 Kafka 集成使用的。

第9章 Spark 内存计算框架

9.1 Spark 概述

9.1.1 Spark 简介

Spark 是一个快速（基于内存），通用、可扩展的计算引擎，采用 Scala 语言编写。2009 年诞生于加州大学伯克利分校 AMP 实验室，2010 年开源，2013 年 6 月进入 Apache 孵化器，同年，美国加州大学伯克利分校 AMP 实验室的 Spark 大数据处理系统多位创始人联合创立 Databricks（属于 Spark 的商业化公司，业界称之为数砖-数据展现-砌墙，侧面印证其不是基石，只是数据计算），2014 年成为 Apache 顶级项目。自 2009 年以来，已有 1200 多家开发商为 Spark 出力！Spark 支持 Java、Scala、Python、R、SQL 语言，并提供了几十种（目前 80+种）高性能的算法。

Spark 得到众多公司支持，如阿里、腾讯、京东、携程、百度、优酷、土豆、IBM、Cloudera、Hortonworks 等。

Spark 是在 Hadoop 基础上的改进，是加州大学伯克利分校 AMP 实验室所开源的类 Hadoop MapReduce 通用的并行计算框架，Spark 是基于 MapReduce 算法实现的分布式计算，拥有 Hadoop MapReduce 所具有的优点；但不同于 MapReduce 的是 job 中间输出和结果可以保存在内存中，从而不再需要读写 HDFS，因此 Spark 能更好地适用于数据挖掘与机器学习等需要迭代的 MapReduce 的算法。

Spark 是基于内存的计算框架，计算速度非常之快，但是它仅仅涉及计算，并没有涉及数据的存储，后期需要使用 Spark 对接外部的数据源，比如 HDFS。

9.1.2 Spark 生态圈概述

Spark 生态圈是加州大学伯克利分校 AMP 实验室打造的，是一个力图在算法（Algorithm）、机器（Machine）、人（People）之间通过大规模集成来展现大数据应用的平台。

AMP 实验室运用大数据、云计算、通信等各种资源及各种灵活的技术方案，对海量不透明的数据进行甄别并转化为有用的信息，以供人们更好地理解世界。该生态圈已经涉及机器学习、数据挖掘、数据库、信息检索、自然语言处理和语音识别等多个领域。

如图 9-1 所示，Spark 生态圈以 Spark Core 为核心，从 HDFS、Amazon S3 和 Hbase 等持久层读取数据，以 Mesos、Yarn 和自身携带的 Standalone 为 Cluster Manager 调度 job 完成 Spark 应用程序的计算，这些应用程序可以来自于不同的组件。

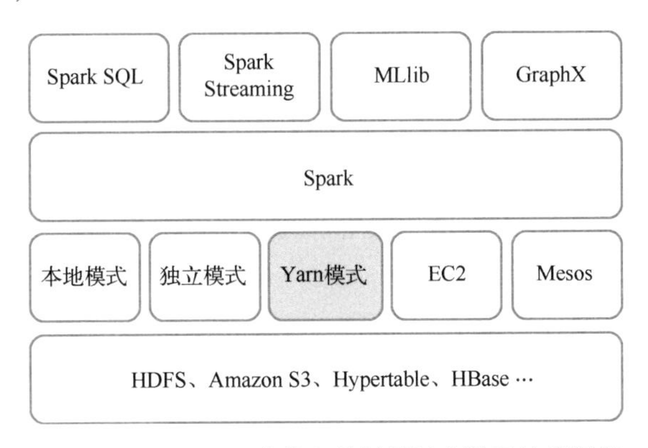

图 9-1 以 Spark 为核心的轻量级大数据处理框架

如 Spark Shell/Spark Submit 的批处理，Spark Streaming 的实时处理应用，Spark SQL 的即席查询，MLlib 的机器学习，GraphX 的图处理和 SparkR 的数学计算等。

9.1.3 Spark 运行模式

Spark 可以运行于多种不同的模式，如 StandAlone 模式、Yarn 模式、Mesos 等，以下是 Spark 各种不同运行模式的介绍。

1）StandAlone：它是 Spark 自带的独立运行模式，整个任务的资源分配由 Spark 集群的“老大” Master 负责。

2）Yarn：它可以把 Spark 程序提交到 Yarn 中运行，整个任务的资源分配由 Yarn 中的“老大” ResourceManager 负责。

3）Mesos：它也是 Apache 开源的一个类似于 Yarn 的资源调度平台。

4）Kubernetes：它用于管理云平台中多个主机上的容器化的应用。

9.2 Spark 环境部署实战

学习 Spark 最好先有一套环境，下面来搭建一个 Spark 集群，基于 Zookeeper 来实现 Spark 集群的高可用。

1. 规划集群

准备 3 台服务器，其中 node01 和 node02 是 Master，实现 Master 主节点的高可用。Spark 集群规划如图 9-2 所示。

主机名	Master	Worker
node01	是	是
node02	是	是
node03		是

●图 9-2　Spark 集群规划

2. 环境准备

需要事先安装 Zookeeper 集群和 Hadoop 集群。

3. 下载 Spark 安装包

通过访问 Spark 官网：http://spark.apache.org 下载指定版本的安装包，这里使用 spark-2.3.3 版本。

4. 规划安装目录

为了便于管理多个服务，需要把这些软件安装在统一的目录下，这里使用目录/kkb/install。

5. 解压安装包

在 node01 第一个节点上使用如下命令解压安装包，然后重命名解压目录。

```
tar -zxvf spark-2.3.3-bin-hadoop2.7.tgz -C /kkb/install
```

6. 修改配置文件

进入解压目录 conf 中，在 node01 上修改如下配置文件。

（1）spark-env.sh 文件（通过重命名 spark-env.sh.template 得到）

```
  #配置 Java 的环境变量
export JAVA_HOME=/kkb/install/jdk1.8.0_141
export SPARK_HISTORY_OPTS="-Dspark.history.ui.port=4000 -Dspark.history.retainedApplications=3 -Dspark.history.fs.logDirectory=hdfs://node01:8020/spark_log"
  #配置 zk 相关信息
export SPARK_DAEMON_JAVA_OPTS="-Dspark.deploy.recoveryMode=ZOOKEEPER  -Dspark.deploy.Zookeeper.url=node01:2181,node02:2181,node03:2181  -Dspark.deploy.Zookeeper.dir=/spark"
```

（2）slaves 文件

```
#指定 spark 集群的 worker 节点
node01
node02
node03
```

（3）spark-defaults.conf 文件

```
#修改内容如下
spark.eventLog.enabled  true
spark.eventLog.dir      hdfs://node01:8020/spark_log
spark.eventLog.compress true
```

（4）HDFS 上创建 spark_log 目录

```
hdfs dfs -mkdir /spark_log
```

7. 分发安装包

```
scp -r /kkb/install/spark-2.3.3-bin-hadoop2.7 node02:/kkb/install
scp -r /kkb/install/spark-2.3.3-bin-hadoop2.7 node03:/kkb/install
```

8. 启动 Spark 集群

启动 Flink 集群之前，先启动 Zookeeper 集群和 Hadoop 集群。接下来可以在主节点通过如下脚本来启动 Spark。

```
cd /kkb/install/spark-2.3.3-bin-hadoop2.7
bin/start-all.sh
```

在哪台机器启动这个脚本，就在当前该机器启动一个 Master 进程，整个集群的 worker 进程的启动由 slaves 文件控制，对应机器上都会有 worker 进程，补充：后期可以在其他机器单独在启动 master（standBy Master）。

启动完成后，可以分别访问 node01 主节点的 Web UI 界面。

```
http://node01:8080
```

9. 关闭 Spark 集群

关闭 Spark 集群很简单，在主节点直接使用如下命令就可以关闭。

```
cd /kkb/install/spark-2.3.3-bin-hadoop2.7
bin/stop-all.sh
```

9.3 Spark 编程模型 RDD

前面已经安装好了 Spark 的集群了，接下来就可以一起来学习 Spark 当中的核心模块，以及 SparkCore 核心模块当中最重要的数据抽象 RDD（Resilient Distributed DataSet，弹性分布式数据集）了。

9.3.1 RDD 的概述

RDD 是 SparkCore 核心类库当中最重要的数据抽象，Spark 将数据的处理都抽象成为一个数据集合叫作 RDD，RDD 是 Spark 中最基本的数据抽象，可以理解为数据集合。

1）Dataset：数据集合，存储很多数据。

2）Distributed：RDD 内部的元素进行了分布式存储，方便于后期进行分布式计算。

3）Resilient：表示弹性，RDD 的数据可以保存在内存或者是磁盘中。

RDD 在代码中是一个抽象类，它代表一个弹性的、不可变的、可分区的、里面的元素可并行计算的集合。

9.3.2 RDD的五大特性

1. A list of partitions（分区性）

RDD有很多分区，每一个分区内部包含了该RDD的部分数据。因为有多个分区，所以一个分区（Partition）列表，就可以看作是数据集的基本组成单位，Spark中任务是以task线程的方式运行的，对于RDD来说，每个分区都会被一个计算任务处理，一个分区就对应一个task线程，故分区就决定了并行计算的粒度。

2. A function for computing each split（计算每个分区的函数）

Spark中RDD的计算是以分区为单位的，每个RDD都会实现compute函数以达到这个目的。

3. A list of dependencies on otherRDDs（依赖性）

一个RDD会依赖于其他多个RDD，Spark任务的容错机制就是根据这个特性（血统）而来。

4. Optionally，a Partitioner for key-valueRDDs（e.g. to say that the RDD is hash-partitioned）（对储存键值对的RDD还有一个可选的分区器）

只有对于key-value的RDD（RDD[(String，Int)]），并且产生shuffle，才会有Partitioner，非key-value的RDD(RDD[String])的Partitioner的值是None。

5. Optionally，a list of preferred locations to compute each split on（e.g. block locations for an HDFS file）（本地计算性）

存储每个分区优先位置的列表，比如对于一个HDFS文件来说，这个列表保存的就是每个Partition所在文件块的位置，按照“移动数据不如移动计算”的理念，Spark在进行任务调度时，会尽可能地将计算任务分配到其所要处理数据块的存储位置，减少数据的网络传输，提升计算效率。

9.3.3 RDD的构建

前面已经了解到了SparkCore是Spark当中的核心模块，对于数据的抽象，Spark都是统一使用RDD来进行抽象表示的，下面介绍RDD的构建。

RDD的构建一共有三种方式都可以进行创建。

1. 通过已经存在的Scala集合来创建一个RDD

```
val conf = new SparkConf().setAppName("WorkCount").setMaster("local[*]")
val sc = new SparkContext(conf)
val rdd1=sc.parallelize(List(1,2,3,4,5))
val rdd2=sc.parallelize(Array("hadoop","hive","spark"))
val rdd3=sc.makeRDD(List(1,2,3,4))
```

2. 通过已经存在的Scala集合来创建一个RDD

```
val conf = new SparkConf().setAppName("WorkCount").setMaster("local[*]")
val sc = new SparkContext(conf)
val rdd1=sparkContext.textFile("/words.txt")
```

3. 通过已经存在的 Scala 集合来创建一个 RDD

```
val rdd2=rdd1.flatMap(_.split(" "))
val rdd3=rdd2.map((_,1))
```

9.3.4　RDD 的 transformation 算子操作

前面已经知道如何创建 RDD，下面介绍 Spark 当中关于 RDD 的各种算子。在 Spark 当中，操作 RDD 的算子总体来说分为两大类：一类是称为 transformation 的转换算子，根据已经存在的 RDD 转换生成一个新的 RDD，它是延迟加载，不会立即执行；另一类是称为 action 的动作算子，它会真正触发任务的运行。RDD 的 transformation 算子操作如表 9-1。

表 9-1　RDD 的 transformation 算子操作

transformation 算子	含　义
map(func)	返回一个新的 RDD，该 RDD 由每一个输入元素经过 func 函数转换后组成
filter(func)	返回一个新的 RDD，该 RDD 由经过 func 函数计算后返回值为 true 的输入元素组成
flatMap(func)	类似于 Map，但是每一个输入元素可以被映射为 0 或多个输出元素(所以 func 应该返回一个序列，而不是单一元素)
mapPartitions(func)	类似于 Map，但独立地在 RDD 的每一个分片上运行，因此在类型为 T 的 RDD 上运行时，func 的函数类型必须是 Iterator[T] => Iterator[U]
mapPartitionsWithIndex(func)	类似于 mapPartitions，但 func 带有一个整数参数表示分片的索引值，因此在类型为 T 的 RDD 上运行时，func 的函数类型必须是(Int, Iterator[T]) => Iterator[U]
union(otherDataset)	对源 RDD 和参数 RDD 求并集后返回一个新的 RDD
intersection(otherDataset)	对源 RDD 和参数 RDD 求交集后返回一个新的 RDD
distinct([numTasks]))	对源 RDD 进行去重后返回一个新的 RDD
groupByKey([numTasks])	在一个(K,V)的 RDD 上调用，返回一个(K, Iterator[V])的 RDD
reduceByKey(func, [numTasks])	在一个(K,V)的 RDD 上调用，返回一个(K,V)的 RDD，使用指定的 reduce 函数，将相同 Key 的值聚合到一起，与 groupByKey 类似，reduce 任务的个数可以通过第二个可选的参数来设置
sortByKey([ascending], [numTasks])	在一个(K,V)的 RDD 上调用，K 必须实现 Ordered 接口，返回一个按照 key 进行排序的(K,V)的 RDD
sortBy(func,[ascending], [numTasks])	与 sortByKey 类似，但是更灵活
join(otherDataset, [numTasks])	在类型为(K,V)和(K,W)的 RDD 上调用，返回一个相同 Key 对应的所有元素对在一起的(K,(V,W))的 RDD
cogroup(otherDataset, [numTasks])	在类型为(K,V)和(K,W)的 RDD 上调用，返回一个(K,(Iterable<V>, Iterable<W>))类型的 RDD
coalesce(numPartitions)	减少 RDD 的分区数到指定值
repartition(numPartitions)	重新给 RDD 分区
repartitionAndSortWithinPartitions(partitioner)	重新给 RDD 分区，并且每个分区内以记录的 Key 排序

9.3.5 RDD 的 action 算子操作

Transformation 算子不会触发任务的运行，而 action 算子操作会真正触发任务的执行，action 动作算子操作如表 9-2 所示。

表 9-2 RDD 的 action 动作算子操作

action 算子	含 义
reduce(func)	reduce 将 RDD 中元素前两个传给输入函数，产生一个新的 return 值，新产生的 return 值与 RDD 中下一个元素（第三个元素）组成两个元素，再被传给输入函数，直到最后只有一个值为止
collect()	在驱动程序中，以数组的形式返回数据集的所有元素
count()	返回 RDD 的元素个数
first()	返回 RDD 的第一个元素（类似于 take(1)）
take(n)	返回一个由数据集的前 *n* 个元素组成的数组
takeOrdered(n, [ordering])	返回自然顺序或者自定义顺序的前 *n* 个元素
saveAsTextFile(path)	将数据集的元素以 textfile 的形式保存到 HDFS 或者其他支持的文件系统
saveAsSequenceFile(path)	将数据集中的元素以 Hadoop sequencefile 的格式保存到指定的目录下，可以使 HDFS 或者其他 Hadoop 支持的文件系统
saveAsObjectFile(path)	将数据集的元素，以 Java 序列化的方式保存到指定的目录下
countByKey()	针对(K,V)类型的 RDD，返回一个(K,Int)的 Map，表示每一个 Key 对应的元素个数
foreach(func)	在数据集的每一个元素上，运行函数 func
foreachPartition(func)	在数据集的每一个分区上，运行函数 func

9.3.6 RDD 的依赖关系

RDD 和它依赖的父 RDD 的关系有两种不同的类型，窄依赖（Narrow Dependency）和宽依赖（Wide Dependency）。RDD 的依赖关系如图 9-3 所示。

1. 窄依赖

如果 RDD2 由 RDD1 计算得到，则 RDD2 就是子 RDD，RDD1 就是父 RDD。窄依赖指的是每一个父 RDD 的 Partition 最多被子 RDD 的一个 Partition 使用。比如 map/flatMap/filter 等都是窄依赖。窄依赖不会产生 shuffle。

2. 宽依赖

宽依赖指的是多个子 RDD 的 Partition 会依赖同一个父 RDD 的 Partition，比如 reduceByKey、sortByKey、groupBy、groupByKey、join 等都是宽依赖。宽依赖会产生 shuffle。

注意：

join 分为宽依赖和窄依赖，如果 RDD 有相同的 partitioner，那么将不会引起 shuffle，这种 join 是窄依赖，反之就是宽依赖。

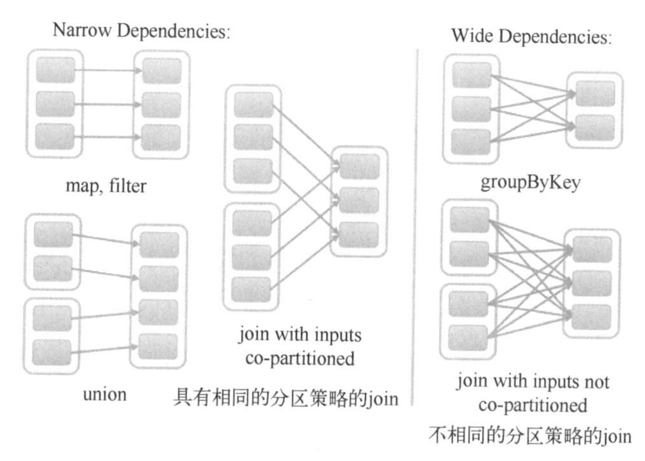

●图 9-3　RDD 的依赖关系

9.3.7　RDD 的血统和缓存机制

1. RDD 的血统 lineage

RDD 只支持粗粒度转换，即只记录单个块上执行的单个操作。将创建 RDD 的一系列 lineage（即血统）记录下来，以便恢复丢失的分区，RDD 的 lineage 会记录 RDD 的元数据信息和转换行为，lineage 保存了 RDD 的依赖关系，当该 RDD 的部分分区数据丢失时，它可以根据这些信息来重新运算和恢复丢失的数据分区。

2. RDD 的缓存机制

可以把一个 RDD 的数据缓存起来，后续有其他的 job 需要用到该 RDD 的结果数据，可以直接从缓存中获取得到，避免了重复计算。缓存是加快后续对该数据的访问操作。

3. 如何对 RDD 设置缓存

RDD 通过 persist 方法或 cache 方法可以将前面的计算结果缓存。cache 和 persist 方法底层实现如图 9-4 所示。

```
/**
 * Persist this RDD with the default storage level (`MEMORY_ONLY`).
 */
def persist(): this.type = persist(StorageLevel.MEMORY_ONLY)

/**
 * Persist this RDD with the default storage level (`MEMORY_ONLY`).
 */
def cache(): this.type = persist()
```

●图 9-4　cache 和 persist 方法底层实现

但是并不是这两个方法被调用时立即缓存，而是等触发后面的 action 时，该 RDD 将会被缓存在计算节点的内存中，并供后面重用，一旦程序结束，缓存就清除了，通过查看源码发现 cache 最终也是调用了 persist 方法，默认的存储级别都仅在内存存储一份，Spark 的存储级别有很多种，存储级别在 object StorageLevel 中定义的。RDD 的缓存级别如图 9-5 所示。

```
object StorageLevel {
  val NONE = new StorageLevel(false, false, false, false)
  val DISK_ONLY = new StorageLevel(true, false, false, false)
  val DISK_ONLY_2 = new StorageLevel(true, false, false, false, 2)
  val MEMORY_ONLY = new StorageLevel(false, true, false, true)
  val MEMORY_ONLY_2 = new StorageLevel(false, true, false, true, 2)
  val MEMORY_ONLY_SER = new StorageLevel(false, true, false, false)
  val MEMORY_ONLY_SER_2 = new StorageLevel(false, true, false, false, 2)
  val MEMORY_AND_DISK = new StorageLevel(true, true, false, true)
  val MEMORY_AND_DISK_2 = new StorageLevel(true, true, false, true, 2)
  val MEMORY_AND_DISK_SER = new StorageLevel(true, true, false, false)
  val MEMORY_AND_DISK_SER_2 = new StorageLevel(true, true, false, false, 2)
  val OFF_HEAP = new StorageLevel(true, true, true, false, 1)
```

●图 9-5　RDD 的缓存级别 StorageLevel

cache 和 persist 使用如下。

```
val rdd1=sc.textFile("/words.txt")
val rdd2=rdd1.flatMap(_.split(" "))
val rdd3=rdd2.cache
rdd3.collect
val rdd4=rdd3.map((_,1))
val rdd5=rdd4.persist(缓存级别)
rdd5.collect
```

4. 什么时候设置缓存

（1）某个 RDD 的数据后期被使用了多次

如图 9-6 所示的 RDD 计算逻辑，通过读取 HDFS 上的文件生成 RDD1，然后对 RDD1 进行转换操作得到 RDD2，再由 RDD2 分别进行计算得到 RDD3 和 RDD4。

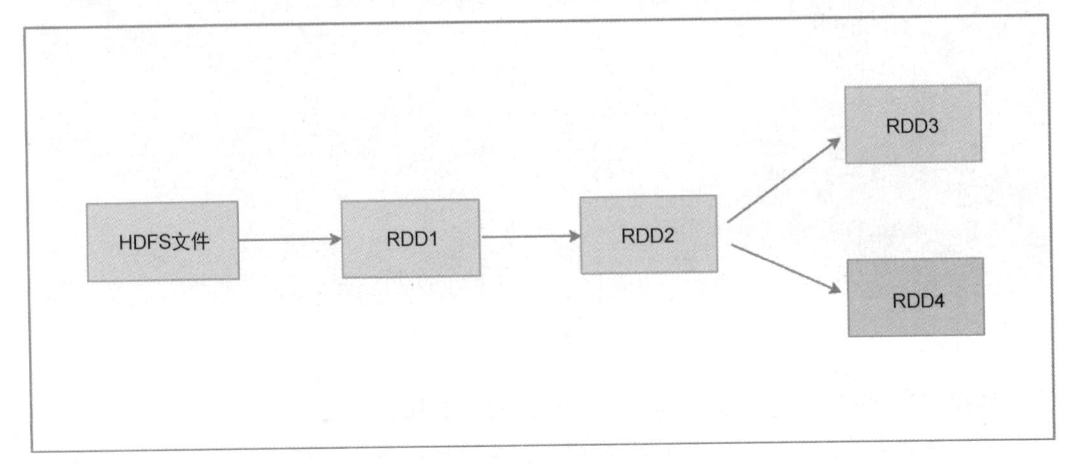

●图 9-6　RDD 的计算逻辑

1）当第一次使用RDD2做相应的算子操作得到RDD3时，会先从RDD1开始计算，读取HDFS上的文件，然后对RDD1做对应的算子操作得到RDD2，再由RDD2计算之后得到RDD3。同样为了计算得到RDD4，前面的逻辑会被重新计算。

2）默认情况下，多次对一个RDD执行算子操作，RDD都会对这个RDD及之前的父RDD全部重新计算一次。这种情况在实际开发代码时会经常遇到，但是一定要避免一个RDD重复计算多次，否则会导致计算性能急剧降低。这里就可以对RDD2的数据设置缓存，如图9-7所示。

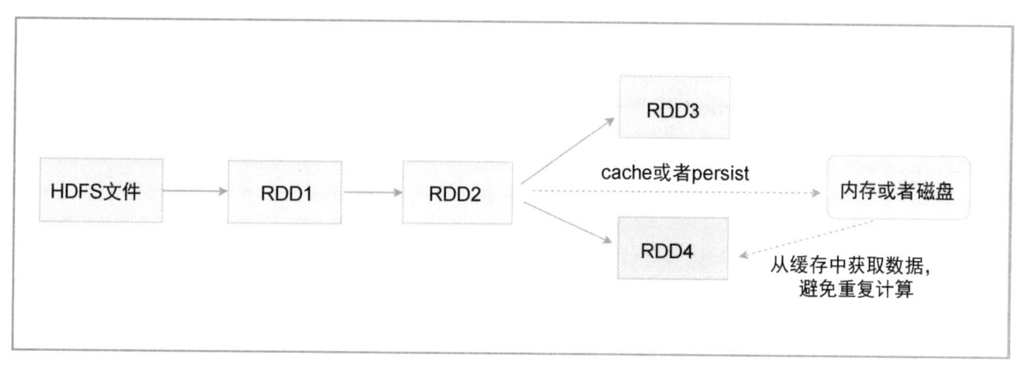

●图9-7 RDD设置缓存

（2）某个RDD的数据来之不易

如果该数据丢失了，需要重新计算，代价比较大，这里就可以对RDD设置缓存。为了获取一个RDD的结果数据，经过了大量的算子操作或者是计算逻辑比较复杂。

5. 清除缓存

清除缓存主要有2种方式，如下所示。

（1）自动清除

一个application应用程序结束之后，对应的缓存数据也就自动清除。

（2）手动清除

通过调用RDD的unpersist方法手动清除缓存。

9.3.8 RDD的checkpoint机制

1. checkpoint概念

用户可以对RDD的数据进行缓存，保存在内存或者是磁盘中。后续就可以直接从内存或者磁盘中获取得到，但是它们不是特别安全。

cache直接将数据保存在内存中，后续操作起来速度比较快，直接从内存中获取得到。但这种方式很不安全，如果服务器宕机或者是进程终止，都会导致数据的丢失。

persist可以将数据保存在本地磁盘中，后续可以从磁盘中获取得到该数据，但它也不是特别安全，由于系统管理员一些误操作或者是磁盘损坏，也有可能导致数据的丢失。

Checkpoint提供了一种相对而言更加可靠的数据持久化方式。它将数据保存在分布式文件系统，比如HDFS上。这里就是利用了HDFS高可用性、高容错性（多副本）来最大限度保证数据的安全性。

2. 如何设置 checkpoint

（1）在 HDFS 上设置一个 checkpoint 目录

```
sc.setCheckpointDir("hdfs://node01:8020/checkpoint")
```

（2）对需要做 checkpoint 操作的 RDD 调用 checkpoint 方法

```
val rdd1=sc.textFile("/words.txt")
rdd1.checkpoint
val rdd2=rdd1.flatMap(_.split(" "))
```

（3）最后需要有一个 action 操作去触发任务的运行

```
rdd2.collect
```

9.3.9 项目实战 7：基于 RDD 编程实现流量日志分析

现有一些 nginx 打印的用户请求日志，日志内容格式如下。

```
194.237.142.21 - - [18/Sep/2013:06:49:18 +0000] "GET /wp-content/uploads/
2013/07/rstudio-git3.png HTTP/1.1" 304 0 "-" "Mozilla/4.0 (compatible;)"
```

需求 1：通过 spark 程序读取日志文件，统计一共有多少访问量，也就是 PV 数量的统计。代码实现如下。

```
import org.apache.spark.{SparkConf, SparkContext}
import org.apache.spark.rdd.RDD
object PvCount {
  def main(args: Array[String]): Unit = {
    //1.创建 SparkConf 对象
     val sparkConf: SparkConf = new SparkConf().setAppName("PV").setMaster
("local[2]")
    //2.创建 SparkContext 对象
    val sc = new SparkContext(sparkConf)
    sc.setLogLevel("warn")
    //3.读取数据文件
    val dataRDD: RDD[String] = sc.textFile(this.getClass().getClassLoader.ge-
tResource("access.log").getPath)
    //4.统计 PV
    val pv: Long = dataRDD.count()
    println(s"pv:$pv")
    //5.关闭 sc
    sc.stop()
  }
}
```

需求2：通过Spark程序读取access.log，统计一共有多少人访问了该网站，即网站的访问UV（Unique Visitor）数量。

代码实现如下。

```
import org.apache.spark.rdd.RDD
import org.apache.spark.{SparkConf, SparkContext}
object UvCount {
  def main(args: Array[String]): Unit = {
    //1. 创建 SparkConf 对象
    val sparkConf: SparkConf = new SparkConf().setAppName("PV").setMaster
("local[2]")
    //2. 创建 SparkContext 对象
    val sc = new SparkContext(sparkConf)
    sc.setLogLevel("warn")
    //3. 读取数据文件
    val dataRDD: RDD[String] = sc.textFile(this.getClass().getClassLoader.ge-
tResource("access.log").getPath)
    //4. 获取所有的 IP 地址
    val ipsRDD: RDD[String] = dataRDD.map(x=>x.split(" ")(0))
    //5. 对 IP 地址进行去重
    val distinctRDD: RDD[String] = ipsRDD.distinct()
    //6. 统计 UV
    val uv: Long = distinctRDD.count()
    println(s"uv: $uv")
    sc.stop()
  }
}
```

需求3：使用Spark程序读取日志文件内容，统计访问URL最多的前五位。

注意：

使用空格切割文件之后，成为一个数组，下标为10就是访问的URL。

代码实现如下。

```
import org.apache.spark.{SparkConf, SparkContext}
import org.apache.spark.rdd.RDD
 object VisitTopN {
   def main(args: Array[String]): Unit = {
   //1. 创建 SparkConf 对象
    val sparkConf: SparkConf = new SparkConf().setAppName("VisitTopN")
.setMaster("local[2]")
   //2. 创建 SparkContext 对象
   val sc = new SparkContext(sparkConf)
```

```
    sc.setLogLevel("warn")
    //3.读取数据文件
    val dataRDD: RDD[String] = sc.textFile(this.getClass().getClassLoader.ge-
  tResource("access.log").getPath)
    //4.先对数据进行过滤
    val filterRDD: RDD[String] = dataRDD.filter(x =>x.split(" ").length >10)
    //5.获取每一个条数据中的 url 地址链接
    val urlsRDD: RDD[String] = filterRDD.map(x=>x.split(" ")(10))
    //6.过滤掉不是 http 的请求
    val fUrlRDD: RDD[String] = urlsRDD.filter(_.contains("http"))
    //7.把每一个 url 计为 1
    val urlAndOneRDD: RDD[(String, Int)] = fUrlRDD.map(x=>(x,1))
    //8.相同的 url 出现 1 进行累加
    val result: RDD[(String, Int)] = urlAndOneRDD.reduceByKey(_+_)
    //9.对 url 出现的次数进行排序----降序
    val sortRDD: RDD[(String, Int)] = result.sortBy(_._2,false)
    //10.取出 url 出现次数最多的前 5 位
    val top5: Array[(String, Int)] = sortRDD.take(5)
    top5.foreach(println)
    sc.stop()
  }
}
```

9.4 SparkSQL 结构化数据处理

在 9.3 节当中我们已经给大家讲过 SparkCore 这个核心模块，核心模块的主要数据抽象都是 RDD。本节将继续介绍关于 SparkSQL 这个模块，SparkSQL 这个模块是 Spark 当中专门用于处理结构化数据的模块。

9.4.1 SparkSQL 简介

Shark 是专门针对 Spark 构建大规模数据仓库系统而开发的一个框架。Shark 与 Hive 兼容、同时也依赖于 Spark 版本，HiveSQL 底层把 SQL 解析成了 MapReduce 程序，Shark 是把 SQL 语句解析成了 Spark 任务，随着性能优化的上限，以及集成 SQL 的一些复杂的分析功能，人们发现 Hive 的 MapReduce 思想限制了 Shark 的发展。最后 Databricks 公司终止对 Shark 的开发，决定单独开发一个框架，不再依赖 Hive，将重点转移到了 SparkSQL 这个框架上。

9.4.2 SparkSQL 的四大特性

1. 易整合

将 SQL 查询与 Spark 程序无缝混合，可以使用不同的语言进行代码开发 Java、Scala、Python、R。

2. 统一的数据源访问

以相同的方式连接到任何数据源，SparkSQL 后期可以采用一种统一的方式去对接任意的外部数据源。

3. 兼容 Hive

SparkSQL 可以支持 HiveSQL 这种语法 SparkSQL 兼容 HiveSQL。

4. 支持标准的数据库连接

SparkSQL 支持标准的数据库连接 JDBC 或者 ODBC。

9.4.3 DataFrame 概述

DataFrame 是 SparkSQL 核心模块的数据抽象，专门用于对数据的封装操作，SparkSQL 当中为了表示数据集的概念，专门引入了 DataFrame 这个抽象数据集，SparkCore 为了能够去操作数据，而将数据抽象封装成了一个叫作 RDD 的概念，而对应的代码操作入口类是 SparkContext 这个 Java 对象。同样的道理，SparkSQL 为了能够去操作数据，而将数据抽象封装成为了一个叫作 DataFrame 的概念，而对应的代码操作入口类是 SparkSession 这个 Java 对象。从 Spark2.0 开始，SparkSession 是 Spark 新的查询起始点，其内部封装了 SparkContext，所以计算实际上是由 SparkContext 完成。

9.4.4 DataFrame 常用操作

前面已经了解到了 DataFrame 的基本概念，接下来介绍 DataFrame 的常用操作。

1. DSL 风格的语法操作

DSL 语法操作 Spark 就是 SparkSQL 中的 DataFrame 自身提供了一套自己的 API，可以使用这套 API 来做相应的处理，代码开发如下。

```
import org.apache.spark.{SparkConf, SparkContext}
import org.apache.spark.sql.SparkSession

//定义一个样例类
//case classPerson(id:String,name:String,age:Int)

object SparkDSL {
  def main(args: Array[String]): Unit = {
```

```
    val sparkConf: SparkConf = new SparkConf().setMaster("local[2]").setAppName
("sparkDSL")
    val sparkSession: SparkSession = SparkSession.builder().config(sparkConf).
getOrCreate()
    val sc: SparkContext = sparkSession.sparkContext
    sc.setLogLevel("WARN")
    //加载数据
    val rdd1=sc.textFile(this.getClass.getClassLoader.getResource("person.txt").
getPath).map(x=>x.split(" "))

    //把 RDD 与样例类进行关联
    val personRDD=rdd1.map(x=>Person(x(0),x(1),x(2).toInt))
    //把 RDD 转换成 DataFrame
    import sparkSession.implicits._  //隐式转换

    val personDF=personRDD.toDF
    //打印 schema 信息
    personDF.printSchema
    //展示数据
    personDF.show

    //查询指定的字段
    personDF.select("name").show
    personDF.select($"name").show
    //实现 age+1
    personDF.select($"name",$"age",$"age"+1).show()
    //实现 age 大于 30 过滤
    personDF.filter($"age" > 30).show
    //按照 age 分组统计次数
    personDF.groupBy("age").count.show
    //按照 age 分组统计次数降序
    personDF.groupBy("age").count().sort($"age".desc).show
    sparkSession.stop()
    sc.stop()
  }
}
```

2. SQL 风格的语法操作

可以把 DataFrame 注册成一张表，然后通过 sparkSession. sql（SQL 语句）操作，代码开发如下。

```
import org.apache.spark.{SparkConf, SparkContext}
import org.apache.spark.sql.{DataFrame, SparkSession}
//定义一个样例类
```

```
//case class Person(id: String, name: String, age: Int)
object SparkSQL {
  def main(args: Array[String]): Unit = {
    val sparkConf: SparkConf = new SparkConf().setMaster("local[2]").setAppName
("sparkDSL")
    val spark:SparkSession = SparkSession.builder().config(sparkConf).getOrCreate()
    val sc:SparkContext = spark.sparkContext
    sc.setLogLevel("WARN")
    //加载数据
    val rdd1 = sc.textFile(this.getClass.getClassLoader.getResource("person.
txt").getPath).map(x => x.split(" "))
    //把RDD与样例类进行关联
    val personRDD = rdd1.map(x => Person(x(0), x(1), x(2).toInt))
    //把RDD转换成DataFrame
    import spark.implicits._ //隐式转换

    val personDF = personRDD.toDF
    //打印schema信息
    personDF.printSchema
    //展示数据
    personDF.show
    //DataFrame注册成表
    personDF.createTempView("person")
    //使用SparkSession调用SQL方法统计查询
    spark.sql("select * from person").show
    spark.sql("select name from person").show
    spark.sql("select name,age from person").show
    spark.sql("select * from person where age >30").show
    spark.sql("select count(*) from person where age >30").show
    spark.sql("select age,count(*) from person group by age").show
    spark.sql("select age,count(*) as count from person group by age").show
    spark.sql("select * from person order by age desc").show
    spark.stop()
  }
}
```

9.4.5 DataSet概述

在Spark当中还有另外一个数据集合的概念就是DataSet，DataSet也是一个分布式的数据集合，DataSet提供了强类型支持，也就是在RDD的每行数据加了类型约束，DataSet是

DataFrame 的一个扩展，是 SparkSQL1.6 后新增的数据抽象，API 友好，它集中了 RDD 的优点（强类型和可以用强大 lambda 函数）以及使用了 SparkSQL 优化的执行引擎。

DataFrame 是 DataSet 的特例，DataFrame=DataSet[Row]，可以通过 as 方法将 DataFrame 转换成 DataSet，Row 是一个类型，可以是 Person、Animal，所有的表结构信息都用 Row 来表示，其优点是 DataSet 可以在编译时检查类型，并且是面向对象的编程接口。

9.4.6 构建 DataSet

构建 DataSet 的方法有多种，我们可以通过以下几种方式来构建 DataSet。

1. 通过 sparkSession 调用 createDataset 方法

```
val ds=spark.createDataset(1 to 10)  //scala 集合
ds.show
val ds=spark.createDataset(sc.textFile("/person.txt"))  //rdd
ds.show
```

2. 使用 Scala 集合和 RDD 调用 toDS 方法

```
sc.textFile("/person.txt").toDS
List(1,2,3,4,5).toDS
```

3. 把一个 DataFrame 转换成 DataSet

```
val dataSet=dataFrame.as[强类型]
```

4. 通过一个 DataSet 转换生成一个新的 DataSet

```
List(1,2,3,4,5).toDS.map(x=>x*10)
```

9.4.7 SparkSQL 读取外部数据源

SparkSQL 也可以加载多种外部数据源，例如 mysql、csv 格式的数据等。

1. SparkSQL 读取 MySQL 数据库当中的数据

SparkSQL 可以通过 JDBC 从关系型数据库中读取数据的方式创建 DataFrame，通过对 DataFrame 一系列的计算后，还可以将数据再写回关系型数据库中。

示例代码开发如下。

```
import java.util.Properties
import org.apache.spark.SparkConf
import org.apache.spark.sql.{DataFrame, SparkSession}
//todo:利用 SparkSQL 加载 MySQL 表中的数据
object DataFromMysql {
  def main(args: Array[String]): Unit = {
```

```
    //1. 创建 SparkConf 对象
    val sparkConf: SparkConf = new SparkConf().setAppName("DataFromMysql").
setMaster("local[2]")
    //2. 创建 SparkSession 对象
    val spark:SparkSession = SparkSession.builder().config(sparkConf).ge-
tOrCreate()
    //3. 读取 MySQL 表的数据
    //3.1 指定 MySQL 连接地址
    val url="jdbc:mysql://localhost:3306/mydb?characterEncoding=UTF-8"
    //3.2 指定要加载的表名
    val tableName="jobdetail"
    //3.3 配置连接数据库的相关属性
    val properties = new Properties()
    //用户名
    properties.setProperty("user","root")
    //密码
    properties.setProperty("password","root")
    val mysqlDF: DataFrame = spark.read.jdbc(url,tableName,properties)
    //打印 schema 信息
    mysqlDF.printSchema()
    //展示数据
    mysqlDF.show()
    //将 dataFrame 注册成表
    mysqlDF.createTempView("job_detail")
    spark.sql("select * from job_detail where city = '广东' ").show()
    spark.stop()
  }
}
```

2. SparkSQL 操作 CSV 文件并将结果写入 MySQL

还可以通过 SparkSQL 将结果数据写入 MySQL 表中，示例代码如下。

```
import java.util.Properties
import org.apache.spark.SparkConf
import org.apache.spark.sql.{DataFrame, SaveMode, SparkSession}
object CSVOperate {
  def main(args: Array[String]): Unit = {
    val sparkConf: SparkConf = new SparkConf().setMaster("local[8]")
.setAppName("sparkCSV")
    val session:SparkSession = SparkSession.builder().config(sparkConf).ge-
tOrCreate()
    session.sparkContext.setLogLevel("WARN")
    val frame:DataFrame = session
```

```
        .read
        .format("csv")
        .option("timestampFormat", "yyyy/MM/dd HH:mm:ss ZZ")//时间转换
        .option("header", "true")//表示第一行数据都是 head(字段属性的意思)
        .option("multiLine", true)//表示数据可能换行
        .load("C:\\Users\\Administrator\\Desktop\\spark-sql-demo\\src\\main\\
resources\\data")
    frame.createOrReplaceTempView("job_detail")
    session.sql("select job_name,job_url,job_location,job_salary,job_company,
job_experience,job_class,job_given,job_detail,company_type,company_person,
search_key,city from job_detail where job_company = '北京无极慧通科技有限公司'  ").
show(80)
    val prop = new Properties()
    prop.put("user", "root")
    prop.put("password", "root")
frame.write.mode(SaveMode.Append).jdbc("jdbc:mysql://localhost:3306/mydb?
useSSL=false&useUnicode=true&characterEncoding=UTF-8", "mydb.jobdetail_copy",
prop)
  }
}
```

9.5 SparkStreaming 实时处理模块

经过 Spark 前面两个模块的学习，相信大家已经对 Spark 这个技术框架并不陌生了，SparkCore 是 Spark 当中的核心模块，主要用于 Spark 当中的核心计算模块，SparkSQL 是 Spark 当中对结构化数据处理的模块，在 Spark 当中，还有另外一个对流式数据处理的模块，就是 SparkStreaming 模块。

9.5.1 SparkStreaming 简介

SparkStreaming 是对于 Spark 核心 API 的拓展，从而支持对于实时数据流的可拓展、高吞吐量和容错性流处理。数据可以由多个源取得，例如：Kafka、Flume、Twitter、ZeroMQ、Kinesis 或者 TCP 接口，同时可以使用由如 Map、Reduce、join 和 window 这样的高层接口描述的复杂算法进行处理。最终，处理过的数据可以被推送到文件系统、数据库和 HDFS。SparkStreaming 实时处理如图 9-8 所示。

SparkStreaming 是基于 Spark 的流式批处理引擎，其基本原理是把输入数据以某一时间间隔进行批量处理，当批处理间隔缩短到秒级时，便可以用于处理实时数据流。在 SparkStreaming 中，处理数据的单位是一批而不是单条，而数据采集却是逐条进行的，因此 SparkStreaming 系统需要设置间隔使得数据汇总到一定的量后再一并操作，这个间隔就是批

●图 9-8 SparkStreaming 实时处理

处理间隔。批处理间隔是 SparkStreaming 的核心概念和关键参数，它决定了 SparkStreaming 提交作业的频率和数据处理的延迟，同时也影响着数据处理的吞吐量和性能。

9.5.2 SparkStreaming 架构流程

SparkStreaming 当中包含了一些比较核心的对象，如 Driver、Receiver、Executor 以及 Worker 等都是 SparkStreaming 当中的一些核心概念。SparkStreaming 的核心架构流程如图 9-9 所示。

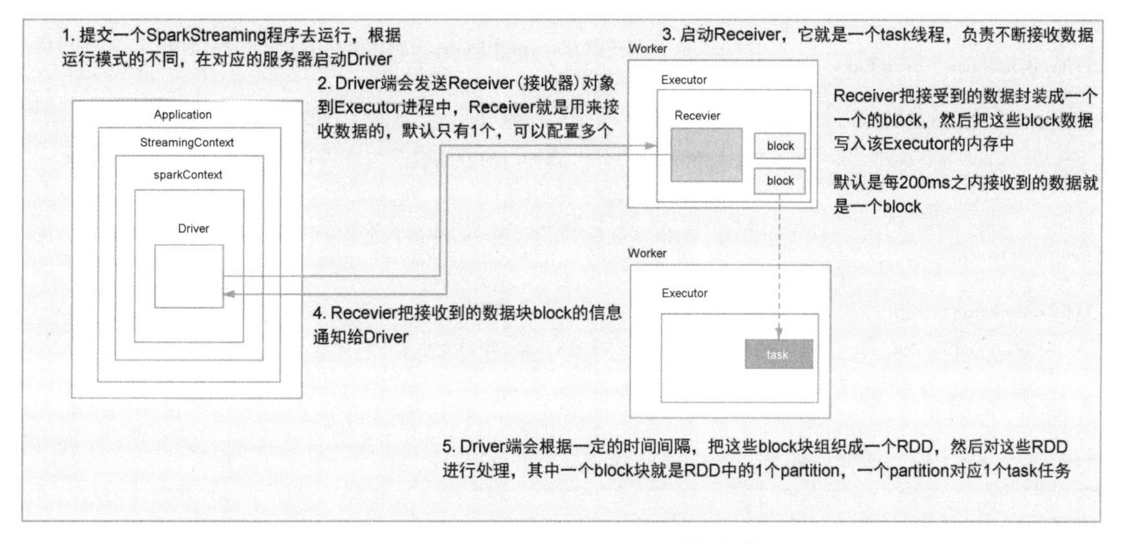

●图 9-9 SparkStreaming 核心架构流程

9.5.3 DStream 概述

DStream 是离散化数据流，是 SparkStreaming 当中提供的对流式数据的抽象化概念。其表现数据的连续流，这个输入数据流可以来自于源，也可以来自于转换输入流产生的已处理数据流。内部而言，一个 DStream 以一系列连续的 RDD 来展现，这些 RDD 是 Spark 对于不变的、分布式数据集的抽象。一个 DStream 中的每个 RDD 都包含来自一定间隔的数据。

9.5.4 DStream 的 transformations 算子操作

DStream 的 transformations 算子操作可以实现把一个 DStream 转换成一个新的 DStream，延迟加载不会触发任务的执行。DStream 中常用的 transformations 算子操作见表 9-3。

表 9-3 DStream 中常用的 transformations 算子操作

Transformation	Meaning
map(func)	对 DStream 中的各个元素进行 func 函数操作，然后返回一个新的 DStream
flatMap(func)	与 Map 方法类似，只不过各个输入项可以被输出为零个或多个输出项
filter(func)	过滤出所有函数 func 返回值为 true 的 DStream 元素，并返回一个新的 DStream
repartition(numPartitions)	增加或减少 DStream 中的分区数，从而改变 DStream 的并行度
union(otherStream)	将源 DStream 和输入参数为 otherDStream 的元素合并，并返回一个新的 DStream
count()	对 DStream 中各个 RDD 中的元素进行计数，然后返回只有一个元素的 RDD 构成的 DStream
reduce(func)	利用 func 对源 DStream 中的各个 RDD 中的元素进行聚合操作，然后返回只有一个元素的 RDD 构成的新的 DStream
countByValue()	对于元素类型为 K 的 DStream，返回一个元素为(K,Long)键值对形式的新的 DStream，Long 对应的值为源 DStream 中各个 RDD 的 key 出现的次数
reduceByKey(func, [numTasks])	利用 func 函数对源 DStream 中的 key 进行聚合操作，然后返回新的(K,V)对构成的 DStream
join(otherStream, [numTasks])	输入为(K,V)、(K,W)类型的 DStream，返回一个新的(K,(V,W))类型的 DStream
cogroup(otherStream, [numTasks])	输入为(K,V)、(K,W)类型的 DStream，返回一个新的 (K, Seq[V], Seq[W]) 元组类型的 DStream
transform(func)	RDD-to-RDD 函数作用于 DStream 中的各个 RDD，可以是任意的 RDD 操作，返回一个新的 RDD
updateStateByKey(func)	根据 key 的之前状态值和 key 的新值，对 key 进行更新，返回一个新状态的 DStream
reduceByKeyAndWindow	窗口函数操作，按照 window 窗口大小来进行计算

9.5.5 DStream 的 output operations 算子操作

DStream 的 output operations 算子操作会触发任务的真正运行。DStream 中常用的 output operations 输出算子操作见表 9-4。

表 9-4 DStream 中常用的 output operations 输出算子操作

Output Operation	Meaning
print()	打印到控制台
saveAsTextFiles(prefix, [suffix])	保存流的内容为文本文件，文件名为"prefix-TIME_IN_MS[.suffix]"
saveAsObjectFiles(prefix, [suffix])	保存流的内容为 SequenceFile，文件名为"prefix-TIME_IN_MS[.suffix]"
saveAsHadoopFiles(prefix, [suffix])	保存流的内容为 Hadoop 文件，文件名为"prefix-TIME_IN_MS[.suffix]"
foreachRDD(func)	对 Dstream 里面的每个 RDD 执行 func

9.5.6 SparkStreaming的checkpoint容错机制

1. checkpoint基本介绍

checkpoint的目的是解决sparkStreaming当中因流式处理程序意外停止而造成的数据丢失问题。checkpoint能够保证长时间运行的任务在意外中断之后被重新拉起的时候不丢失数据。

checkpoint中包含两种数据：

（1）metadata：元数据信息

用于恢复Driver端的数据，保存定义了Streaming计算逻辑到类似HDFS的支持容错的存储系统。用来恢复Driver，元数据包括的类型如下。

1）配置信息：创建Spark-Streaming应用程序的配置信息，如SparkConf。

2）DStream的操作信息：定义了Spark-Stream应用程序的计算逻辑的DStream操作信息。

3）未处理完的batch信息：batch已经开始却没有处理完的信息。

（2）data：RDD的数据

阶段性地存储RDD至可靠的文件系统上，供恢复时使用。这对于某些有状态的转化操作（updateStateByKey和reduceByKeyAndWindow）是必要的，因为这些转化操作不断地整合不同的批次，它依赖于前面的批次信息，这样就会形成一个很长的依赖链，为了防止无限增长，就要定期将中间生成的RDD保存到可靠的存储系统上来切断依赖链。

2. 什么时候需要使用到checkpoint

满足以下任一条件就可以使用checkpoint来解决。

1）使用了stateful转换，如果application中使用了updateStateByKey或reduceByKeyAndwindow等stateful操作，必须提供checkpoint目录来允许定时的RDD checkpoint。

2）希望能从意外中恢复Driver，如果streaming app没有stateful操作，也允许Driver中断后再次重启的进度丢失，就没有启用checkpoint的必要了。

3. 如何使用checkpoint

启用checkpoint，需要设置一个支持容错的、可靠的文件系统（如HDFS、s3等）目录来保存checkpoint数据。通过调用streamingContext.checkpoint（checkpointDirectory）来完成。另外，如果想让application能从Driver失败中恢复，application需要满足：若application为首次重启，将创建一个新的StreamContext实例；如果application是从失败中重启，将会从checkpoint目录导入checkpoint数据来重新创建StreamingContext实例。这里可以通过StreamingContext.getOrCreate达到目的。checkpoint不仅仅可以保存运算结果中的数据，还可以存储Driver端的信息，通过checkpoint可以实现Driver端的高可用。基于checkpoint来恢复Driver的示例代码如下所示。

```
package com.kaikeba.streaming
import org.apache.log4j.{Level, Logger}
import org.apache.spark.SparkConf
import org.apache.spark.streaming.{Seconds,StreamingContext}
```

```
import org.apache.spark.streaming.dstream.{DStream, ReceiverInputDStream
/**
  *通过 checkpoint 来恢复 Driver 端
  */
object DriverHAWordCount {
  val checkpointPath="hdfs://node01:8020/checkpointDir"
  def creatingFunc(): StreamingContext ={
      Logger.getLogger("org").setLevel(Level.ERROR)
      //todo:1. 创建 SparkConf 对象
      val sparkConf: SparkConf = new SparkConf().setAppName("DriverHAWordCount").
setMaster("local[2]")
      //todo:2. 创建 StreamingContext 对象
      val ssc = new StreamingContext(sparkConf,Seconds(2))
        //设置 checkpoint 目录
        ssc.checkpoint(checkpointPath)
      //todo:3. 接收 socket 数据
      val socketTextStream: ReceiverInputDStream[String] = ssc.socketTextStream
("node01",9999)
      //todo:4. 对数据进行处理
       val result: DStream[(String, Int)] = socketTextStream.flatMap(_.split
(" ")).map((_,1)).updateStateByKey(updateFunc)
      //todo:5. 打印结果
      result.print()
      ssc
  }
  //currentValue:当前批次中每一个单词出现的所有的1
  //historyValues:之前批次中每个单词出现的总次数,Option类型表示存在或者不存在.Some
表示有值,None表示没有
  def updateFunc(currentValue: Seq[Int], historyValues: Option[Int]): Option
[Int] = {
    val newValue: Int = currentValue.sum + historyValues.getOrElse(0)
    Some(newValue)
  }
  def main(args: Array[String]): Unit = {
    val ssc: StreamingContext = StreamingContext.getOrCreate(checkpointPath,
creatingFunc _)
    //开启流式计算
      ssc.start()
      ssc.awaitTermination()
  }
}
```

checkpoint 在本程序中的作用：

1）可以保存之前批次的数据结果。

2）可以保存之前 Driver 端的元数据信息（程序的执行逻辑）。

注意：

如果程序中断之后，对代码进行了修改变更，此时 checkpoint 目录也就没有意义。

以上程序执行逻辑分析如下：

1）如果 checkpointDirectory 存在，那么 StreamingContext 将导入 checkpoint 数据。如果目录不存在，函数 functionToCreateContext 将被调用并创建新的 StreamingContext。

2）除调用 getOrCreate 外，还需要集群模式支持 Driver 中断之后重启。例如，在 Yarn 模式下，Driver 运行在 ApplicationMaster 中，若 ApplicationMaster 中断，Yarn 会自动在另一个节点上启动一个新的 ApplicationMaster。需要注意的是，随着 streaming application 的持续运行，checkpoint 数据占用的存储空间会不断变大。因此，需要小心设置 checkpoint 的时间间隔。设置得越小，checkpoint 次数会越多，占用空间会越大；如果设置越大，会导致恢复时丢失的数据和进度越多。一般推荐将时间间隔设置为 batch duration 的 5~10 倍。

9.6 项目实战 8：SparkStreaming 整合 Kafka

在消费 Kafka 当中的数据时，可以有三种语义的保证。

1）at most once：至多一次，数据最多处理一次或者没有被处理，有可能造成数据丢失的情况。

2）at least once：至少一次，数据最少被处理一次，有可能存在重复消费的问题。

3）exactly once：消费一次且仅一次。

sparkStreaming 整合 Kafka 也有两个大版本的整合方式。

1. SparkStreaming 消费 Kafka（基于 Kafka 0.8 版本的整合实现）

（1）基于 Receiver-based Approach 的整合方式

此方法使用 Receiver 接收数据。Receiver 是使用 Kafka 高级消费者 API 实现的。与所有接收器一样，从 Kafka 通过 Receiver 接收的数据存储在 Spark 执行器中，然后由 Spark Streaming 启动的作业处理数据。但是在默认配置下，此方法可能会在失败时丢失数据（请参阅接收器可靠性）。为确保零数据丢失，必须在 SparkStreaming 中另外启用 Write Ahead Logs（在 Spark 1.2 中引入）。它会将接收到的 Kafka topic 中的数据同步写入分布式文件系统（如 HDFS）上，以便在发生故障时可以恢复所有数据，但是性能不好。

基于 Receiver-based Approach 的整合示例代码开发如下。

```
package com.kaikeba.streaming.kafka
import org.apache.log4j.{Level, Logger}
import org.apache.spark.SparkConf
import org.apache.spark.streaming.dstream.{DStream, ReceiverInputDStream}
```

```
import org.apache.spark.streaming.kafka.KafkaUtils
import org.apache.spark.streaming.{Seconds,StreamingContext}
/**
  * SparkStreaming 使用 Kafka 0.8API 基于 Recevier 来接收消息
  */
object KafkaReceiver08 {
  def main(args: Array[String]): Unit = {
    Logger.getLogger("org").setLevel(Level.ERROR)
     //1. 创建 StreamingContext 对象
    val sparkConf= new SparkConf()
                        .setAppName("KafkaReceiver08")
                        .setMaster("local[2]")
                        //开启 WAL 机制
                         .set ("spark.streaming.receiver.writeAheadLog.enable",
"true")
        val ssc = new StreamingContext(sparkConf,Seconds(2))
          //需要设置 checkpoint,将接收到的数据持久化写入 HDFS 上
        ssc.checkpoint("hdfs://node01:8020/wal")
      //2. 接收 Kafka 数据
          val zkQuorum="node01:2181,node02:2181,node03:2181"
          val groupid="KafkaReceiver08"
          val topics=Map("test" ->1)
         //(String, String)元组的第一位是消息的 key,第二位表示消息的 value
       val receiverDstream: ReceiverInputDStream[(String, String)] = KafkaU-
tils.createStream(ssc,zkQuorum,groupid,topics)
      //3. 获取 Kafka 的 topic 数据
      val data:DStream[String] = receiverDstream.map(_._2)
      //4. 单词计数
      val result:DStream[(String, Int)] = data.flatMap(_.split(" ")).map((_,1))
.reduceByKey(_+_)
      //5. 打印结果
        result.print()
      //6. 开启流式计算
        ssc.start()
        ssc.awaitTermination()
  }
}
```

（2）基于 Direct Approach 的整合方式

这种新的不基于 Receiver 的直接方式，是在 Spark 1.3 中引入的，它能够确保更加健壮的机制。替代掉使用 Receiver 来接收数据后，这种方式会周期性地查询 Kafka，来获得每个 topic+partition 的最新 offset，从而定义每个 batch 的 offset 的范围。当处理数据的 job 启动时，就会使用 Kafka 的简单 consumer API 来获取 Kafka 指定 offset 范围的数据。这种方式有如下

优点。

1）简化并行读取

如果要读取多个 partition，不需要创建多个输入 DStream，然后对它们进行 union 操作。Spark 会创建跟 Kafka partition 一样多的 RDD partition，并且会并行从 Kafka 中读取数据。所以在 Kafka partition 和 RDD partition 之间，有一对一的映射关系。

2）高性能

如果要保证零数据丢失，在基于 Receiver 的方式中，需要开启 WAL 机制。这种方式其实效率低下，因为数据实际上被复制了两份，Kafka 自己本身就有高可靠的机制，会对数据复制一份，而这里又会复制一份到 WAL 中。而基于 Direct 的方式，不依赖 Receiver，不需要开启 WAL 机制，只要 Kafka 中进行了数据的复制，就可以通过 Kafka 的副本进行恢复。一次且仅一次的事务机制：基于 Receiver 的方式，是使用 Kafka 的高阶 API 来在 Zookeeper 中保存消费过的 offset 的。这是消费 Kafka 数据的传统方式。这种方式配合着 WAL 机制可以保证数据零丢失的高可靠性，但是却无法保证数据被处理一次且仅一次，可能会处理两次。因为 Spark 和 Zookeeper 之间可能是不同步的。

3）降低资源

Direct 不需要 Receivers，其申请的 Executors 全部参与到计算任务中；而 Receiver-based 则需要专门的 Receivers 来读取 Kafka 数据且不参与计算。因此相同的资源申请，Direct 能够支持更大的业务。

4）降低内存

Receiver-based 的 Receiver 与其他 Executor 是异步的，并持续不断接收数据，对于小业务量的场景还好，如果遇到大业务量时，需要提高 Receiver 的内存，但是参与计算的 Executor 并不需要那么多的内存。而 Direct 因为没有 Receiver，而是在计算时读取数据，然后直接计算，所以对内存的要求很低。实际应用中可以把原先的 10 GB 内存降至现在的 2-4 GB 左右。

5）鲁棒性更好

Receiver-based 方法基于 Receiver 接收器消费数据，需要 Receivers 来异步持续不断的数据读取，因此遇到网络、存储负载等情况，会导致实时任务出现堆积，但 Receivers 却还在持续读取数据，此种情况很容易导致计算崩溃。Direct 则没有这种顾虑，其 Driver 在触发 batch 计算任务时，才会读取数据并计算。队列出现堆积并不会引起程序的失败。

基于 Direct Approach 的整合示例代码开发如下。

```
package com.kaikeba.streaming.kafka
import kafka.serializer.StringDecoder
import org.apache.log4j.{Level, Logger}
import org.apache.spark.SparkConf
import org.apache.spark.streaming.{Seconds,StreamingContext}
import org.apache.spark.streaming.dstream.{DStream, InputDStream, ReceiverIn-
putDStream}
import org.apache.spark.streaming.kafka.KafkaUtils
```

```
/**
  * SparkStreaming 使用 Kafka 0.8API 基于 Direct 直连来接受消息
  * Spark direct API 接收 Kafka 消息,从而不需要经过 Zookeeper,直接从 broker 上获取信息.
  */
object KafkaDirect08 {
  def main(args: Array[String]): Unit = {
    Logger.getLogger("org").setLevel(Level.ERROR)
    //1. 创建 StreamingContext 对象
    val sparkConf = new SparkConf()
                        .setAppName("KafkaDirect08")
                        .setMaster("local[2]")
    val ssc = new StreamingContext(sparkConf,Seconds(2))
    //2. 接收 Kafka 数据
     val kafkaParams=Map(
       "metadata.broker.list"->"node01:9092,node02:9092,node03:9092",
       "group.id" -> "KafkaDirect08"
     )
     val topics=Set("test")
    //使用 Direct 直连的方式接收数据
    val kafkaDstream: InputDStream[(String, String)] = KafkaUtils.createDirect-
Stream[String,String,StringDecoder,StringDecoder](ssc,kafkaParams,topics)
    //3. 获取 Kafka 的 topic 数据
    val data:DStream[String] = kafkaDstream.map(_._2)
    //4. 单词计数
    val result:DStream[(String, Int)] = data.flatMap(_.split(" "))
                                            .map((_,1))
                                            .reduceByKey(_+_)
    //5. 打印结果
    result.print()
    //6. 开启流式计算
  ssc.start()
  ssc.awaitTermination()
  }
}
```

2. SparkStreaming 消费 kafka（基于 kafka 0.10 版本的整合实现）

该方式支持 0.10 版本，或者更高的版本，在该版本中，已经把效率比较低的 Receiver 废弃了，只保留高效的 Direct 方式，推荐使用这个版本。

Kafka 0.10 版本基于 Direct Approach 的整合示例代码如下。

```
package com.kaikeba.streaming.kafka
import org.apache.kafka.clients.consumer.ConsumerRecord
import org.apache.kafka.common.serialization.StringDeserializer
```

```
import org.apache.log4j.{Level, Logger}
import org.apache.spark.SparkConf
import org.apache.spark.rdd.RDD
import org.apache.spark.streaming.dstream.InputDStream
import org.apache.spark.streaming.kafka010._
import org.apache.spark.streaming.{Seconds,StreamingContext}
object KafkaDirect10 {
  def main(args: Array[String]): Unit = {
    Logger.getLogger("org").setLevel(Level.ERROR)
    //1. 创建 StreamingContext 对象
    val sparkConf= new SparkConf()
                              .setAppName("KafkaDirect10")
                              .setMaster("local[2]")
    val ssc = new StreamingContext(sparkConf,Seconds(2))

    //2. 使用 Direct 接收 Kafka 数据
        //准备配置
          val topic =Set("test")
          val kafkaParams =Map(
            "bootstrap.servers" ->"node01:9092,node02:9092,node03:9092",
            "group.id" -> "KafkaDirect10",
            "key.deserializer" -> classOf[StringDeserializer],
            "value.deserializer" -> classOf[StringDeserializer],
            "enable.auto.commit" -> "false"
          )
    val kafkaDStream: InputDStream[ConsumerRecord[String, String]] =
          KafkaUtils.createDirectStream[String, String](
                  ssc,
                  //数据本地性策略
              LocationStrategies.PreferConsistent,
                  //指定要订阅的 topic
          ConsumerStrategies.Subscribe[String, String](topic, kafkaParams)
        )
    //3. 对数据进行处理
        //如果想获取到消息消费的偏移,这里需要拿到最开始的 Dstream 进行操作
         //如果对该 DStream 进行了其他的转换之后,生成了新的 DStream,新的 DStream 不再
保存对应的消息的偏移量
        kafkaDStream.foreachRDD(rdd =>{
            //获取消息内容
          val dataRDD: RDD[String] = rdd.map(_.value())
            //打印
          dataRDD.foreach(line =>{
            println(line)
```

```
        })
        //4. 提交偏移量信息,把偏移量信息添加到 Kafka 中
    val offsetRanges: Array[OffsetRange] =
            rdd.asInstanceOf[HasOffsetRanges].offsetRanges
            kafkaDStream.asInstanceOf[CanCommitOffsets].commitAsync(offsetRanges)
        })
    //5. 开启流式计算
      ssc.start()
      ssc.awaitTermination()
   }
 }
```

9.7 本章小结

在本章当中，主要为大家介绍了 SparkCore 核心模块，这个模块是 Spark 当中最重要的模块，是其他所有模块的基础模块，里面提供了大量的 transformation 以及 action 的算子操作，通过对 SparkCore 模块的学习，能够快速掌握 Spark 当中的编程入门，这对于后面学习 SpakrSQL 以及 SparkStreaming 等模块有重大帮助。SparkSQL 模块是 Spark 当中用于处理结构化数据的模块，主要是用于使用 SQL 语言对结构化数据进行处理。SparkStremaing 模块就是 Spark 当中专门用于对流式数据处理的功能模块，可以通过 SparkStreaming 这个模块实现对实时数据的功能处理。

第 10 章 Flink 实时流处理

10.1 Flink 概述

10.1.1 Flink 介绍

Flink 是一个分布式大数据处理引擎，可对有界数据流和无界数据流进行有状态的计算。能够部署在各种集群环境，对各种规模大小的数据进行快速计算。官网地址为 http://flink.apache.org。

10.1.2 Flink 的特点

Flink 作为新一代的大数据计算框架，其各种新的特性让人眼前一亮，尤其是在数据的实时处理方面。Flink 的各种特性如下。

1）批流统一。

2）支持高吞吐、低延迟、高性能的流处理。

3）支持带有事件时间的窗口（Window）操作。

4）支持有状态计算的 Exactly-once 语义。

5）支持高度灵活的窗口（Window）操作，支持基于 time、count、session 窗口操作。

6）支持具有反压 Backpressure 功能的持续流模型。

7）支持基于轻量级分布式快照（Snapshot）实现的容错。

8）支持迭代计算。

9）Flink 在 JVM 内部实现了内存管理。

10）支持程序自动优化，避免特定情况下 Shuffle、排序等操作，中间结果有必要进行缓存。

10.1.3 Flink 的应用场景

在实际生产的过程中，大量数据在不断地产生，如金融交易数据、互联网订单数据、GPS 定位数据、传感器信号、移动终端产生的数据、通信信号数据等，以及人们熟悉的网络流量监控、服务器产生的日志数据，这些数据最大的共同点就是实时从不同的数据源中产生，然后再传输到下游的分析系统。这些数据类型主要包括实时智能推荐、复杂事件处理、实时欺诈检测、实时数仓与 ETL 类型、流数据分析类型、实时报表类型等实时业务场景，而 Flink 对于这些类型的场景都有着非常好的支持。

10.1.4 Flink 基本技术栈

在 Flink 整个软件架构体系中。同样遵循着分层的架构设计理念，在降低系统耦合度的同时，也为上层用户构建 Flink 应用提供了丰富且友好的接口。Flink 基本技术栈如图 10-1 所示。

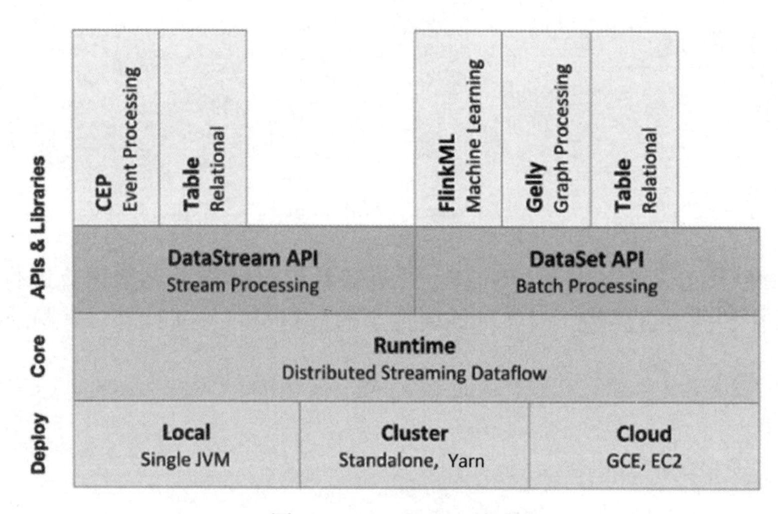

●图 10-1 Flink 基本技术栈

Deploy：该层主要涉及了 Flink 的部署模式，Flink 支持多种部署模式，包括本地（Single JVM）、集群（Standalone/Yarn），云（GCE/EC2）。

Core：Runtime 层提供了支持 Flink 计算的全部核心实现，比如：支持分布式 Stream 处理、JobGraph 到 ExecutionGraph 的映射、调度等，为上层 APIs 层提供基础服务。

APIs：主要实现了面向无界 Stream 的流处理和面向 Batch 的批处理 API，其中面向流处理对应 DataStream API，面向批处理对应 DataSet API。

Libraries：该层也可以称为 Flink 应用框架层，根据 API 层的划分，在 API 层之上构建的满足特定应用的实现计算框架，也分别对应于面向流处理和面向批处理两类。面向流处理支持复杂事件处理（Complex Event Processing，CEP）、基于 SQL-like 的操作（基于 Table 的关系操作）；面向批处理支持 FlinkML（机器学习库）、Gelly（图处理）。

10.1.5 Flink 任务提交模型

前面已经介绍了 Flink 中的基本技术栈，接下来带大家一起来看看 Flink 的任务提交运行模型，在任务提交当中，主要包含了以下各种角色。Flink 任务提交模型如图 10-2 所示。

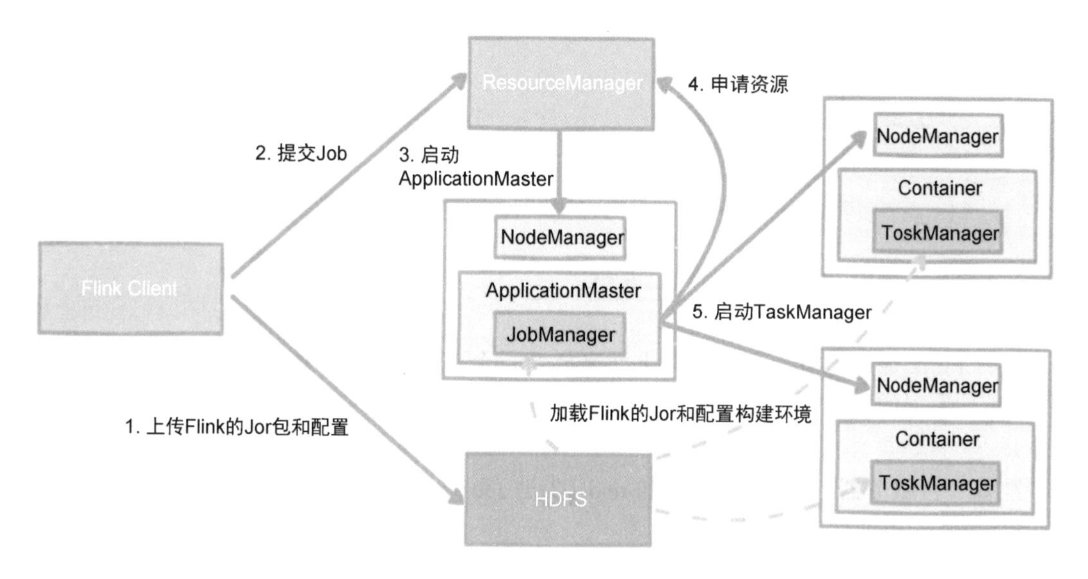

图 10-2 Flink 任务提交模型

Client：Flink 作业在哪台机器上面提交，那么当前机器称之为 Client。用户开发的 Program 代码，它会构建出 DataFlow graph，然后通过 Client 提交给 JobManager。

JobManager：是主（master）节点，相当于 Yarn 里面的 ResourceManager，生成环境中一般可以做 HA 高可用。JobManager 会将任务进行拆分，调度到 TaskManager 上面执行。

TaskManager：是从（slave）节点，TaskManager 才是真正实现 task 的部分。

Client 提交作业到 JobManager，就需要跟 JobManager 进行通信，它使用 Akka 框架或者库进行通信，另外 Client 与 JobManager 进行数据交互，使用的是 Netty 框架。Akka 通信基于 Actor System，Client 可以向 JobManager 发送指令，比如 Submit job 或者 Cancel /update job。JobManager 也可以反馈信息给 Client，如 status updates、Statistics 和 results。

Client 提交给 JobManager 的是一个 Job，然后 JobManager 将 Job 拆分成 task，提交给 TaskManager(worker)。JobManager 与 TaskManager 也是基于 Akka 进行通信，JobManager 发送指令，比如 Deploy/Stop/Cancel Tasks 或者触发 Checkpoint，反过来 TaskManager 也会跟 JobManager 通信返回 Task Status、Heartbeat（心跳）、Statistics 等。另外 TaskManager 之间的数据通过网络进行传输，比如 Data Stream 做一些算子的操作，数据往往需要在 TaskManager 之间做数据传输。

当 Flink 系统启动时，首先启动 JobManager 和一至多个 TaskManager。JobManager 负责协调 Flink 系统，TaskManager 则是执行并行程序的 worker。当系统以本地形式启动时，一个 JobManager 和一个 TaskManager 会在同一个 JVM 中启动。当一个程序被提交后，系统会创建一个 Client 来进行预处理，将程序转变成一个并行数据流的形式，交给 JobManager 和 TaskManager 执行。

10.2 Flink 环境部署实战

10.2.1 Standalone HA 模式部署

学习 Flink 最好先有一套环境，下面来搭建一个 Flink 集群，基于 Zookeeper 和 HDFS 来实现 Flink 集群的高可用。

1. 规划集群

准备 3 台服务器，其中 node01 和 node02 是 JobManger，实现 JobManager 主节点的高可用。Flink 集群规划如图 10-3 所示。

主机名	JobManager	TaskManager
node01	是	是
node02	是	是
node03		是

●图 10-3　Flink 集群规划

2. 环境准备

需要事先安装 Zookeeper 集群和 Hadoop 集群。

3. 下载 Flink 安装包

通过访问 Flink 官网：http://flink.apache.org 下载指定版本的安装包，这里使用 Flink-1.11.0 版本。

4. 规划安装目录

为了便于管理多个服务需要把这些软件安装在统一的目录下，这里使用目录/kkb/install。

5. 解压安装包

在 node01 第一个节点上使用如下命令解压安装包，然后重命名解压目录。

```
tar -zxvf flink-1.11.0-bin-scala_2.11.tgz -C /kkb/install
```

6. 修改配置文件

进入解压目录 conf 中，在 node01 上修改如下配置文件。

（1）flink-conf.yaml 文件

```
#使用 Zookeeper 搭建高可用
high-availability:Zookeeper
##存储 JobManager 的元数据到 HDFS
high-availability.storageDir: hdfs://node01:8020/flink
high-availability.Zookeeper.quorum: node01:2181,node02:2181,node03:2181
```

（2） masters 文件

```
#指定集群的 JobManager 地址
node01:8081
node02:8081
```

（3） workers 文件

```
##指定集群的 TaskManager 地址
node01
node02
node03
```

（4） 配置 Flink 集成 Hadoop

```
#修改每个节点的/etc/profile,添加 HADOOP_CLASSPATH,然后每个节点执行 source /
etc/profile
export HADOOP_CLASSPATH=`hadoop classpath`
```

7. 分发安装包和配置文件

```
scp -r /kkb/install/flink-1.11.0 node02:/kkb/install
scp -r /kkb/install/flink-1.11.0 node03:/kkb/install
scp  /etc/profile  node02:/etc/profile
scp  /etc/profile  node03:/etc/profile
```

8. 启动 Flink 集群

启动 Flink 集群之前，先启动 Zookeeper 集群和 Hadoop 集群。接下来可以在主节点通过如下脚本来启动 Flink。

```
cd /kkb/install/flink-1.11.0
bin/start-cluster.sh
```

启动完成后，可以分别访问 node01 和 node02 主节点的 Web UI 界面。

```
http://node01:8081
http://node02:8081
```

9. 关闭 Flink 集群

关闭 Flink 集群很简单，在主节点直接使用如下命令就可以关闭。

```
cd /kkb/install/flink-1.11.0
bin/stop-cluster.sh
```

10.2.2 Flink on Yarn 模式部署

Flink on Yarn 的本质就是由 Yarn 来提供 Flink 程序运行的计算资源，部署完 Flink 的 StandAlone 模式后，该环境已经具备了 Flink on Yarn 模式运行的条件，直接可以提交任务到 Yarn 上运行。Flink on yarn 有两种方式：session 模式和 per-job 模式，下面分别来介绍这两种方式下。

1. Session 模式

在 Yarn 中初始化一个 Flink 集群，开辟指定的资源，之后提交的 Flink job 都在这个 Session 中，也就是说不管提交多少个 job，这些 job 都会共用开始时在 Yarn 中申请的资源。这个 Flink 集群会常驻在 Yarn 集群中，除非手动停止。Session 运行模式如图 10-4 所示。

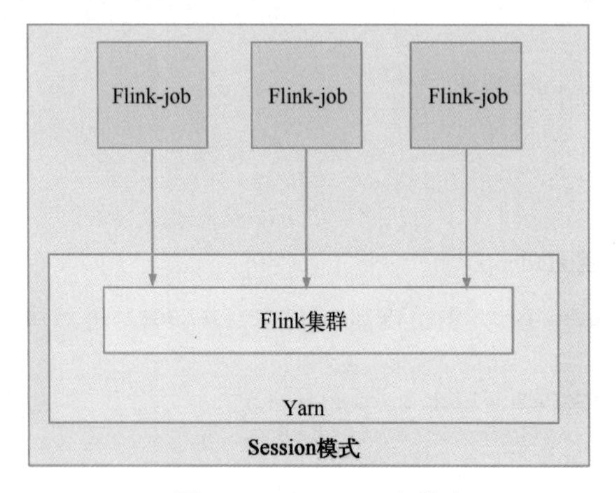

●图 10-4　Session 运行模式

Session 模式任务提交如下。

1）启动 Hadoop 集群

2）在 Flink 目录启动 yarn-session. sh 脚本来申请资源，脚本内容如下。

```
bin/yarn-session.sh -n 2 -tm 1024 -s 1 -d
# -n 表示申请 2 个容器,
# -s 表示每个容器启动多少个 slot
# -tm 表示每个 TaskManager 申请 1024 MB 内存
# -d 表示以后台程序方式运行
```

3）提交 Flink 作业到 Yarn 中运行，脚本内容如下。

```
bin/flink run examples/batch/WordCount.jar \
-input hdfs://node01:8020/words.txt \
-output hdfs://node01:8020/output/result.txt
```

4）查看输出文件结果。

2. Per-Job 模式

在 Yarn 中，每次提交 job 都会创建一个新的 Flink 集群，任务之间相互独立，互不影响并且方便管理。任务执行完成之后创建的集群也会消失。该模式下，一个作业对应一个集群，作业之间相互隔离。Per-Job 运行模式如图 10-5 所示。

Per-Job 模式任务提交如下。

1）在 Flink 目录启动 flink run 脚本来申请资源和提交任务，脚本内容如下。

```
bin/flink run -m yarn-cluster  -yjm 1024 -ytm 1024 \
examples/batch/WordCount.jar \
-input hdfs://node01:8020/words.txt \
-output hdfs://node01:8020/output1
```

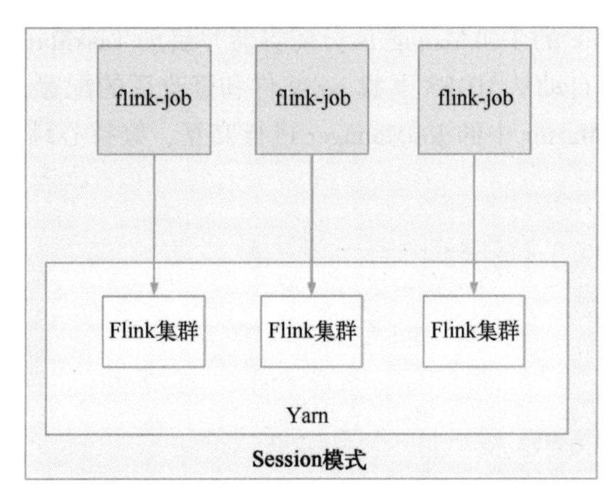

图 10-5 Per-Job 运行模式

2）查看输出文件结果。

10.2.3 Flink on Yarn 任务提交流程

一个 Flink 任务是如何提交到 Yarn 中进行分布式计算的，这里涉及任务提交流程，之前学习过 MapReduce on yarn 和 Spark on Yarn 的运行流程，Flink on Yarn 任务提交流程与它们非常类似，任务提交流程如图 10-6 所示。

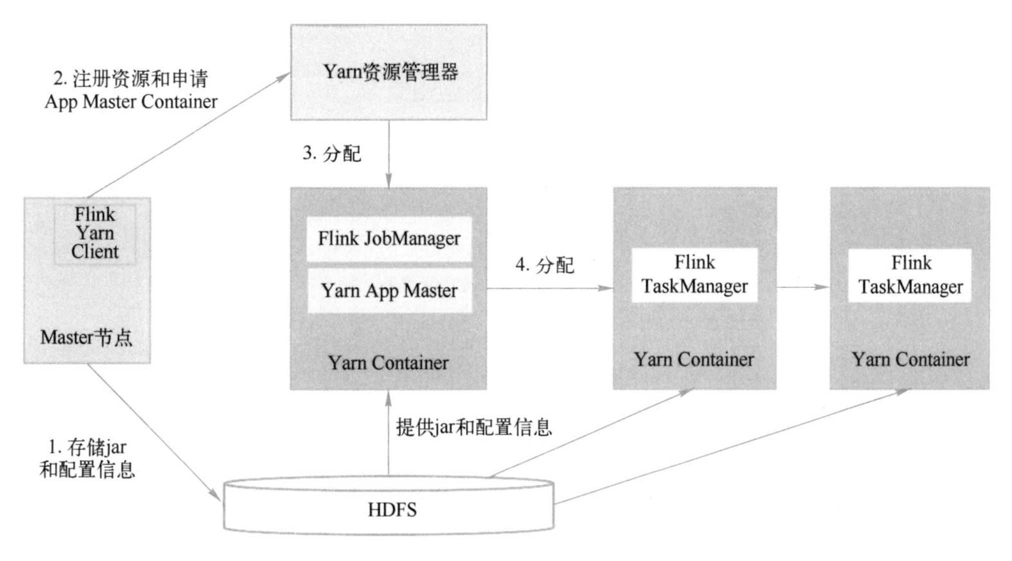

图 10-6 Flink on Yarn 任务提交流程

Flink on Yarn 工作流程如下所示。

首先提交 job 给 Yarn，就需要有一个 Flink Yarn Client。

1）Client 将 Flink 应用 jar 包和配置文件上传到 HDFS。

2）Client 向 ResourceManager 注册 resources 和请求 APPMaster Container。

3）REsourceManager 就会给某一个 Worker 节点分配一个 Container 来启动 APPMaster，JobManager 会在 APPMaster 中启动。

4）APPMaster 为 Flink 的 TaskManagers 分配容器并启动 TaskManager，TaskManager 内部会划分很多个 Slot，它会自动从 HDFS 下载 jar 文件和修改后的配置，然后运行相应的 task。TaskManager 也会与 APPMaster 中的 JobManager 进行交互，维持心跳等。

10.3 Flink 编程入门案例

10.3.1 实时处理代码开发

通过 DataStream 开发 Flink 实时处理程序，实现统计 socket 当中接收到的每个单词出现的次数，这里使用 Intellij idea 这个开发工具，并在 idea 当中创建 maven 的 Java 工程，然后在工程的 pom. xml 当中添加 jar 包的坐标依赖。

1）创建 maven 工程，导入 jar 包。

```
<properties>
    <flink.version>1.11.0</flink.version>
    <scala.version>2.11.8</scala.version>
</properties>
    <dependencies>
        <dependency>
          <groupId>org.apache.flink</groupId>
          <artifactId>flink-clients_2.11</artifactId>
          <version>${flink.version}</version>
        </dependency>
        <dependency>
            <groupId>org.apache.flink</groupId>
            <artifactId>flink-streaming-java_2.11</artifactId>
            <version>${flink.version}</version>
        </dependency>
        <dependency>
            <groupId>org.apache.flink</groupId>
            <artifactId>flink-streaming-scala_2.11</artifactId>
            <version>${flink.version}</version>
        </dependency>
        <dependency>
            <groupId>org.scala-lang</groupId>
            <artifactId>scala-library</artifactId>
            <version>$scala.version</version>
        </dependency>
    </dependencies>
```

```
<build>
    <sourceDirectory>src/main/scala</sourceDirectory>
    <testSourceDirectory>src/test/scala</testSourceDirectory>
    <plugins>
        <plugin>
            <groupId>net.alchim31.maven</groupId>
            <artifactId>scala-maven-plugin</artifactId>
            <version>3.2.2</version>
            <executions>
                <execution>
                    <goals>
                        <goal>compile</goal>
                        <goal>testCompile</goal>
                    </goals>
                    <configuration>
                        <args>
                            <arg>-dependencyfile</arg>
                            <arg>${project.build.directory}/.scala_depend-
encies</arg>
                        </args>
                    </configuration>
                </execution>
            </executions>
        </plugin>
        <plugin>
            <groupId>org.apache.maven.plugins</groupId>
            <artifactId>maven-shade-plugin</artifactId>
            <version>2.4.3</version>
            <executions>
                <execution>
                    <phase>package</phase>
                    <goals>
                        <goal>shade</goal>
                    </goals>
                    <configuration>
                        <filters>
                            <filter>
                                <artifact>*:*</artifact>
                                <excludes>
                                    <exclude>META-INF/*.SF</exclude>
                                    <exclude>META-INF/*.DSA</exclude>
                                    <exclude>META-INF/*.RSA</exclude>
                                </excludes>
```

```
                                    </filter>
                                </filters>
                                <transformers>
                                    <transformer implementation="org.apache.maven.
plugins.shade.resource.ManifestResourceTransformer">
                                        <mainClass></mainClass>
                                    </transformer>
                                </transformers>
                            </configuration>
                        </execution>
                    </executions>
                </plugin>
            </plugins>
        </build>
```

2）代码实现如下。

```
//todo:通过 Scala 开发 Flink 流处理作业
object WordCountStreamScala {
  def main(args: Array[String]): Unit = {
    //todo:1. 构建流处理的环境
    val env= StreamExecutionEnvironment.getExecutionEnvironment
    //todo:2. 从 socket 获取数据
    val sourceStream: DataStream[String] = env.socketTextStream("node01",9999)
    //导入隐式转换的包
    import org.apache.flink.api.scala._

    //todo:3. 对数据进行处理
    val result:DataStream[(String, Int)] = sourceStream
                                .flatMap(x => x.split(" "))  //按照空格切分
                                .map(x => (x, 1))            //每个单词计为 1
                                .keyBy(0)     //按照下标为 0 的单词进行分组
                                .sum(1)       //按照下标为 1 累加相同单词出现的次数
    //todo:4. 打印输出,sink
    result.print()
    //todo:5. 开启任务
    env.execute("WordCountStreamScala")
  }
}
```

3）启动 socket 服务，发送 socket 数据。

```
##在 node01 上安装 nc 服务
sudo yum -y install nc
nc -lk 9999
```

4）启动 Flink 程序，观察结果。

5）Flink 程序打成 jar 包提交到 Yarn 中运行，提交任务脚本。

```
flink run -m yarn-cluster -yjm 1024 -ytm 1024 -c com.kaikeba.demo1.WordCount-
StreamScala  original-Flink-1.11.0-Study-1.0-SNAPSHOT.jar
```

10.3.2 离线处理代码开发

Flink 除了能够应用到实时处理外，也可以通过 DataSet 来实现批量数据处理。比如处理某个文本文件，实现单词计数统计。批处理代码开发如下。

```
//todo:  Scala 开发 Flink 的批处理程序
object FlinkFileCount {
  def main(args: Array[String]): Unit = {
    //todo:1. 构建 Flink 的批处理环境
    val env: ExecutionEnvironment = ExecutionEnvironment.getExecutionEnvironment
    //todo:2. 读取数据文件
    val fileDataSet: DataSet[String] = env.readTextFile("d:\\words.txt")
    import org.apache.flink.api.scala._
    //todo: 3. 对数据进行处理
    val resultDataSet = fileDataSet
                      .flatMap(x=> x.split(" "))
                      .map(x=>(x,1))
                      .groupBy(0)
                      .sum(1)
    //todo: 4. 打印结果
    resultDataSet.print()
    //todo: 5. 保存结果到文件
    resultDataSet.writeAsText("d:\\result")
    env.execute("FlinkFileCount")
  }
}
```

在实际的工作中，单纯使用 DataSet API 来开发批处理应用程序很少，大多都是利用 Flink 强大的流式处理能力开发实时处理程序，后面可以通过 Flink Table 和 SQL 来实现流批一体。

10.4 DataStream 编程

一般基于 DataStream 开发一个 Flink 的流处理作业主要包括以下部分：Environment、DataSource、Transformation、Sink，DataStream 的编程模型如图 10-7 所示。

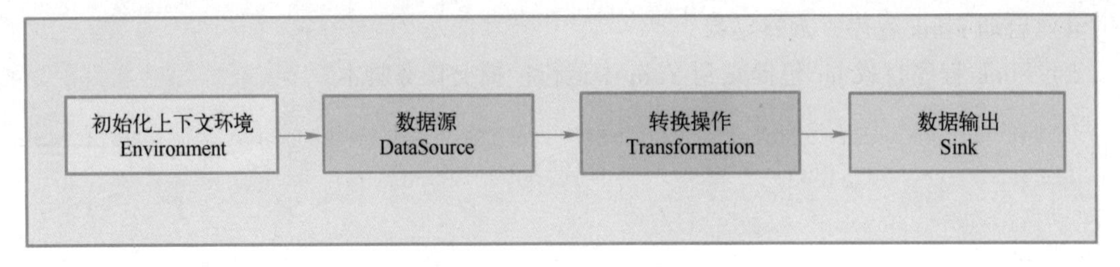

●图 10-7 DataStream 的编程模型

1）先初始化流处理上下文环境 Environment。

2）通过流处理上下文环境加载外部数据 DataSource。

3）对数据进行转换操作处理 Transformation。

4）处理结果数据输出 Sink。

10.4.1 DataStream 的数据源

用户了解 Flink 的编程模型后，接下来学习 DataStream 的数据源有哪些。

1. 基于文本文件

Flink 可以读取文本文件数据，文件遵循 TextInputFormat 读取规则，逐行读取并返回。下面是 Flink 读取文本文件的案例代码，其核心是用到方法 readTextFile。

```
package com.kaikeba.demo1
import org.apache.flink.streaming.api.scala.{DataStream, StreamExecutionEn-
vironment}
import org.apache.flink.api.scala._
object FlinkFileCount {
  def main(args: Array[String]): Unit =
    //todo:1.构建 Flink 的批处理环境
  val environment= StreamExecutionEnvironment.getExecutionEnvironment
    //todo:2.读取数据文件
  val sourceStream: DataStream[String] = env.readTextFile("d:\\words.txt")
    //todo: 3.对数据进行处理
    sourceStream.flatMap(x => x.split(" "))
                .map(x => (x, 1))
                .keyBy(0)
                .sum(1)
                .print()
    env.execute("FlinkFileCount")
  }
}
```

2. 基于 Socket

Flink 可以把 Socket 看成是数据源，通过接收 socket 数据，实现数据的实时处理，下面是 Flink 接收 socket 数据的案例代码，其核心是用到方法 socketTextStream。

```
package com.kaikeba.demo1
import org.apache.flink.streaming.api.scala.{DataStream, StreamExecutionEn-
vironment}
//todo:通过 Scala 开发 Flink 流处理作业
object WordCountStreamScala {
  def main(args: Array[String]): Unit = {
    //构建流处理的环境
    val env: = StreamExecutionEnvironment.getExecutionEnvironment
    //从 Socket 获取数据
    val sourceStream: DataStream[String] = env.socketTextStream("node01",9999)
    //导入隐式转换的包
    import org.apache.flink.api.scala._
    //对数据进行处理
    val result:DataStream[(String, Int)] = sourceStream
      .flatMap(x => x.split(" "))  //按照空格切分
      .map(x => (x, 1))            //每个单词计为 1
      .keyBy(0)                    //按照下标为 0 的单词进行分组
      .sum(1)                      //按照下标为 1 累加相同单词出现的次数
    //对数据进行打印
    result.print()
    //开启任务
    env.execute("WordCountStreamScala")
  }
}
```

3. 基于集合

可以通过已经存在的 Scala 集合或者数组作为 Flink 程序的数据流，快速构建 DataStream，然后进行各种计算。这种方式非常适合于对 DataStream 的算子学习。下面是 Flink 基于 Scala 集合数据作为数据源的案例代码，其核心是用到方法 fromCollection。

```
package com.kaikeba.demo2
import org.apache.flink.streaming.api.scala.{DataStream, StreamExecutionEn-
vironment}
import org.apache.flink.api.scala._
//todo:基于数组或者集合构建 DataStream
object StreamingSourceFromCollection {
  def main(args: Array[String]): Unit = {
    //todo:1. 获取流式处理环境
    val environment= StreamExecutionEnvironment.getExecutionEnvironment
    //todo:2. 准备数据源——数组
    val array = Array("hello world","world spark","flink test","spark hive","test")
    val fromArray: DataStream[String] = environment.fromCollection(array)
```

```
//  val value:DataStream[String] = environment.fromElements("hello world")
//todo:3. 数据处理
val resultDataStream= fromArray.flatMap(x => x.split(" "))
                               .map(x =>(x,1))
                               .keyBy(0)
                               .sum(1)
//todo:4. 打印
resultDataStream.print()
//todo:5. 启动
environment.execute()
  }
}
```

此外，系统内置提供了一批 connectors，连接器会提供对应的 source 支持。

1） Apache Kafka（source/sink）
2） Apache Cassandra（sink）
3） Amazon Kinesis Streams（source/sink）
4） Elasticsearch（sink）
5） Hadoop FileSystem（sink）
6） RabbitMQ（source/sink）
7） Apache NiFi（source/sink）
8） Twitter Streaming API（source）

如果想要进一步了解上面这些外部 source 是如何跟 Flink 集成的，可以参考 Flink 官方文档，其中有些外部介质既可以作为 Flink 的数据源 source，也可以是 Flink 的 sink 结果输出地，比如 Kafka，它是 Flink 技术非常重要的一个数据源，Flink 可以去实时消费 Kafka 的 topic 数据，也可以把处理的结果写回到 Kafka 集群另外一个 topic 中。关于 Flink 如何集成 Kafka，这一块会在后面的内容中重点介绍。

10.4.2 DataStream 转换算子

通过从一个或多个 DataStream 生成新的 DataStream 的过程被称为 Transformation 操作。在转换过程中，每种操作类型被定义为不同的 Operator，Flink 程序能够将多个 Transformation 组成一个 DataFlow 的拓扑。

DataStream 官网转换算子操作链接为 https://ci.apache.org/projects/flink/flink-docs-release-1.11/dev/stream/operators/index.html，下面介绍这些常用的转换算子是如何使用的。

1） map：输入一个元素，然后返回一个元素，中间可以做一些清洗转换等操作。
2） flatmap：输入一个元素，可以返回零个、一个或者多个元素。
3） filter：过滤函数，对传入的数据进行判断，符合条件的数据会被留下。
4） keyBy：根据指定的 key 对数据进行分组，相同 key 的数据会进入同一个分区。

5）reduce：对数据进行聚合操作，结合当前元素和上一次 reduce 返回的值进行聚合操作，然后返回一个新的值。

6）aggregations：sum( )、min( )、max( )等。

7）window：将实时的数据划分成对应的 window，有不同的窗口类型和操作。

8）union：合并多个流，新的流会包含所有流中的数据，但是 union 是一个限制，就是所有合并的流类型必须是一致的。

9）connect：和 union 类似，但是只能连接两个流，两个流的数据类型可以不同，会对两个流中的数据应用不同的处理方法。

10）coMap，coFlatMap：在 ConnectedStreams 中需要使用这种函数，类似于 map 和 flatmap。

11）split：根据规则把一个数据流切分为多个流。

12）select：和 split 配合使用，选择切分后的流。

接下来演示常用的算子转换操作，通过代码来理解它们的使用和效果。代码见附件资料。

10.4.3 DataStream 的 sink 数据目标

前面已经介绍过了 transformation 算子，接下来就来一起学习 Flink 当中的 sink 算子。

1）writeAsText( )：将元素以字符串形式逐行写入，这些字符串通过调用每个元素的 toString( )方法来获取。

2）print( )/printToErr( )：打印每个元素的 toString( )方法的值到标准输出或者标准错误输出流中。

3）自定义输出 addSink（kafka、redis）。

用户可以通过 sink 算子将数据发送到指定的地方去，如 Kafka、redis、Hbase 等，前面已经使用过将数据打印出来调用 print( )方法，下面通过一个案例实现把数据写入 redis 数据库中。

（1）导入 Flink 整合 redis 的 jar 包

```
<dependency>
        <groupId>org.apache.bahir</groupId>
        <artifactId>flink-connector-redis_2.11</artifactId>
        <version>1.0</version>
</dependency>
```

（2）代码开发

```
//todo: Flink 实时程序处理保存结果到 redis 中
object Stream2Redis {
  def main(args: Array[String]): Unit = {
    //todo: 1. 获取程序入口类
    val executionEnvironment = StreamExecutionEnvironment.getExecutionEnvironment
```

```
    //todo: 2. 组织数据
    val streamSource: DataStream[String] = executionEnvironment.fromElements
("1 hadoop","2 spark","3 flink")
    //todo: 3. 数据处理
    //将数据包装成为 key,value 对形式的 tuple
     val tupleValue: DataStream[(String, String)] = streamSource.map(x =>
(x.split(" ")(0),x.split(" ")(1)))
    //todo: 4. 构建 RedisSink
    val builder = new FlinkJedisPoolConfig.Builder
      //设置 redis 客户端参数
      builder.setHost("node01")
      builder.setPort(6379)
      builder.setPassword("123456")
      builder.setTimeout(5000)
      builder.setMaxTotal(50)
      builder.setMaxIdle(10)
      builder.setMinIdle(5)
    val config: FlinkJedisPoolConfig = builder.build()
    //获取 redis  sink
    val redisSink = new RedisSink[Tuple2[String,String]](config,new MyRedisMapper)
    //todo: 5. 使用自定义的 sink,实现数据写入 redis 中
    tupleValue.addSink(redisSink)
    //todo: 6. 执行程序
    executionEnvironment.execute("redisSink")
  }
}
//todo: 定义一个 RedisMapper 类
class MyRedisMapper  extends RedisMapper[Tuple2[String,String]]{
  override def getCommandDescription: RedisCommandDescription = {
    //设置插入数据到 redis 的命令
    new RedisCommandDescription(RedisCommand.SET)
  }
  //todo: 指定 key
  override defgetKeyFromData(data: (String, String)): String = {
    data._1
  }
  //todo: 指定 value
  override defgetValueFromData(data: (String, String)): String = {
    data._2
  }
}
```

10.4.4 任务并行度、slot、task

1. slot

Flink 中的 TaskManager 是执行任务的节点，Flink 的每个 TaskManager 为集群提供 slot（插槽），这些 slot 可以同时执行多个任务。slot 个数代表的是每一个 TaskManager 的并发执行能力，每个 task slot 代表了 TaskManager 的一个固定大小的资源子集。slot 的数量通常与每个 TaskManager 节点的可用 CPU 内核数成比例。一般情况下，slot 数是每个节点的 CPU 的核数。一个 task slot 上可以运行不同类型的 task，task slot 与 task 之间的关系如图 10-8 所示。

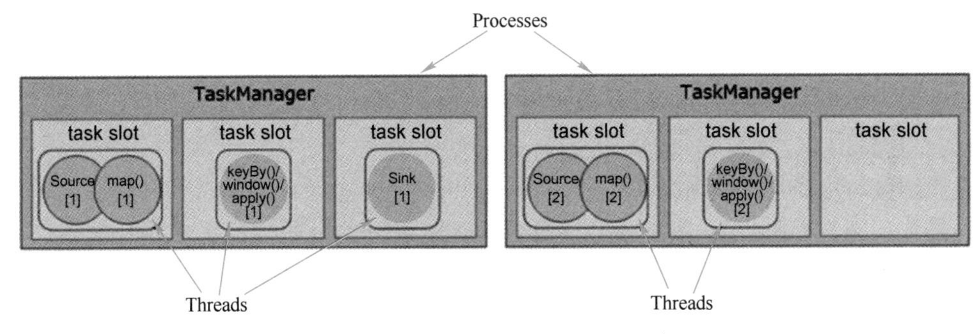

●图 10-8 task slot 与 task 之间的关系

2. task 和并行度

开发一个 Flink 流处理程序会使用大量的 DataStream 算子操作，每一个算子操作都会生成对应不同类型的 task 实例，比如 Map 算子会产生 Map task 实例，flatMap 算子会产生 flatMap task 实例，该任务具体有多少个 Map task 和 flatMap task，这里就取决于 task 的并行度，一个任务由多个并行的实例（线程）来执行，一个任务的并行实例（线程）数目被称为该任务的并行度。

关于任务并行度的设置有如下四种不同的方式，不同的方式代表不同的并行度设置级别。

（1）Operator Level（算子级别）

算子级别的并行度设置如图 10-9 所示，直接在算子后面调用方法 setParallelism 设置。

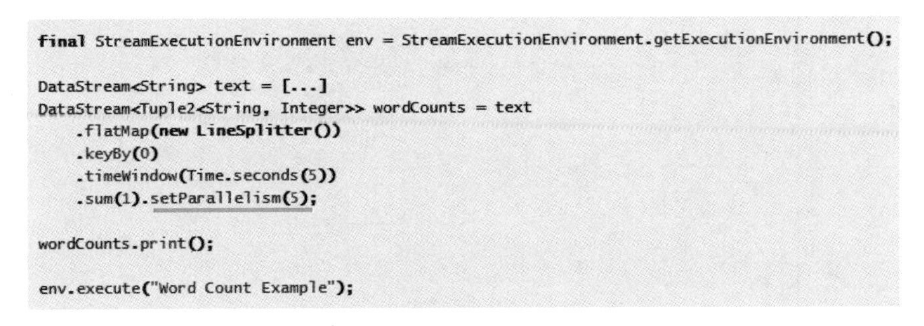

```
final StreamExecutionEnvironment env = StreamExecutionEnvironment.getExecutionEnvironment();

DataStream<String> text = [...]
DataStream<Tuple2<String, Integer>> wordCounts = text
    .flatMap(new LineSplitter())
    .keyBy(0)
    .timeWindow(Time.seconds(5))
    .sum(1).setParallelism(5);

wordCounts.print();

env.execute("Word Count Example");
```

●图 10-9 算子级别的并行度设置

（2）Execution Environment Level（执行环境级别）

执行环境级别的并行度设置如图 10-10 所示，使用 StreamExecutionEnvironment 调用方法 setParallelism 设置。

```
final StreamExecutionEnvironment env = StreamExecutionEnvironment.getExecutionEnvironment();
env.setParallelism(3);

DataStream<String> text = [...]
DataStream<Tuple2<String, Integer>> wordCounts = [...]
wordCounts.print();

env.execute("Word Count Example");
```

●图 10-10 执行环境级别的并行度设置

（3）Client Level（客户端级别）

并行度可以在客户端将 job 提交到 Flink 时设定，对于 client 客户端可以通过-p 参数指定并行度。提交脚本如下所示。

```
bin/flink run -p 10 examples/batch/WordCount.jar
```

（4）System Level（系统级别）

在系统级可以通过设置 flink-conf. yaml 文件中的 parallelism. default 属性来指定所有执行环境的默认并行度。flink-conf. yaml 文件修改如下所示。

```
parallelism.default: 5
```

这些并行度的优先级为：Operator Level > Execution Environment Level > Client Level > System Level，算子级别优先级最高，系统级别优先级最低。

10.4.5 task 之间的数据传输策略

上游的 task 是如何把数据传输给下游 task 的，这里就涉及 task 之间的传输策略。task 之间的数据传输有四种方式：forward strategy、key-based strategy、broadcast strategy、random strategy。

1. forward strategy

转发策略：一个 task 的输出只发送给一个 task 作为输入。它的优点：如果两个 task 都在一个 JVM 中，那么就可以避免网络开销。task 之间的转发策略如图 10-11 所示。

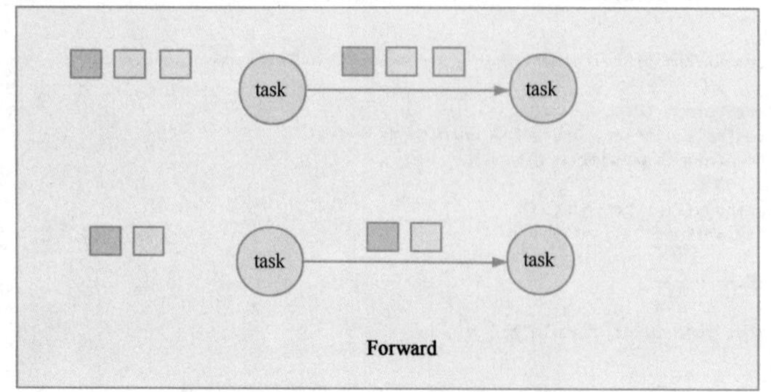

●图 10-11 forward strategy

2. key-based strategy

基于键值的策略：数据需要按照某个属性（称为 key）进行分组（或者说分区），相同 key 的数据需要传输给同一个 task，在一个 task 中进行处理。task 之间基于键值的策略如图 10-12 所示。

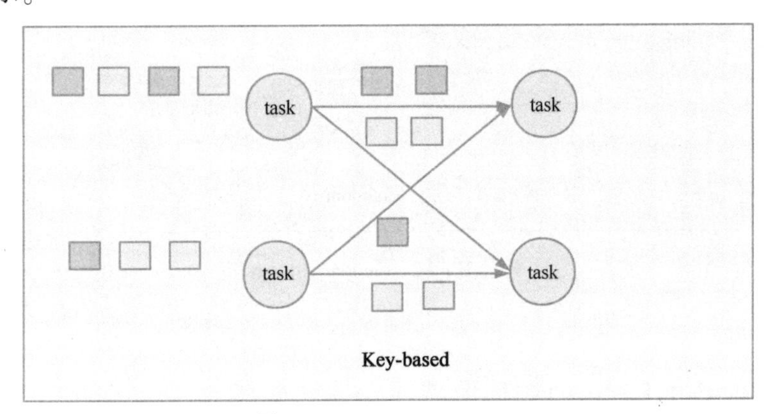

●图 10-12 key-based strategy

3. broadcast strategy

广播策略：数据从一个 task 中传输给下一个 operator 所有的 subtask。因为这种策略涉及数据复制和网络通信，所以成本相当高。如果使用小数据集与大数据集进行 join，可以选择 broadcast-forward 策略，将小数据集广播，避免代价高的重分区。task 之间的广播策略如图 10-13 所示。

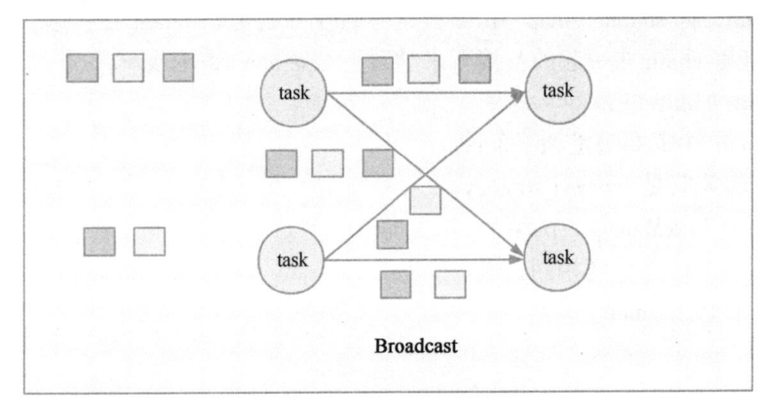

●图 10-13 broadcast strategy

4. random strategy

随机策略：数据随机从一个 task 中传输给下一个 operator 所有的 subtask，保证数据能均匀地传输给所有 subtask，以便在任务之间均匀地分配负载。task 之间的随机策略如图 10-14 所示。

注意：

其中转发与随机策略是基于 key-based 策略的；转发策略和随机策略也可以看作是基于键的策略的变体，其中前者保存上游元组的键，而后者执行键的随机重新分配。

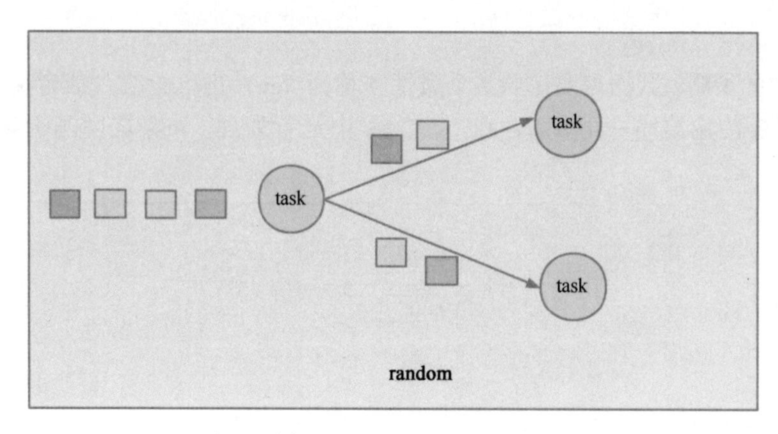

●图 10-14　random strategy

10.4.6　Operator Chain 操作链

1. Operator Chain 概念

Operator Chain 是指将满足一定条件的 operator 连在一起，放在同一个 task 里面执行，是 Flink 任务优化的一种方式，在同一个 task 里面的 operator 的数据传输变成函数调用关系，它能减少线程之间的切换，减少消息的序列化/反序列化，减少数据在缓冲区的交换，减少了延迟的同时提高整体的吞吐量。

常见的 chain，如 source→map→filter，这样的任务链可以 chain 在一起，那么其内部是如何决定是否能够 chain 在一起的？接下来学习下 Operator Chain 形成的条件。

2. Operator Chain 的条件

Operator Chain 中需要满足如下条件。

1）数据传输策略是 forward strategy。

2）在同一个 TaskManager 中运行。

3）上下游 task 的并行度相同。

4）用户没有禁用 chain。

10.5　Flink 中的状态保存和恢复

10.5.1　State 概述

Flink 是一个默认就有状态的分析引擎，前面的 WordCount 案例可以做到单词数量的累加，其实是因为在内存中保证了每个单词出现的次数，这些数据其实就是状态数据。但是如果一个 task 在处理过程中中断了，那么它在内存中的状态都会丢失，所有的数据都需要重新计算。从容错和消息处理的语义（At-least-once 和 Exactly-once）上来说，Flink 引入了 State 和 CheckPoint。State 一般指一个具体的 Task/Operator 的状态，State 数据默认保存在 Java 的堆内存中。Flink 有状态计算逻辑实现如图 10-15 所示。

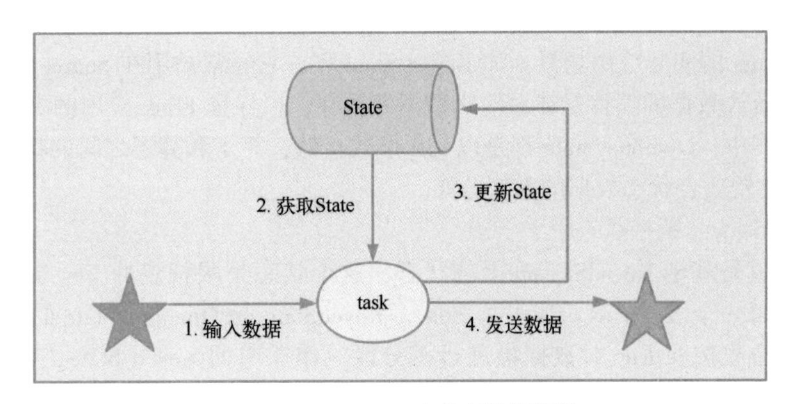

●图 10-15 Flink 有状态计算逻辑

如图 10-15 所示，每次对新输入数据进行计算的过程中，会从外部获取到之前存储对应元素的结果状态 State，然后会得到一个新的结果去更新之前存储的结果状态 State，最后把处理的结果数据发送给下游。

10.5.2 State 类型

Flink 中根据数据集是否存在按照 key 进行分区，将状态 State 划分为 Keyed State 和 Operator State（non-keyed State）两种类型。

1. Operator State（算子状态）

Operator State 是 task 级别的 State，说白了就是每个 task 对应一个 State。作业中的 Operator State 与 task 之间的关系如图 10-16 所示。

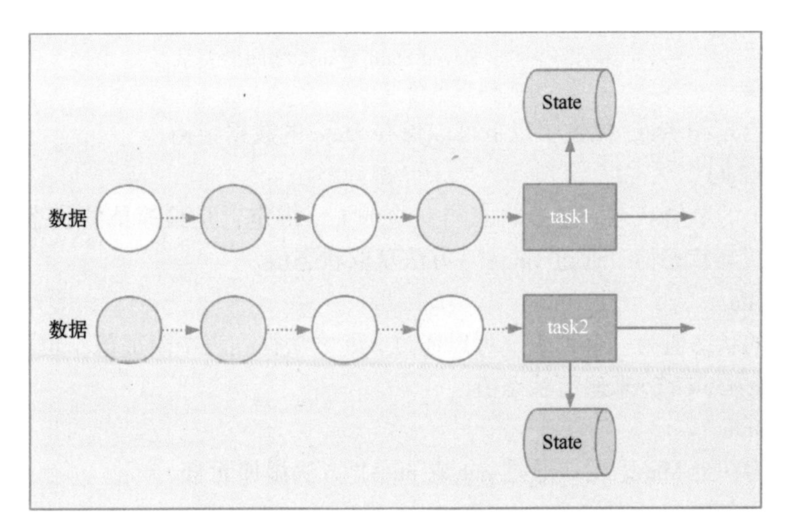

●图 10-16 Operator State 与 task 之间关系

Operator State 是一种 non-keyed state，与并行的操作算子实际相关联，例如在 Kafka Connector 中，每个 Kafka 消费端算子实例都对应到 Kafka 的一个分区中，维护 Topic 分区和 Offsets 偏移量作为算子的 Operator State。

Operator State 的实际应用场景不如 Keyed State 多，它经常被用在 Source 或 Sink 等算子上，用来保存流入数据的偏移量或对输出数据做缓存，以保证 Flink 应用的 Exactly-Once 语义。在每个算子中，Operator State 都是以 List 形式存储，算子和算子之间的状态数据相互独立，List 存储比较适合状态数据的重新分布。

2. Keyed State（键控状态）

顾名思义就是基于 KeyedStream 上的状态，这个状态是跟特定的 Key 绑定的。KeyedStream 流上的每一个 Key，都对应一个 State。KeyedState 是 Operator State 的特例，区别在于 KeyedState 事先按照 Key 对数据集进行了分区。作业中的 Keyed State 与 task 之间的关系如图 10-17 所示。

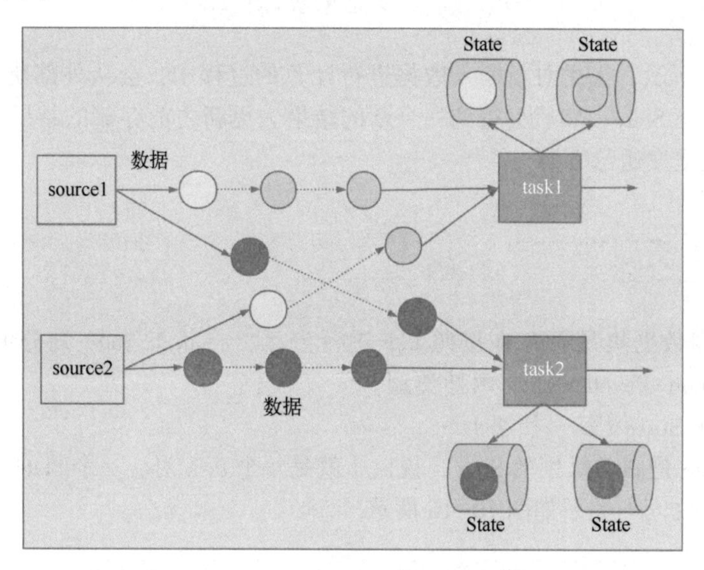

●图 10-17　Keyed State 与 task 之间的关系

Flink 针对 Keyed State 提供了以下可以保存 State 的数据结构。

（1） ValueState

即类型为 T 的单值状态。这个状态与对应的 key 绑定，是最简单的状态了。它可以通过 update 方法更新状态值，通过 value( ) 方法获取状态值。

（2） ListState

即 Key 上的状态值为一个列表。可以通过 add 方法往列表中附加值；也可以通过 get( ) 方法返回一个 Iterable<T>来遍历状态值。

（3） MapState

即状态值为一个 Map。用户通过 put 或 putAll 方法添加元素。

（4） ReducingState

这种状态在使用过程中需要用户传入一个 reduceFunction 函数，当每次调用 add 方法添加值时，会调用 reduceFunction，最后合并到一个单一的状态值。

(5) AggregatingState

保留一个单值，表示添加到状态的所有值的聚合。和 ReducingState 相反的是，聚合类型可能与添加到状态的元素的类型不同。接口与 ListState 类似，但使用 add (IN) 添加的元素会用指定的 AggregateFunction 进行聚合。

10.5.3 Flink 的 StateBackend 状态保存

默认情况下，state 会保存在 TaskManager 的内存中，checkpoint 会存储在 JobManager 的内存中。state 的存储和 checkpoint 的位置取决于 StateBackend 的配置。

Flink 一共提供了 3 种 StateBackend，这 3 种 StateBackend 如下。

1) MemoryStateBackend 基于内存存储。

2) FsStateBackend 基于文件系统存储。

3) RocksDBStateBackend 基于数据库存储。

下面来分别介绍下这些 StateBackend 的区别、优缺点、使用场景。

1. MemoryStateBackend

将数据持久化状态存储到内存当中，state 数据保存在 Java 堆内存中，执行 checkpoint 时，会把 State 的快照数据保存到 JobManager 的内存中。基于内存的 StateBackend 在生产环境下不建议使用。基于 MemoryStateBackend 的 checkpoint 流程如图 10-18 所示。

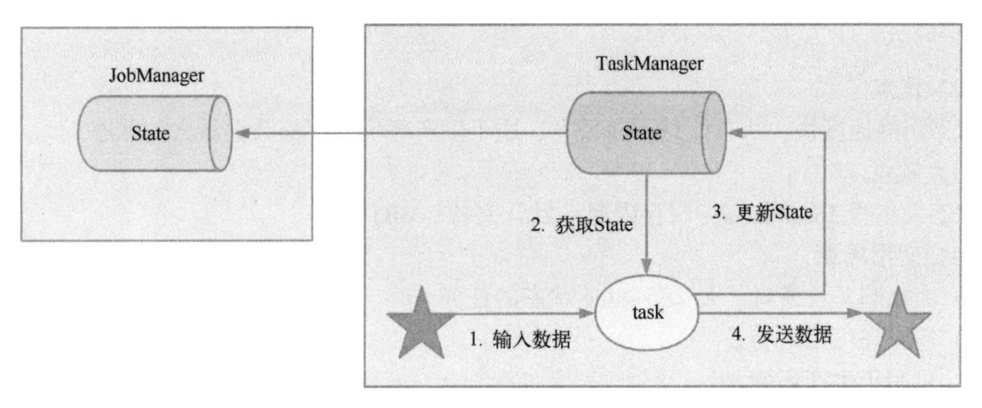

●图 10-18　基于 MemoryStateBackend 的 checkpoint 流程

(1) 代码配置

```
environment.setStateBackend(new MemoryStateBackend())
```

(2) 优点

状态访问速度快、开发测试方便。

(3) 缺点

1) 只能够保存数据量小的状态。

2) 状态数据有可能会丢失。

(4) 使用场景

1) 本地开发和调试。

2）Flink 任务状态数据量较小的场景。

2. FsStateBackend

FsStateBackend 将正在运行中的状态数据 State 保存在 TaskManager 的内存中，执行 checkpoint 时，会把 State 的快照数据保存到配置的文件系统中，可以使用 HDFS 等分布式文件系统。基于 FsStateBackend 的 checkpoint 流程如图 10-19 所示。

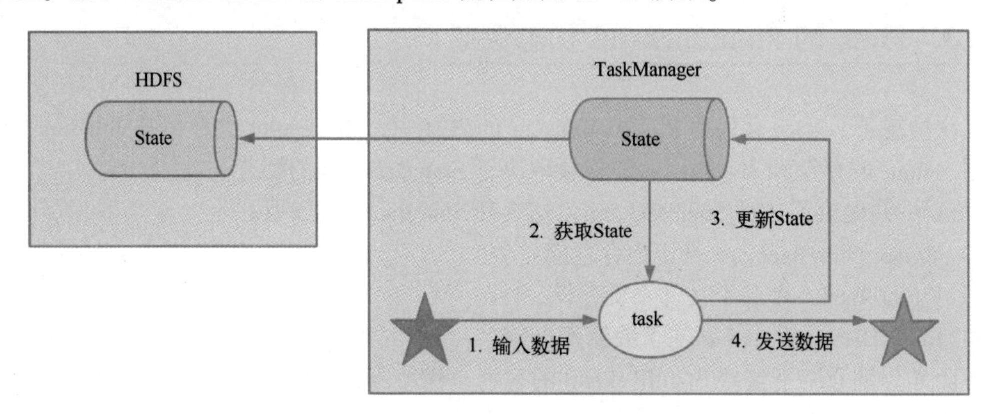

●图 10-19　基于 FsStateBackend 的 checkpoint 流程

（1）代码配置

```
environment.setStateBackend(new FsStateBackend("hdfs://node01:8020/flink/checkDir"))
```

（2）优点

状态访问速度快、状态信息不会丢失、用于生产环境、存储数据量大的状态。

（3）缺点

状态大小受 TaskManager 内存限制（默认支持 5 MB）。

（4）使用场景

1）大状态、长窗口、大 key/value 状态的任务。

2）所有高可用的场景。

3）可用于生产环境。

3. RocksDBStateBackend

RocksDB 使用一套日志结构的数据库引擎，它是 Flink 中内置的第三方状态管理器，为了达到更好的性能，这套引擎是用 C++编写的。Key 和 value 是任意大小的字节流。

它需要配置一个远端的 filesystem uri（一般是 HDFS），在做 checkpoint 时，会把本地的数据直接复制到 filesystem 中。failover 从 fileSystem 中恢复到本地，RocksDB 克服了 state 受内存限制的缺点，同时又能够持久化到远端文件系统中，比较适合在生产中使用。

使用 RocksDB + HDFS 进行 State 存储：首先 State 先在 taskManger 的本地存储到 RocksDB，然后异步写入 HDFS 中，状态数量仅仅受限于本地磁盘容量限制。基于 RocksDBState-Backend 的 checkpoint 流程如图 10-20 所示。

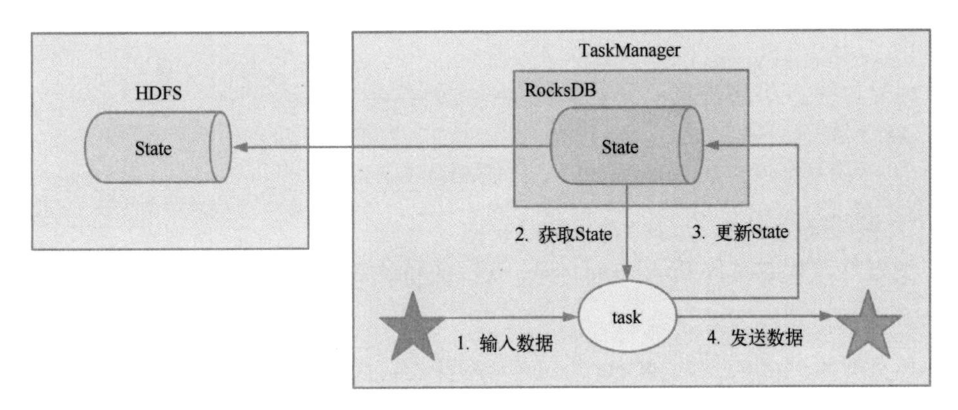

图 10-20 基于 RocksDBStateBackend 的 checkpoint 流程

(1) 依赖配置

需要导入第三方的依赖，依赖如下。

```
<dependency>
        <groupId>org.apache.flink</groupId>
        <artifactId>flink-statebackend-rocksdb_2.11</artifactId>
        <version>1.11.0</version>
</dependency>
```

(2) 代码配置

```
environment.setStateBackend (new RocksDBStateBackend ( "hdfs:// node01:8020/
flink/checkDir",true))
```

(3) 优点

可以存储超大量的状态信息、状态数据不会丢失、用于生产环境。

(4) 缺点

状态访问速度有所下降。

(5) 使用场景

1) 大状态、长窗口、大 key/ value 状态的任务。

2) 全高可用配置。

3) 适合生产环境。

对比于 FsStateBackend 保存工作状态在内存中，RocksDBStateBackend 能避免 Flink 任务持续运行可能导致的状态数量暴增而内存不足的情况，这样可以突破 HeapStateBackend 受单节点资源限制（物理内存，机器故障数据丢失等），也减少了分布式过程写入带来的网络 I/O 开销，并且 RocksDBStateBackend 能够支持增量 checkpoint 写入，能够减少每一次写入 State 的数据量，其他 StateBackend 都是全量写入，因此适合在生产环境使用。

4. 修改 state-backend 的两种方式

(1) 单任务调整

可以修改当前任务的代码进行配置，如下代码所示。

```
env.setStateBackend(
new FsStateBackend("hdfs://node01:8020/flink/checkDir"))
或者 new MemoryStateBackend()
或者 new RocksDBStateBackend(filebackend, true);
```

(2) 全局调整

可以通过修改配置文件 flink-conf. yaml 进行全局设置，如下代码所示。

```
state.backend:filesystem
state.checkpoints.dir:hdfs://node01:8020/flink/checkDir
```

注意：

state. backend 的值可以是下面几种。

```
1)jobmanager     表示使用 MemoryStateBackend
2)filesystem     表示使用 FsStateBackend
3)rocksdb        表示使用 RocksDBStateBackend
```

10. 5. 4 Flink 的 checkpoint 检查点机制

1. checkpoint 的基本概念

为了保证 State 的容错性，Flink 需要对 State 进行 checkpoint。checkpoint 是 Flink 实现容错机制最核心的功能，它能够根据配置周期性地基于 Stream 中各个 Operator/task 的状态来生成快照，从而将这些状态数据定期持久化存储下来，当 Flink 程序意外崩溃时，重新运行程序时可以有选择地从这些快照进行恢复，从而修正因为故障带来的程序数据异常。

2. checkpoint 的前提

Flink 的 checkpoint 机制可以与 stream 和 state 的持久化存储交互的前提条件如下：

1）持久化的 source，它需要支持在一定时间内重放事件。这种 sources 的典型例子是持久化的消息队列（如 Apache Kafka、RabbitMQ 等）或文件系统（如 HDFS、S3、GFS 等）。

2）用于 state 的持久化存储，如分布式文件系统（如 HDFS、S3、GFS 等）。

3. checkpoint 的步骤

1）暂停新数据的输入。

2）等待流中 on-the-fly 的数据被处理干净，此时得到 Flink graph 的一个 snapshot。

3）将所有 task 中的 State 复制到 StateBackend 中，如 HDFS。此动作由各个 TaskManager 完成。

4）各个 TaskManager 将 TaskState 的位置上报给 JobManager，完成 checkpoint。

5）恢复数据的输入。

如上所述，这里需要“暂停输入 + 排干 on-the-fly 数据”的操作，这样才能拿到同一时刻下所有 subtask 的 State。

4. checkpoint 配置

默认 checkpoint 功能是未启动的，想要使用的时候需要先启用，checkpoint 开启之后，默认的 checkPointMode 是 Exactly-once，checkpoint 的 checkPointMode 有以下两种。

1）Exactly-once：数据处理且只被处理一次。

2）At-least-once：数据至少被处理一次。

Exactly-once 对于大多数应用来说是最合适的，At-least-once 可能用在某些延迟超低的应用程序（始终延迟为几毫秒）。checkpoint 配置使用如下。

```
//默认 checkpoint 功能是 disabled 的,想要使用时需要先启用
//每隔 1000 ms 启动一个检查点【设置 checkpoint 的周期】
environment.enableCheckpointing(1000);
//高级选项:
//设置模式为 exactly-once (这是默认值)
environment.getCheckpointConfig.setCheckpointingMode (CheckpointingMode.EX-
ACTLY_ONCE);
//确保检查点之间有至少 500 ms 的间隔【checkpoint 最小间隔】
environment.getCheckpointConfig.setMinPauseBetweenCheckpoints(500);
//检查点必须在 1 min 内完成,或者被丢弃【checkpoint 的超时时间】
environment.getCheckpointConfig.setCheckpointTimeout(60000);
//同一时间只允许进行一个检查点
environment.getCheckpointConfig.setMaxConcurrentCheckpoints(1);
//表示一旦 Flink 处理程序被 cancel 后,会保留 checkpoint 数据,以便根据实际需要恢复到指
定的 Checkpoint
/**
  * ExternalizedCheckpointCleanup.RETAIN_ON_CANCELLATION:表示一旦 Flink 处理程
序被 cancel 后,会保留 checkpoint 数据,以便根据实际需要恢复到指定的 checkpoint
  * ExternalizedCheckpointCleanup.DELETE_ON_CANCELLATION:表示一旦 Flink 处理程
序被 cancel 后,会删除 checkpoint 数据,只有 job 执行失败时才会保存 checkpoint
  */
environment.getCheckpointConfig.enableExternalizedCheckpoints (Externalized-
CheckpointCleanup.RETAIN_ON_CANCELLATION);
```

5. checkpoint 保存多个历史版本

默认情况下，如果设置了 checkpoint 选项，则 Flink 只保留最近成功生成的 1 个 checkpoint，而当 Flink 程序失败时，可以从最近的这个 checkpoint 来进行恢复。

如果用户希望保留多个 Checkpoint，并能够根据实际需要选择其中一个进行恢复，这样会更加灵活，比如用户发现最近 4 h 数据记录处理有问题，希望将整个状态还原到 4 h 之前。

Flink 可以支持保留多个 Checkpoint，需要在 Flink 的配置文件 conf/flink-conf. yaml 中添加如下配置，指定最多需要保存 checkpoint 的个数。

```
state.checkpoints.num-retained: 10
state.backend:filesystem
state.checkpoints.dir:hdfs://node01:8020/flink/checkDir
```

这样设置以后就能够查看对应的 checkpoint 在 HDFS 上存储的文件目录。通过执行如下命令查看。

```
hdfs dfs -ls hdfs://node01:8020/flink/checkpoints
```

6. 从 checkpoint 中恢复数据

如果 Flink 程序异常失败，或者最近一段时间内数据处理错误，用户可以将程序从某一个 Checkpoint 点进行恢复。从 HDFS 上查找要恢复的 checkpoint 版本数据路径，编写提交任务的脚本，提交脚本如下所示：

```
flink run -m yarn-cluster  -yjm 1024 -ytm 1024 -s hdfs://node01:8020/fsState-
Backend/971ae7ac4d5f20e704747ea7c549b356/chk-50/_metadata -c com.kaikeba.
checkpoint.TestCheckPoint original-Flink-1.11.0-Study-1.0-SNAPSHOT.jar
```

程序正常运行后，还会按照 checkpoint 配置进行运行，继续生成 checkpoint 数据。

重要参数说明：

```
-s 表示指定从某个 checkpoint 版本进行数据恢复,指向对应版本的_metadata 元数据.
```

10.5.5 Flink 的 savepoint 保存点机制

1. savepoint 的介绍

savepoint 是检查点一种特殊实现，底层其实也是使用 checkpoint 的机制。

savepoint 是用户以手工命令的方式触发 checkpoint，并将结果持久化到指定的存储目录中。

2. savepoint 的作用

（1）应用程序代码升级

通过触发保存点并从该保存点处运行新版本，下游的应用程序并不会察觉到不同。

（2）Flink 版本更新

Flink 自身的更新也变得简单，因为可以针对正在运行的任务触发保存点，并从保存点处用新版本的 Flink 重启任务。

（3）维护和迁移

使用保存点，可以轻松地“暂停和恢复”应用程序。

3. savepoint 与 checkpoint 的区别

1）checkpoint 的侧重点是“容错”，即 Flink 作业意外失败并重启之后，能够直接从早先打下的 checkpoint 恢复运行，且不影响作业逻辑的准确性。而 savepoint 的侧重点是“维护”，即 Flink 作业需要在人工干预下手动重启、升级、迁移或 A/B 测试时，先将状态整体写入可靠存储，维护完毕之后再从 savepoint 恢复现场。

2）savepoint 是通过 checkpoint 机制创建的，所以 savepoint 本质上是特殊的 checkpoint。

3）checkpoint 面向 Flink Runtime 本身，由 Flink 的各个 TaskManager 定时触发快照并自动清理，一般不需要用户干预；savepoint 面向用户，完全根据用户的需要触发与清理。

4）checkpoint 是支持增量的（通过 RocksDB），特别是对于超大状态的作业而言可以降低写入成本。savepoint 并不会连续自动触发，所以 savepoint 没有必要支持增量。

两者的区别和联系总结如图 10-21 所示。

	checkpoint	savepoint
触发方式	定时触发	用户手动触发
主要功能	task发生异常时自动恢复、容错	作业升级、代码修改、任务迁移和维护
特点	支持增量、轻量级分布式快照	重量级、数据持久化，代码修改，参数调整后恢复数据

●图 10-21 savepoint 与 checkpoint 的区别

4. savepoint 的使用

(1) 在 flink-conf. yaml 中配置 savepoint 存储位置

不是必须设置，但是设置后，后面创建指定 job 的 savepoint 时，可以不用在手动执行命令时指定 savepoint 的位置。

```
state.savepoints.dir: hdfs://node01:8020/flink/savepoints.
```

(2) 触发一个 savepoint

```
#【针对 on standAlone 模式】
bin/flink savepoint jobId [targetDirectory]
#【针对 on yarn 模式需要指定-yid 参数】
bin/flink savepoint jobId [targetDirectory] [-yid yarnAppId]
#jobId              需要触发 savepoint 的 jobId 编号
#targetDirectory    指定 savepoint 存储数据目录
#-yid               指定 yarnAppId
##例如:
flink savepoint 8d1bb7f88a486815f9b9cf97c304885b  -yid application_1594807273214_
0004
```

(3) 从指定的 savepoint 启动 job

```
bin/flink run -s savepointPath [runArgs]
##例如:
flink run -m yarn-cluster  -yjm 1024 -ytm 1024 -s hdfs://node01:8020/flink/
savepoints/savepoint-8d1bb7-c9187993ca94 -c com.kaikeba.checkpoint.TestCheck-
Point original-Flink-1.11.0-Study-1.0-SNAPSHOT.jar
```

(4) 清除 savepoint 数据

```
bin/flink savepoint -d savepointPath
```

10.6 项目实战 9：Flink 流式处理集成 Kafka

对于实时处理，实际工作当中的数据源一般都使用 Kafka，以下将介绍如何通过 Flink 来集成 Kafka。Flink 提供了一个特有的 Kafka connector 去读写 Kafka topic 的数据。Flink 消费 Kafka 数据，并不是完全通过跟踪 Kafka 消费组的 offset 来保证 exactly-once 的语义，而是

Flink 内部去跟踪 offset 和做 checkpoint 去实现 exactly-once 的语义，而且对于 Kafka 的 partition，Flink 会启动对应的并行度去处理 Kafka 当中的每个分区的数据。

Flink 整合 Kafka 官网介绍：

https://ci.apache.org/projects/flink/flink-docs-release-1.11/dev/connectors/kafka.html。

1. 导入 pom 依赖

```
<!-- https://mvnrepository.com/artifact/org.apache.flink/flink-connector-
kafka -->
<dependency>
    <groupId>org.apache.flink</groupId>
    <artifactId>flink-connector-kafka_2.11</artifactId>
    <version>1.11.0</version>
</dependency>
<dependency>
    <groupId>org.apache.flink</groupId>
    <artifactId>flink-statebackend-rocksdb_2.11</artifactId>
    <version>1.11.0</version>
</dependency>
<dependency>
    <groupId>org.apache.kafka</groupId>
    <artifactId>kafka-clients</artifactId>
    <version>1.1.0</version>
</dependency>
<dependency>
    <groupId>org.slf4j</groupId>
    <artifactId>slf4j-api</artifactId>
    <version>1.7.25</version>
</dependency>
<dependency>
    <groupId>org.slf4j</groupId>
    <artifactId>slf4j-log4j12</artifactId>
    <version>1.7.25</version>
</dependency>
```

2. 将 Kafka 作为 Flink 的 source

实际工作中大部分都是将 Kafka 作为 Flink 的 source 来使用，通过开发 Flink 程序消费 Kafka 的数据，开启 checkpoint 机制，进行任务的容错和恢复。Flink 消费程序如下所示。

```
//todo:将 Kafka 作为 Flink 的 source
object FlinkKafkaSource {
  def main(args: Array[String]): Unit = {
    val environment = StreamExecutionEnvironment.createLocalEnvironmentWith-
WebUI()
```

```
//默认 checkpoint 功能是 disabled 的,想要使用的时候需要先启用
//每隔 1000 ms 进行启动一个检查点【设置 checkpoint 的周期】
environment.enableCheckpointing(5000)
//高级选项:
//设置模式为 exactly-once (这是默认值)
environment.getCheckpointConfig.setCheckpointingMode(CheckpointingMode.
EXACTLY_ONCE)
//确保检查点之间有至少 500 ms 的间隔【checkpoint 最小间隔】
environment.getCheckpointConfig.setMinPauseBetweenCheckpoints(500)
//检查点必须在 1 min 内完成,或者被丢弃【checkpoint 的超时时间】
environment.getCheckpointConfig.setCheckpointTimeout(60000)
//同一时间只允许进行一个检查点
environment.getCheckpointConfig.setMaxConcurrentCheckpoints(1)
//表示一旦 Flink 处理程序被 cancel 后,会保留 checkpoint 数据,以便根据实际需要恢复
到指定的 checkpoint【详细解释见备注】
/**
  * ExternalizedCheckpointCleanup.RETAIN_ON_CANCELLATION:表示一旦 Flink 处
理程序被 cancel 后,会保留 checkpoint 数据,以便根据实际需要恢复到指定的 checkpoint
  * ExternalizedCheckpointCleanup.DELETE_ON_CANCELLATION:表示一旦 Flink 处
理程序被 cancel 后,会删除 checkpoint 数据,只有 job 执行失败的时候才会保存 checkpoint
  */

environment.getCheckpointConfig.enableExternalizedCheckpoints(Externalized-
CheckpointCleanup.RETAIN_ON_CANCELLATION)
//设置 statebackend
environment.setStateBackend(new FsStateBackend("hdfs://node01:8020/flink
_kafka_source/checkpoints",true))
val topic = "test"
val prop = new Properties()
prop.setProperty("bootstrap.servers","node01:9092,node02:9092,node03:
9092")
prop.setProperty("group.id","flink-consumer")
prop.setProperty("key.deserializer", "org.apache.kafka.common.serialization.
StringDeserializer")
prop.setProperty("value.deserializer", "org.apache.kafka.common.serializa-
tion.StringDeserializer")
//Flink 开启自动检测 kafkatopic 新增的分区机制
prop.setProperty("flink.partition-discovery.interval-millis","3000")
val kafkaConsumer = new FlinkKafkaConsumer[String](topic,new SimpleString-
Schema,prop)

//默认为 true,在进行 checkpoint 中会把 offset 保存内置的 topic 中,它会忽略在 proper-
ties 中配置的自动提交偏移量
```

```
    kafkaConsumer.setCommitOffsetsOnCheckpoints(true)
    val kafkaSource: DataStream[String] = environment.addSource(kafkaConsumer)
    val result:DataStream[(String, Int)] = kafkaSource.flatMap(_.split(" "))
.map((_,1)).keyBy(0).sum(1)
    result.print()
    environment.execute()
  }
}
```

Flink 消费 Kafka 数据，其本质就是把 Kafka 作为 Flink 的 source，在进行代码开发过程中需要构建 FlinkKafkaConsumer 对象，来实现拉取数据，然后把实时不断的数据转成 DataStream 数据流，接下来就可以进行相关的处理，最后进行输出。

3. 将 Kafka 作为 Flink 的 sink

也可以将 Kafka 作为 Flink 的 Sink 来使用，就是将 Flink 处理完成之后的数据写入 Kafka 当中去，Flink 写数据到 Kafka 中的代码如下所示。

```
//todo:将 Kafka 作为 Flink 的 sink 来
object FlinkKafkaSink {
  def main(args: Array[String]): Unit = {
    val environment = StreamExecutionEnvironment.getExecutionEnvironment
    //默认 checkpoint 功能是 disabled 的,想要使用时需要先启用
    //每隔 1000 ms 启动一个检查点【设置 checkpoint 的周期】
    environment.enableCheckpointing(1000)
    //高级选项:
    //设置模式为 exactly-once (这是默认值)
    environment.getCheckpointConfig.setCheckpointingMode(CheckpointingMode.
EXACTLY_ONCE)
    //确保检查点之间有至少 500 ms 的间隔【checkpoint 最小间隔】
    environment.getCheckpointConfig.setMinPauseBetweenCheckpoints(500)
    //检查点必须在 1 min 内完成,或者被丢弃【checkpoint 的超时时间】
    environment.getCheckpointConfig.setCheckpointTimeout(60000)
    //同一时间只允许进行一个检查点
    environment.getCheckpointConfig.setMaxConcurrentCheckpoints(1)
    //表示一旦 Flink 处理程序被 cancel 后,会保留 checkpoint 数据,以便根据实际需要恢复
到指定的 checkpoint【详细解释见备注】
    /**
      * ExternalizedCheckpointCleanup.RETAIN_ON_CANCELLATION:表示一旦 Flink 处
理程序被 cancel 后,会保留 checkpoint 数据,以便根据实际需要恢复到指定的 checkpoint
      * ExternalizedCheckpointCleanup.DELETE_ON_CANCELLATION:表示一旦 Flink 处
理程序被 cancel 后,会删除 checkpoint 数据,只有 job 执行失败的时候才会保存 checkpoint
      */
environment.getCheckpointConfig.enableExternalizedCheckpoints(Externalized-
CheckpointCleanup.RETAIN_ON_CANCELLATION)
```

```
    //设置 StateBackend
    environment.setStateBackend(new RocksDBStateBackend("hdfs://node01:8020/
flink_kafka_sink/checkpoints",true))
    val socketStream = environment.socketTextStream("node01",9999)
    val topic = "test"
    val prop = new Properties()
    prop.setProperty("bootstrap.servers","node01:9092,node02:9092,node03:
9092")
    //设置 FlinkKafkaProducer 里面的事务超时时间,默认 broker 的最大事务超时时间
为 15 min,这里不能够超过该值
    prop.setProperty("transaction.timeout.ms",5 * 60 * 1000+"")
    //使用支持仅一次语义的形式
    /**
      * defaultTopic: String,
      * serializationSchema: KafkaSerializationSchema[IN],
      * producerConfig: Properties,
      * semantic:FlinkKafkaProducer.Semantic
      */
    val kafkaSink = new FlinkKafkaProducer[String](topic,new KeyedSerializa-
tionSchemaWrapper[String](new SimpleStringSchema()), prop,
FlinkKafkaProducer.Semantic.EXACTLY_ONCE)

   //这里就需要一个 Kafkasink ,就相当于一个 Kafka 生产者
    socketStream.addSink(kafkaSink)
    environment.execute("StreamingFromCollectionScala")
  }
}
```

Flink 写数据到 Kafka，其本质就是把 Kafka 作为 Flink 的 sink，在进行代码开发过程中需要构建 FlinkKafkaProducer 对象，FlinkKafkaProducer 底层通过两阶段提交 TwoPhaseCommitSinkFunction 接口来实现 exactly-once 语义，最后可以基于事务发送数据到 Kafka 集群中。

10.7 Flink 中的窗口 window

10.7.1 window 概念

streaming 流式计算是一种被设计用于处理无限数据集的数据处理引擎，而无限数据集是指一种不断增长的本质上无限的数据集，而 window 是一种将无限数据切割为有限块进行处理的手段。

window 就是将无界流切割成有界流的一种方式，它会将流分发到有限大小的桶（bucket）中进行分析。

10.7.2 window 类型

window 主要可以分为以下两种不同类型（自定义的除外）。

1）TimeWindow（计时窗口）：按照一定时间生成 window，比如：每 30 s 生成一个 window。

2）CountWindow（计数窗口）：按照指定的数据量生成一个 window，与时间无关，比如：每 100 个元素生成一个窗口。

窗口类型汇总如图 10-22 所示，TimeWindow 和 CountWindow 又可以根据窗口实现原理进行细分。

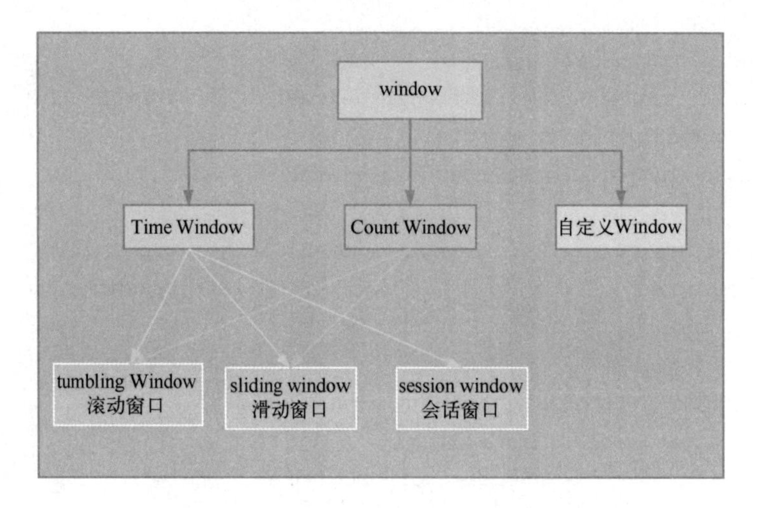

●图 10-22 window 类型汇总

10.7.3 TimeWindow 分类

对于 TimeWindow，可以根据窗口实现原理的不同分成三类：滚动窗口（Tumbling Window）、滑动窗口（Sliding Window）、会话窗口（Session Window）。

1. 滚动窗口（Tumbling Window）

滑动窗口是固定窗口更广义的一种形式，滑动窗口由固定的窗口长度和滑动间隔组成。它的特点为：时间对齐、窗口长度固定、没有重叠。如果指定了一个 5 min 大小的滚动窗口，则窗口的创建如图 10-23 所示。

适用场景：适合做 BI 统计，做每个时间段的聚合计算等。

2. 滑动窗口（Sliding Window）

滑动窗口是固定窗口更广义的一种形式，滑动窗口由固定的窗口长度和滑动间隔组成。

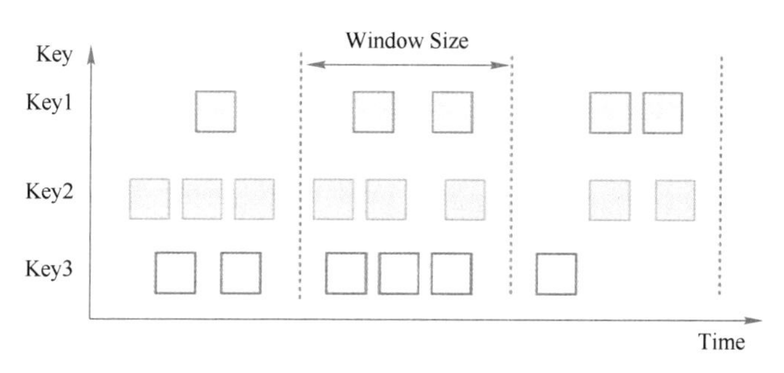

●图 10-23　基于时间的滚动窗口

它的特点为：时间对齐、窗口长度固定、可以有重叠，例如有 10 min 的窗口和 5 min 的滑动，那么每个 5 min 的窗口里包含着前 10 min 产生的数据，基于时间的滑动窗口如图 10-24 所示。

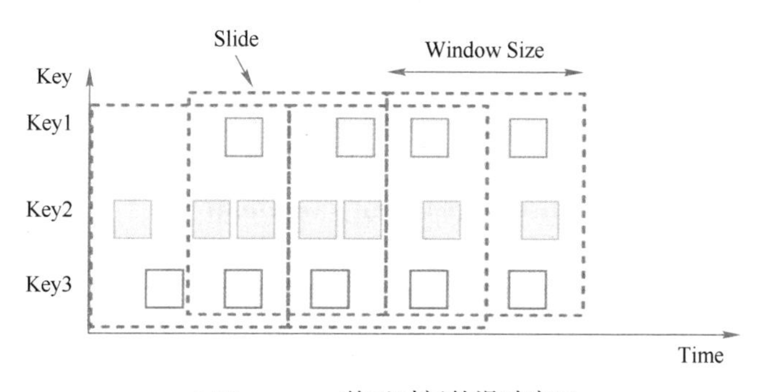

●图 10-24　基于时间的滑动窗口

适用场景：对最近一个时间段内的数据统计，比如求某接口最近 5 min 的失败率来决定是否要报警。

3. 会话窗口（Session Window）

会话窗口由一系列事件组合一个指定时间长度的 timeout 间隙组成，类似于 Web 应用的 session，也就是一段时间没有接收到新数据就会生成新的窗口。它的特点为：窗口大小是由数据本身决定，它没有固定的开始和结束时间。会话窗口根据 Session gap 间隙切分不同的窗口，当一个窗口在大于 Session gap 间隙的时间内没有接收到新数据时，窗口将关闭。例如设置的时间 gap 是 6 s，那么，当相邻的记录相差≥6 s 时，则触发窗口。基于时间的会话窗口如图 10-25 所示。

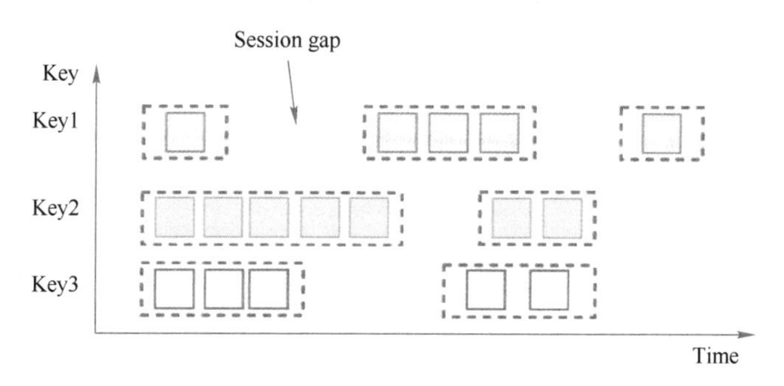

●图 10-25　基于时间的会话窗口

10.7.4 Window API

1. TimeWindow

TimeWindow 又分为滚动窗口和滑动窗口，这两种窗口调用方法都是一样的，都是调用 TimeWindow 这个方法，如果传入一个参数就是滚动窗口，如果传入两个参数就是滑动窗口。Flink 默认的时间窗口根据 Processing Time 进行窗口的划分，将 Flink 获取到的数据根据进入 Flink 的时间划分到不同的窗口中。基于时间的滚动窗口和滑动窗口 API 如图 10-26 所示。

```
// Stream of (sensorId, carCnt)
val vehicleCnts: DataStream[(Int, Int)] = ...

val tumblingCnts: DataStream[(Int, Int)] = vehicleCnts
  // key stream by sensorId
  .keyBy(0)
  // tumbling time window of 1 minute length
  .timeWindow(Time.minutes(1))
  // compute sum over carCnt
  .sum(1)

val slidingCnts: DataStream[(Int, Int)] = vehicleCnts
  .keyBy(0)
  // sliding time window of 1 minute length and 30 secs trigger interval
  .timeWindow(Time.minutes(1), Time.seconds(30))
  .sum(1)
```

●图 10-26　基于时间的滚动窗口和滑动窗口 API

2. CountWindow

与 TimeWindow 类型一样，CountWinodw 也可以分为滚动窗口和滑动窗口，这两个窗口调用方法一样，都是调用 CountWindow，如果传入一个参数就是滚动窗口，如果传入两个参数就是滑动窗口。CountWindow 根据窗口中相同 Key 元素的数量来触发执行，执行时只计算元素数量达到窗口大小的 Key 对应的结果。

注意：

CountWindow 的 window_ size 指的是相同 Key 的元素的个数，不是输入的所有元素的总数。基于计数的滚动窗口和滑动窗口 API 如图 10-27 所示。

```
// Stream of (sensorId, carCnt)
val vehicleCnts: DataStream[(Int, Int)] = ...

val tumblingCnts: DataStream[(Int, Int)] = vehicleCnts
  // key stream by sensorId
  .keyBy(0)
  // tumbling count window of 100 elements size
  .countWindow(100)
  // compute the carCnt sum
  .sum(1)

val slidingCnts: DataStream[(Int, Int)] = vehicleCnts
  .keyBy(0)
  // sliding count window of 100 elements size and 10 elements trigger interval
  .countWindow(100, 10)
  .sum(1)
```

●图 10-27　基于计数的滚动窗口和滑动窗口 API

10.7.5 窗口函数

窗口函数（Window Function）定义了要对窗口中收集的数据做的计算操作，主要可以分为两类。

1）增量聚合函数（Incremental Aggregation Functions）：每条数据到来就进行计算，保持一个简单的状态。典型的增量聚合函数有：reduce、aggregate 等。

2）全量窗口函数（Full Window Functions）：先把窗口所有数据收集起来，等到计算时会遍历所有数据。典型的增量聚合函数有 apply、process 等。

1. 增量聚合统计

1）需求：通过接收 socket 当中输入的数据，统计每 5 s 数据的累计值。

2）基于 reduce 函数的计时窗口数据增量聚合的代码如下。

```
/**
  * todo:基于 reduce 函数的计时窗口数据增量聚合
  */
object TestReduceOfTimeWindow {

  Logger.getLogger("org").setLevel(Level.ERROR)

  def main(args: Array[String]): Unit = {
    //todo:1. 获取流式处理的环境
    val env:StreamExecutionEnvironment = StreamExecutionEnvironment.getExecu-
tionEnvironment

    //todo:2. 获取数据源
   val socketTextStream: DataStream[String] = env.socketTextStream("node01",
9999)

//todo: 3. 对数据进行操作处理
socketTextStream.flatMap(x=>x.split(" "))
                     .map(x=>(x,1))
                     .keyBy(0)
                     .timeWindow(Time.seconds(5))          //滚动窗口
                     .reduce((c1,c2)=>(c1._1,c1._2+c2._2))
                     .print()

    //todo: 4. 启动
env.execute("TestReduceOfTimeWindow")

  }
}
```

3）基于 aggregate 函数的计时窗口数据增量聚合的代码如下。

```
/**
  * todo: 基于 aggregate 函数的计时窗口数据增量聚合
  */
object TestAggregateOfTimeWindow {

  Logger.getLogger("org").setLevel(Level.ERROR)

  def main(args: Array[String]): Unit = {
    //todo:1. 获取流式处理的环境
    val env: StreamExecutionEnvironment = StreamExecutionEnvironment.getExecu-
tionEnvironment

    //todo:2. 获取数据源
    val socketTextStream: DataStream[String] = env.socketTextStream("node01",
9999)

    //todo: 3. 对数据进行操作处理
    socketTextStream.flatMap(x=>x.split(" "))
                    .map(x=>(x,1))
                    .keyBy(0)
                    .timeWindow(Time.seconds(5))          //滚动窗口
                    .aggregate(newMyAggregateFunction)
                    .print()

    //todo: 4. 启动
    env.execute("TestAggregateOfTimeWindow")

  }
}

 //todo: 自定义 AggregateFunction 函数
 class MyAggregateFunction extends AggregateFunction[(String, Int), (String,
 Int),(String,Int)]{

   var initAccumulator=("",0)

   //the accumulator with the initial value
   override def createAccumulator(): (String, Int) = {
     initAccumulator
   }

   //累加元素
```

```
  override def add(value: (String, Int), accumulator: (String, Int)): (String,
Int) = {
      (value._1,  accumulator._2  + value._2)
  }

  //the aggregation result
  override def getResult(accumulator: (String, Int)): (String, Int) = {
      accumulator
  }

  //分布式累加
  override def merge(a: (String, Int), b: (String, Int)): (String, Int) = {
      (a._1,a._2+b._2)
  }
}
```

2. 全量聚合统计

等到窗口截止，或者窗口内的数据全部到齐，然后再进行统计。常用的增量聚合算子有 apply（windowFunction）和 process（processWindowFunction），其中 processWindowFunction 比 windowFunction 提供了更多的上下文信息。

1）需求：通过全量聚合统计，求取每 5 s 内数据的平均值。

2）基于 apply 函数的计时窗口数据全量聚合代码开发实现如下。

```
/**
  * todo: 基于 apply 函数的计时窗口数据全量聚合
  */
object TestApplyOfTimeWindow {

  Logger.getLogger("org").setLevel(Level.ERROR)

  def main(args: Array[String]): Unit = {
    //todo:1. 获取流式处理的环境
    val env: StreamExecutionEnvironment = StreamExecutionEnvironment.getExecu-
tionEnvironment

    //todo:2. 获取数据源
    /**
      * 1
      * 2
      * 3
      */
    val socketTextStream: DataStream[String] = env.socketTextStream("node01",
9999)
```

```
    //todo:3.对数据进行操作处理
    socketTextStream.flatMap(x=>x.split(" "))
                    .map(x=>("countAvg",x.toInt))
                    .keyBy(0)
                    .timeWindow(Time.seconds(5))          //滚动窗口
                    .apply(new MyApplyWindowFunction)
                    .print()

    //todo:4.启动
    env.execute("TestApplyOfTimeWindow")

  }
}

/**
  * todo:自定义 WindowFunction
  * WindowFunction[IN, OUT, KEY, Window]
  */
class MyApplyWindowFunction extends WindowFunction[(String,Int),Double,Tuple,
TimeWindow]{
  //重写 apply 方法
  override def apply(key:Tuple, window: TimeWindow, input: Iterable[(String,
Int)], out:Collector[Double]):Unit = {
    //计次数
    var totalNum = 0
    //计累加结果
    var countNum = 0
    //遍历
    for(element <-  input){
      totalNum += 1
      countNum += element._2
    }
    out.collect(countNum/totalNum)

  }

}
```

3）基于 process 函数的计时窗口数据全量聚合代码如下。

```
/**
  * todo:基于 process 函数的计时窗口数据全量聚合
  */
```

```
object TestProcessOfTimeWindow {

  Logger.getLogger("org").setLevel(Level.ERROR)

  def main(args: Array[String]): Unit = {
    //todo:1.获取流式处理的环境
    val env: StreamExecutionEnvironment = StreamExecutionEnvironment.getExecu-
tionEnvironment

    //todo:2.获取数据源
    /**
      * 1
      * 2
      * 3
      */
    val socketTextStream: DataStream[String] = env.socketTextStream("node01",
9999)
    //todo:3.对数据进行操作处理
    socketTextStream.flatMap(x=>x.split(" "))
                    .map(x=>("countAvg",x.toInt))
                    .keyBy(0)
                    .timeWindow(Time.seconds(5))          //滚动窗口
                    .process(new MyProcessWindowFunction)
                    .print()
    //todo:4.启动
    env.execute("TestProcessOfTimeWindow")
  }
}

/**
  * todo:自定义 WindowFunction
  * WindowFunction[IN, OUT, KEY, Window]
  */
class MyProcessWindowFunction extends ProcessWindowFunction[(String, Int),
Double,Tuple,TimeWindow]{
  //重写 process 方法
  override def process(key:Tuple, context: Context, input: Iterable[(String,
Int)], out: Collector[Double]): Unit = {
    //计次数
    var totalNum = 0
    //计累加结果
    var countNum = 0
```

```
    //遍历
    for(element <-  input){
      totalNum += 1
      countNum += element._2
    }
    //todo:计算平均值
    out.collect(countNum/totalNum.asInstanceOf[Double])
  }
}
```

3. 增量函数与全量函数结合

可将全量聚合函数 ProcessWindowFunction 与增量聚合函数 ReduceFunction、AggregateFunction 结合。元素到达窗口时增量聚合，当窗口关闭时对增量聚合的结果用 ProcessWindowFunction 再进行全量聚合。既可以增量聚合，也可以访问窗口的元数据信息（如开始结束时间、状态等）。增量函数与全量函数结合使用的代码如下。

```
/**
  * todo:增量函数与全量函数结合的计时窗口统计
  */
object TestProcessAndReduceOfTimeWindow {

  Logger.getLogger("org").setLevel(Level.ERROR)

  def main(args: Array[String]): Unit = {
    //todo:1.获取流式处理的环境
    val env: StreamExecutionEnvironment = StreamExecutionEnvironment.getExecutionEnvironment

    //todo:2.获取数据源
    val socketTextStream: DataStream[String] = env.socketTextStream("node01",9999)

    //todo:3.对数据进行操作处理
    socketTextStream.flatMap(x=>x.split(" "))
                    .map(x=>(x,1))
                    .keyBy(0)
                    .timeWindow(Time.seconds(5))          //滚动窗口
                    .reduce(newMyReduceFunction,new MyCustomProcessWindowFunction)
                    .print()

    //todo:4.启动
    env.execute("TestProcessOfTimeWindow")
  }
```

```
}

//todo: 自定义 ReduceFunction
class MyReduceFunction extends ReduceFunction[(String,Int)]{
  override def reduce(v1: (String, Int), v2: (String, Int)): (String, Int) = {
      (v1._1,v1._2 + v2._2)
  }
}

/**
  * todo:自定义 WindowFunction
  * WindowFunction[IN, OUT, KEY, Window]
  */
class MyCustomProcessWindowFunction extends ProcessWindowFunction [(String,
Int),(String,Int),Tuple,TimeWindow]{
  //重写 process 方法
  override def process(key:Tuple, context: Context, input: Iterable[(String,
Int)], out: Collector[(String,Int)]): Unit = {
    //分组的字段
    val word: String = key.getField[String](0)
    //初始值
    var sum = 0

    //遍历求和
    for (element <- input){
      sum +=element._2
    }
    //todo: 输出
    out.collect((word,sum))
  }
}
```

10.8 Flink 的 WaterMark 机制

10.8.1 Flink 的 Time 三兄弟

前面已经介绍过可以通过 window 来统计每一段时间或者每多少条数据的一些数值统计，但是也存在另外一个问题，就是如果数据有延迟该如何解决。例如，一个窗口定义的是每隔 5 min 统计一次，那就应该在上午 9:00—9:05 这段时间统计一次数据的结果值，但是某一条数据由于网络延迟，产生时间是在 9:03，数据到达 Flink 框架已经是 10:03 了，这种问题怎么解决？再举一个更具体的例子。

原始日志：2018-10-10 10:00:01,134 INFO executor. Executor：Finished task in state 0. 0

数据进入 flink 框架时间：这条数据进入 Flink 的时间是 2018-10-10 20:00:00，102

数据被 window 窗口处理时间：到达 window 处理的时间为 2018-10-10 20:00:01，100

为了解决这个问题，Flink 在实时处理当中，对数据当中的时间规划为以下三个类型，如图 10-28 所示。

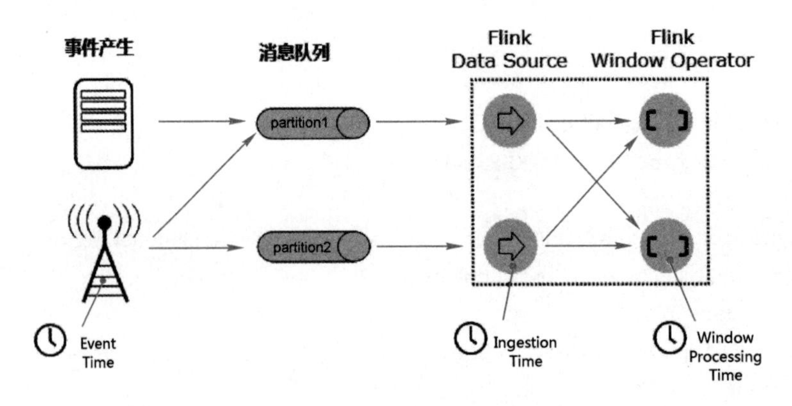

●图 10-28 Flink 的 Time 三兄弟

（1）EventTime

1）事件生成时的时间，在进入 Flink 之前就已经存在，可以从 event 的字段中抽取

2）必须指定 watermarks（水位线）的生成方式。

3）优势：确定性，对于乱序、延时或者数据重放等情况，都能给出正确的结果。

4）弱点：处理无序事件时性能和延迟受到影响。

（2）IngestionTime

1）事件进入 Flink 的时间，即在 source 里获取的当前系统的时间，后续操作统一使用该时间。

2）不需要指定 watermarks 的生成方式（自动生成）。

3）弱点：不能处理无序事件和延迟数据。

（3）ProcessingTime

1）执行操作的机器的当前系统时间（每个算子都不一样）。

2）不需要流和机器之间的协调。

3）优势：高性能、低延迟。

4）弱点：不确定性，容易受到各种因素影响（event 产生的速度、到达 Flink 的速度、在算子之间传输速度等），从不管顺序和延迟。

（4）三种时间的综合比较

性能：ProcessingTime> IngestTime> EventTime。

延迟：ProcessingTime< IngestTime< EventTime。

确定性：EventTime> IngestTime> ProcessingTime。

（5）如何设置 time 类型

在创建 StreamExecutionEnvironment 时可以设置 Time 类型，若不设置 time 类型，则默认是 ProcessingTime。如果设置 time 类型为 EventTime 或者 IngestionTime，需要在创建 StreamExecutionEnvironment 中调用 setStreamTimeCharacteristic()方法指定。代码如下所示。

```
val environment= StreamExecutionEnvironment.getExecutionEnvironment
//不设置 Time 类型,默认是 processingTime.
environment.setStreamTimeCharacteristic(TimeCharacteristic.ProcessingTime);
//指定流处理程序以 IngestionTime 为准
//environment.setStreamTimeCharacteristic(TimeCharacteristic.IngestionTime);
//指定流处理程序以 EventTime 为准
//environment.setStreamTimeCharacteristic(TimeCharacteristic.EventTime);
```

10.8.2 WaterMark 的概念

WaterMark（水位线）主要用来处理乱序事件，而正确地处理乱序事件，通常用 WaterMark 机制结合窗口来实现。从流处理原始设备产生事件，到 Flink 程序读取数据，再到 Flink 多个算子处理数据，在这个过程中在网络或者系统等外部因素影响下，导致数据是乱序的，为了保证计算结果的正确性，需要等待数据，这就带来了计算的延迟。对于延迟太久的数据，不能无限期地等下去，所以必须有一个机制，来保证特定的时间后一定会触发窗口进行计算，这个触发机制就是 WaterMark。

10.8.3 WaterMark 的原理

在 Flink 的窗口处理过程中，如果确定全部数据到达，就可以对 window 的所有数据做窗口计算操作（如汇总、分组等），如果数据没有全部到达，则继续等待该窗口中的数据全部到达才开始处理。乱序会导致各种统计结果有问题。比如一个 TimeWindow 本应该计算 1、2、3，结果 3 迟到了，那么这个窗口统计就丢失数据了，结果就不准确了。这种情况下就需要用到水位线（WaterMark）机制，它能够衡量数据处理进度（表达数据到达的完整性），保证事件数据（全部）到达 Flink 系统，或者在乱序及延迟到达时，也能够像预期一样计算出正确并且连续的结果。当任何 Event 进入 Flink 系统时，会根据当前最大事件时间产生 Watermarks 时间戳。

那么 Flink 是怎么计算 WaterMark 的值呢?

WaterMark =进入 Flink 的最大的事件产生时间（maxEventTime）— 指定的乱序时间（t）

那么有 WaterMark 的 Window 是怎么触发窗口函数的呢? 需要满足以下 2 个条件:

1）WaterMark >= window 的结束时间 。

2）该窗口必须有数据注意:（window_start_time,window_end_time）中有数据存在，前闭后开区间。

10.8.4 生活场景理解 WaterMark

经常户外徒步的读者应该知道徒步小队通常会有一个正两副领队，队首队尾各一名副队，队伍前面的由一名副领队开路，队伍后面由一名副领队收队，正队长在队伍中穿插协调。

队尾的领队叫后队领队，它的职责是要保证所有队员都在前面，也就是说后领队是整个队伍的队尾。当收队的时候，看见队尾的领队，那就说明整个队伍都已经完全到达了。

WaterMark 就相当于给整个数据流设置一个后领队。但是窗口不知道具体要来多少数据，所有只能设置一个时间上的限制，以此来推测当前窗口最后一条数据是否已经到达。假设窗口大小为 10 s，WaterMark 为进入 Flink 的最大事件产生时间（maxEventTime）——指定的乱序时间（t）。

接下来它会进行以下处理。

1）每来一条数据，取当前窗口内所有数据最大的事件发生时间。

2）用最大的事件发生时间扣减指定乱序时间。

3）看看是否符合触发窗口关闭计算的条件。

4）如果不符合，则继续进数据。

5）如果符合，则关闭窗口开始计算。

显然，这很像户外徒步，每来一个人，就问问他出发时是多少号，然后确认所有已到队员的最大号码，用最大的号码对比一下后领队的号码，如果比后领队的号码小，就不收队，如果号码大于等于后领队的号码，就收队。

10.8.5 WaterMark 使用存在的三种情况

（1）顺序数据流中的 WaterMark

在某些情况下，基于 EventTime 的数据流是有序的（相对 EventTime）。在有序流中，WaterMark 就是一个简单的周期性标记。有序的数据流中的 WaterMark 如图 10-29 所示。

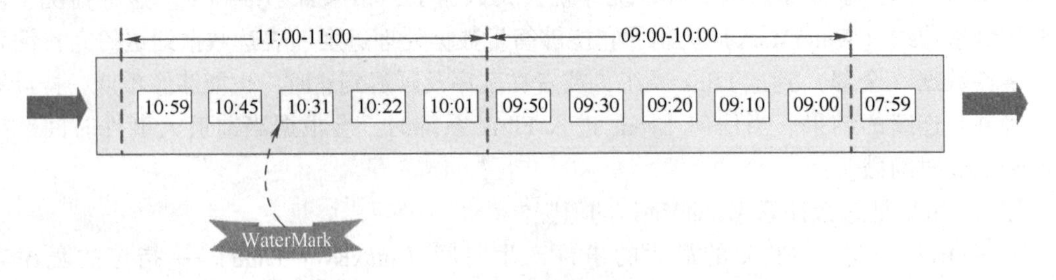

●图 10-29 有序的数据流中的 WaterMark

如图 10-29 所示，如果数据元素的事件时间是有序的，WaterMark 时间戳会随着数据元素的事件时间按顺序生成，此时水位线的变化和事件时间保持一致（因为既然是有序的时间，就不需要设置延迟了，那么乱序时间 t 就是 0，所以 watermark = maxtime - 0 =

maxtime)，也就是理想状态下的水位线。当 WaterMark 时间大于 window 结束时间时，就会触发对 window 的数据计算，以此类推，下一个 window 也是一样。

（2）乱序数据流中的 WaterMark

现实情况下，数据元素往往并不是按照其产生顺序接入 Flink 系统中进行处理的，而是频繁出现乱序或迟到的情况，这种情况就需要使用 WaterMark 来应对。乱序数据流中的 WaterMark 如图 10-30 所示。

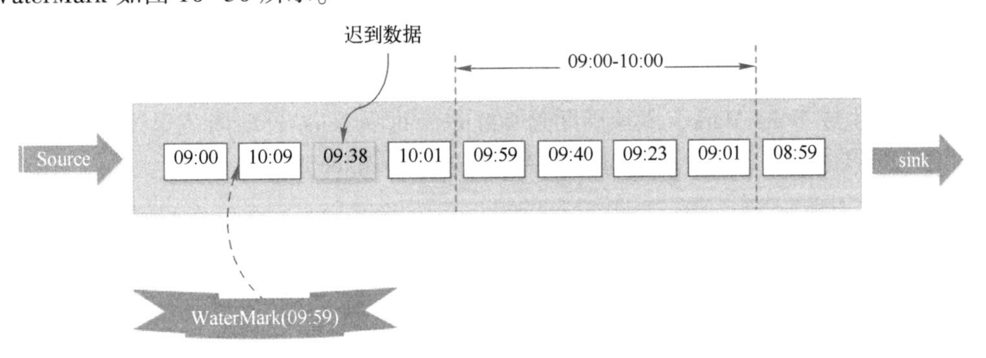

●图 10-30　乱序数据流中的 WaterMark

如图 10-30 所示，假设窗口大小为 1 h，延迟时间设为 10 min。明显，数据 09:38 已经迟到，但它依然会被正确计算，只有当时间大于 10:10 的数据到达之后即对应的 WaterMark 大于 10:10（10 点 10 分），09:00~10:00 的窗口才会执行计算。

（3）并行数据流中的 WatcrMark

对应并行度大于 1 的 SourceTask，它每个独立的 subtask 都会生成各自的 WaterMark。这些 WaterMark 会随着流数据一起分发到下游算子，并覆盖掉之前的 WaterMark。当有多个 WaterMark 同时到达下游算子时，Flink 会选择较小的 WaterMark 进行更新。当一个 task 的 WaterMark 大于窗口结束时间时，就会立马触发窗口操作。并行数据流中的 WaterMark 如图 10-31 所示。

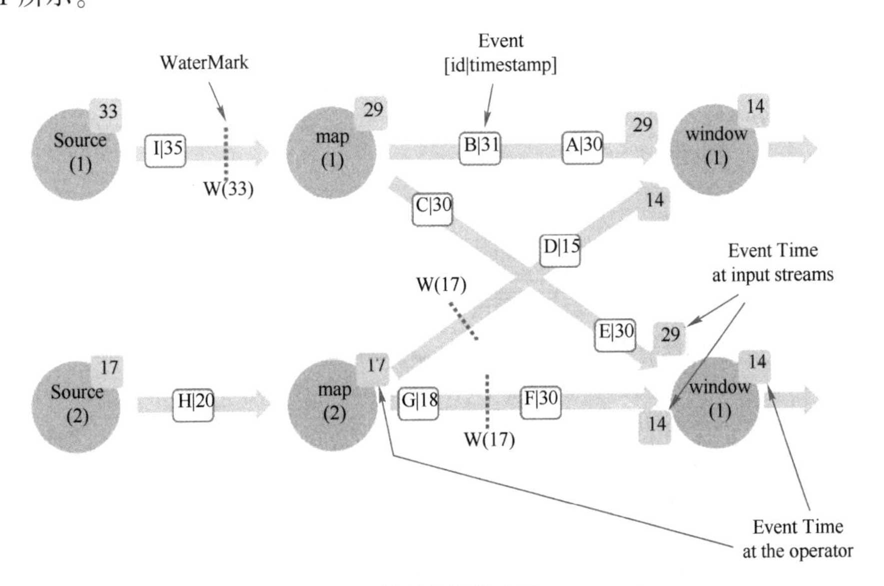

●图 10-31　并行数据流中的 WaterMark

在多并行度的情况下，WaterMark 会有一个对齐机制，这个对齐机制会取所有 Channel 中最小的 WaterMark。

10.8.6 WaterMark 结合 EventTime 实战

1. 乱序数据流中引入 WaterMark 和 EventTime

对于乱序数据流，有两种常见的引入方法：周期性和间断性需求。

（1）With Periodic（周期性的）WaterMark

周期性地生成 WaterMark，默认周期是 200 ms。每隔 N ms 自动向流里注入一个 WaterMark，时间间隔由 StreamEnv.getConfig.setAutoWatermarkInterval()决定。

1）需求

使用 WaterMark 结合 EventTime 时间类型，周期性更新 WaterMark，每 5 s 对 socket 中的无序数据流处理一次，数据中会有延迟。

2）代码实践

```
//对无序的数据流周期性地添加水印
//todo：对无序或者是延迟的数据来对 WaterMark+ EventTime 进行正确的处理
object OutOfOrderStreamPeriodicWaterMark {
  Logger.getLogger("org").setLevel(Level.ERROR)
  def main(args: Array[String]): Unit = {
    //todo:1.构建流式处理环境
      val environment: StreamExecutionEnvironment = StreamExecutionEnvironment.getExecutionEnvironment
      import org.apache.flink.api.scala._
      environment.setParallelism(1)
      //todo:2.设置时间类型
      environment.setStreamTimeCharacteristic(TimeCharacteristic.EventTime)
      //todo:3.获取数据源
        val sourceStream: DataStream[String] = environment.socketTextStream("node01",9999)
      //todo:4.数据处理
          val mapStream: DataStream [(String, Long)] = sourceStream.map (x = > (x.split(",")(0),x.split(",")(1).toLong))
      //todo:5.添加水位线
      mapStream.assignTimestampsAndWatermarks(
        //todo：周期性添加 WaterMark
          new AssignerWithPeriodicWatermarks[(String, Long)] {
            //最大的乱序时间
            val delayTime:Long = 5000L
            //最大的事件发生时间
            var maxEventTime:Long = _
            //todo:周期性地生成水位线 WaterMark
```

```
        override def getCurrentWatermark: Watermark ={
          //todo: watermark=消息事件生成的最大时间-延迟时间
           val watermark = new Watermark(maxEventTime - delayTime)
          watermark
        }
        //todo: 抽取事件发生时间
        override def extractTimestamp(element: (String, Long), previousEle-
mentTimestamp: Long): Long ={
          //获取事件发生时间
          val eventTime: Long = element._2
          //对比当前事件时间和最大的事件发生时间,将较大值重新赋值给 maxEventTime
          maxEventTime=  Math.max(maxEventTime,eventTime)
          //返回事件发生时间
           eventTime
        }
      })
        .keyBy(0)
        .timeWindow(Time.seconds(5))
         //todo: 窗口数据的处理
        .process(new ProcessWindowFunction[(String, Long),(String,Long),Tu-
ple,TimeWindow] {
          override def process(key:Tuple, context: Context, elements: Iter-
able[(String, Long)], out: Collector[(String, Long)]): Unit = {
            //todo: 获取分组字段
            val value: String = key.getField[String](0)
            //todo: 窗口的开始时间
            val startTime: Long = context.window.getStart
            //todo: 窗口的结束时间
            val startEnd: Long = context.window.getEnd
            //todo: 获取当前的 WaterMark
            val watermark: Long = context.currentWatermark
            var sum:Long = 0
            val toList: List[(String, Long)] = elements.toList
            for(eachElement <-  toList){
              sum +=1
            }
            println("窗口的数据条数:"+sum+
              " |窗口的第一条数据:"+toList.head+
              " |窗口的最后一条数据:"+toList.last+
              " |窗口的开始时间: "+  startTime +
              " |窗口的结束时间: "+ startEnd+
              " |当前的 watermark:"+watermark)
```

```
            out.collect((value,sum))
          }
        }).print()
      //todo:启动任务
      environment.execute()
    }
  }
```

3）发送数据并启动程序

通过执行 nc-lk 9999 发送如下的数据并对其进行测试，注意窗口触发的条件，观察控制台输出结果。

```
000001,1461756862000
000001,1461756866000
000001,1461756872000
000001,1461756873000
000001,1461756874000
000001,1461756875000
```

（2）With Punctuated（间断性的）WaterMark

间断性地生成 WaterMark，一般是基于某些事件触发 WaterMark 的生成和发送。比如说只给用户 ID 为 000001 的添加 WaterMark，其他用户就不添加。那么窗口被触发计算取决于特定 key 的数据到达，其他的 key 永远也不会触发窗口计算。

1）需求

使用 WaterMark 结合 EventTime 时间类型，间断性来更新 WaterMark，每 5 s 对 socket 中的无序数据流处理一次，数据中会有延迟。

2）代码实践

```
//todo:对无序的数据流间断性地添加水印
object OutOfOrderStreamPunctuatedWaterMark {
  Logger.getLogger("org").setLevel(Level.ERROR)
  def main(args: Array[String]): Unit = {
    //todo:1.构建流式处理环境
    val environment = StreamExecutionEnvironment.getExecutionEnvironment
    import org.apache.flink.api.scala._
    environment.setParallelism(1)
    //todo:2.设置时间类型
    environment.setStreamTimeCharacteristic(TimeCharacteristic.EventTime)
    //todo:3.获取数据源
    val sourceStream: DataStream[String] = environment.socketTextStream
("node01",9999)
    //todo:4.数据处理
    valmapStream: DataStream[(String, Long)] = sourceStream.map(x => (x.split
(",")(0),x.split(",")(1).toLong))
```

```
//todo:5. 添加水位线
mapStream.assignTimestampsAndWatermarks(
  //表示间断性生成 WaterMark
  new AssignerWithPunctuatedWatermarks[(String, Long)] {
    //定义数据乱序的最大时间
    val maxOutOfOrderness=5000L

    //最大事件发生时间
    var currentMaxTimestamp:Long=_
    override def checkAndGetNextWatermark(lastElement: (String, Long), ex-
tractedTimestamp: Long): Watermark ={
            //当用户 ID 为 000001 时生成 WaterMark
            if(lastElement._1.equals("000001")){
              val watermark=  new Watermark(currentMaxTimestamp - maxOutO-
fOrderness)
             watermark
            }else{
              //其他情况下不返回水位线
                null
            }
    }
    //todo: 抽取事件发生时间
    override def extractTimestamp(element: (String, Long), previousElement-
Timestamp: Long): Long = {
      //获取事件发生时间
      val currentElementEventTime: Long = element._2
      //对比当前事件时间和历史最大事件时间,将较大值重新赋给 currentMaxTimestamp
        currentMaxTimestamp = Math.max(currentMaxTimestamp, currentElemen-
tEventTime)
      println("接受到的事件:"+element+" |事件时间: "+currentElementEventTime )
      //返回事件发生时间
      currentElementEventTime
    }
  })
  .keyBy(0)
  .timeWindow(Time.seconds(5))
  .process(new ProcessWindowFunction[(String, Long), (String,Long),Tuple,
TimeWindow] {
      override def process(key:Tuple, context: Context, elements: Iterable
[(String, Long)], out: Collector[(String, Long)]): Unit = {
        //获取分组的字段
        val value: String = key.getField[String](0)
```

```
          //窗口的开始时间
          val startTime: Long = context.window.getStart
          //窗口的结束时间
          val startEnd: Long = context.window.getEnd
          //获取当前的 watermark
          val watermark: Long = context.currentWatermark
          var sum:Long = 0
          val toList: List[(String, Long)] = elements.toList
          for(eachElement <-  toList){
            sum +=1
          }
          println("窗口的数据条数:"+sum+
            " |窗口的第一条数据:"+toList.head+
            " |窗口的最后一条数据:"+toList.last+
            " |窗口的开始时间: "+startTime +
            " |窗口的结束时间: "+startEnd+
            " |当前的 watermark:"+watermark)
          out.collect((value,sum))
        }
      }).print()
    environment.execute()
  }
}
```

3）发送数据并启动程序

通过执行 nc-lk 9999 发送如下的数据并对其进行测试，注意窗口触发的条件，观察控制台输出结果。

```
000001,1461756862000
000001,1461756866000
000001,1461756872000
000001,1461756873000
000001,1461756874000
000001,1461756875000
```

2. 多并行度下的 WaterMark

在前面的案例中，手动设置并行度 environment.setParallelism(1)，每一个线程都会有一个 WaterMark，作业都是单并行度执行，如果是在多并行度的情况下，一个 window 可能会接收到多个不同线程 WaterMark，这里会涉及 WaterMark 对齐，它会取所有 channel 最小的 WaterMark 作为自己的 WaterMark。

在本地测试的过程中，可以通过设置 environment.setParallelism(N)（N 大于 1）开启多并行度。

10.8.7 迟到的数据处理机制

程序中即使使用了 WaterMark，还是会存在迟到的数据，就像徒步一样，有人走错路，然后又赶上来。后领队分明没超过任何一个队员，但是还是有队员落在后面了。

Flink 针对于迟到的数据增设了三种应对方式，分别如下所示。

（1）不做任何处理

暴力舍弃，Flink 默认自动丢弃。

（2）allowedLateness

对于延迟一小会的数据，设置一个允许迟到时间。具体使用如下。

```
//例如
assignTimestampsAndWatermarks(new EventTimeExtractor())
                .keyBy(0)
                .timeWindow(Time.seconds(3))
                .allowedLateness(Time.seconds(2)) //允许事件迟到 2 s
                .process(new SumProcessWindowFunction())
                .print().setParallelism(1);
```

注意：

当设置了 allowedLateness（延迟 time）后，此时该窗口可能会触发多次计算。

1）第一次触发条件：watermark≥window_end_time 并且该窗口需要有数据。

2）其他多次触发条件：watermark < 该窗口 window_end_time+延迟 time，并且该窗口需要有新数据进入。

也就是说，在 WaterMark 机制下，窗口虽然到了关闭时间，但是假设设置了 allowedLateness=5 s，则这个窗口还会再等 5 s，看看是否还有其他小延迟的数据到来，有新数据进来就触发计算。如果等了 5 s 还没等到，那么后面来的数据就是延迟太久的数据，会通过 sideOutputLateData 把延迟太久的数据单独收集起来，放到侧输出流中，等待后续再处理，这样数据就不会放在当前窗口中计算了。

（3）sideOutputLateData

对于超过允许迟到时间的数据，通过单独的数据流全部收集起来，后续再处理。具体使用如下。

```
//例如
assignTimestampsAndWatermarks(new EventTimeExtractor())
                .keyBy(0)
                .timeWindow(Time.seconds(3))
                .allowedLateness(Time.seconds(2))      //允许事件迟到 2 s
                .sideOutputLateData(outputTag)         //收集迟到太多的数据
                .process(new SumProcessWindowFunction())
                .print().setParallelism(1);
```

需求：

使用 WaterMark 结合 EventTime 时间类型，周期性来更新 WaterMark，每 5 s 对 socket 中的无序数据流处理一次，数据中会有延迟。允许数据延迟一段时间，并且要将延迟太久的数据单独收集起来。具体代码如下。

```
//todo:允许延迟一段时间,并且对延迟太久的数据单独进行收集
object AllowedLatenessTest {
  Logger.getLogger("org").setLevel(Level.ERROR)
  def main(args: Array[String]): Unit = {
      //todo:1.构建流式处理环境
      val environment= StreamExecutionEnvironment.getExecutionEnvironment
      import org.apache.flink.api.scala._
      environment.setParallelism(1)
      //todo:2.设置时间类型
  environment.setStreamTimeCharacteristic(TimeCharacteristic.EventTime)
    //todo:3.获取数据源
    val sourceStream: DataStream[String] = environment.socketTextStream
("node01",9999)
    //todo:4.数据处理
    val mapStream: DataStream[(String, Long)] = sourceStream.map(x=>(x.split
(",")(0),x.split(",")(1).toLong))
    //todo:定义一个侧输出流的标签,用于收集迟到太多的数据
     val lateTag=new OutputTag[(String, Long)]("late")
    //todo:5.数据计算——添加水位线
    val result:DataStream[(String, Long)] = mapStream.assignTimestampsAndWa-
termarks(
            new AssignerWithPeriodicWatermarks[(String, Long)] {
              //最大的乱序时间
              val maxOutOfOrderness = 5000L
              //记录最大事件发生时间
              var currentMaxTimestamp: Long = _
              //周期性地生成水位线 WaterMark
              override def getCurrentWatermark: Watermark = {
                val watermark = new Watermark(currentMaxTimestamp - maxOutOfOrder-
ness)
                watermark
              }
              //抽取事件发生时间
             override def extractTimestamp(element: (String, Long), previousEle-
mentTimestamp: Long): Long = {
                //获取事件发生时间
                val currentElementEventTime: Long = element._2
```

```
            //对比当前事件时间和历史最大事件时间，将较大值重新赋给 currentMaxTim-
estamp
              currentMaxTimestamp = Math.max(currentMaxTimestamp, curren-
tElementEventTime)
            println("接收到的事件:" + element + " |事件时间: " + currentElemen-
tEventTime )
            currentElementEventTime
          }
    })
          .keyBy(0)
          .timeWindow(Time.seconds(5))
          .allowedLateness(Time.seconds(2)) //允许数据延迟 2s
          .sideOutputLateData(lateTag)       //收集延迟太多的数据
          .process(new ProcessWindowFunction[(String, Long), (String, Long),
Tuple, TimeWindow] {
                    override def process(key:Tuple, context: Context, ele-
ments: Iterable[(String, Long)], out: Collector[(String, Long)]): Unit = {
                      //获取分组的字段
                      val value: String = key.getField[String](0)
                      //窗口的开始时间
                      val startTime: Long = context.window.getStart
                      //窗口的结束时间
                      val startEnd: Long = context.window.getEnd
                      //获取当前的 WaterMark
                      val watermark: Long = context.currentWatermark
                      var sum: Long = 0
                      val toList: List[(String, Long)] = elements.toList
                      for (eachElement <- toList) {
                    sum += 1
                  }
                  println("窗口的数据条数:" + sum +
                  " |窗口的第一条数据:" + toList.head +
                    " |窗口的最后一条数据:" + toList.last +
                  " |窗口的开始时间: " + startTime +
                    " |窗口的结束时间: " + startEnd +
                    " |当前的 watermark:" + watermark)
                  out.collect((value, sum))
        }
        })
  //todo: 打印延迟太多的数据 侧输出流:主要用于保存延迟太久的数据
  result.getSideOutput(lateTag).print("late")
  //todo:打印正常的数据
```

```
    result.print("ok")
    //todo:启动任务
    environment.execute()
  }
}
```

10.9 Flink 的 Table 和 SQL

10.9.1 Table 与 SQL 基本介绍

在 Spark 中有 DataFrame 这样的关系型编程接口，因其强大且灵活的表达能力，能够让用户通过非常丰富的接口对数据进行处理，有效降低了用户的使用成本。Flink 也提供了关系型编程接口 Table API 以及基于 Table API 的 SQL API，让用户能够通过使用结构化编程接口高效地构建 Flink 应用。同时 Table API 以及 SQL 能够统一处理批量和实时计算业务，无须切换修改任何应用代码就能够基于同一套 API 编写流式应用和批量应用，从而达到真正意义的批流统一。

ApacheFlink 具有两个关系型 API：Table API 和 SQL，用于统一流和批处理。如图 10-32 所示。

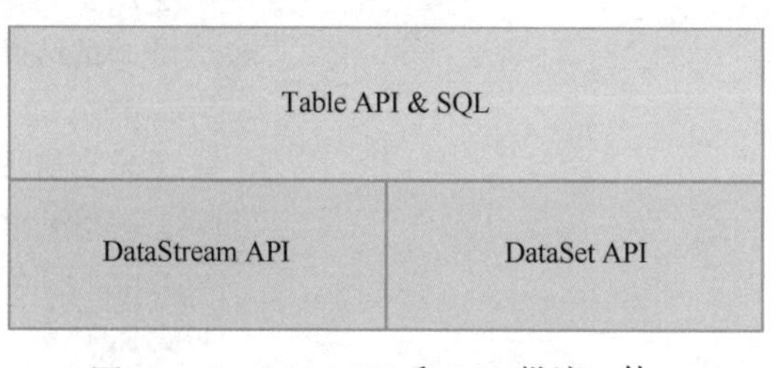

●图 10-32　Table API 和 SQL 批流一体 API

Table API 是用于 Scala 和 Java 语言的查询 API，允许以非常直观的方式组合关系运算符的查询，例如 select、filter 和 join。Flink SQL 的支持是基于实现了 SQL 标准的 Apache Calcite。无论输入是批输入（DataSet）还是流输入（DataStream），任一接口中指定的查询都具有相同的语义并指定相同的结果。Table API 和 SQL 接口彼此集成，Flink 的 DataStream 和 DataSet API 亦是如此。用户可以轻松地在基于 API 构建的所有 API 和库之间切换。注意，到目前最新版本为止，Table API 和 SQL 还有很多功能正在开发中。并非［Table API，SQL］和［stream，batch］输入的每种组合都支持所有操作。

10.9.2 为什么需要 SQL

Table API 是一种关系型 API、类 SQL 的 API，用户可以像操作表一样地操作数据，非常直观且方便。

SQL 作为一个“人所皆知”的语言，如果一个引擎提供 SQL，它将很容易被人们接受。这已经是业界很常见的现象了。

Table API 和 SQL API 还有另一个职责，就是流处理和批处理统一的 API 层。

10.9.3 Flink Table 和 SQL 开发环境构建

在 Flink 1.9 中，Table 模块迎来了核心架构的升级，引入了阿里巴巴 Blink 团队贡献的诸多功能，取名叫：Blink Planner。在使用 Table API 和 SQL 开发 Flink 应用之前，通过添加 Maven 的依赖配置到项目中，在本地工程中引入相应的依赖库，库中包含了 Table API 和 SQL 接口。

Flink Table 和 SQL 实际在进行代码开发中，首先需要添加 pom 依赖，如下所示。

```
<dependency>
    <groupId>org.apache.flink</groupId>
    <artifactId>flink-table-planner_2.11</artifactId>
    <version>1.11.0</version>
</dependency>
<dependency>
    <groupId>org.apache.flink</groupId>
    <artifactId>flink-table-api-scala-bridge_2.11</artifactId>
    <version>1.11.0</version>
</dependency>
```

其中 flink-table-planner 是 planner 计划器，是 Table API 最主要的部分，提供了运行时环境和生成程序执行计划的 planner。flink-table-api-scala-bridge 是 bridge 桥接器，主要负责 Table API 和 DataStream/DataSet API 的连接支持，按照语言分为 Java 和 Scala。这里的两个依赖，是 IDEA 环境下运行需要添加的；如果是生产环境，lib 目录下默认已经有了 planner，只需要有 bridge 就可以了。

10.9.4 Flink Table API 操作

1. 基本程序结构

Table API 和 SQL 的程序结构，与流式处理的程序结构类似；首先创建执行环境，然后定义 source、transform 和 sink。具体操作流程如下。

```
//创建表的执行环境
val tableEnv = ...

//创建一张表,用于读取数据
tableEnv.connect(...).createTemporaryTable("inputTable")

//注册一张表,用于输出计算结果
tableEnv.connect(...).createTemporaryTable("outputTable")
```

```
//通过 Table API 查询算子,得到一张结果表
val result = tableEnv.from("inputTable").select(...)

//通过 SQL 查询语句,得到一张结果表
val sqlResult = tableEnv.sqlQuery("SELECT ... FROM inputTable ...")

//将结果表写入输出表中
result.insertInto("outputTable")
```

2. 创建表环境

Blink Planner 真正地践行了流批一体的处理方式。它根据流处理作业和批处理作业的不同，分别提供了 StreamPlanner 和 BatchPlanner 两种实现方式。这两种 Planner 的底层共享了基类 PlannerBase 的很多源码，且作业最终都会翻译成基于 DataStream Transformation API 的执行逻辑（即将批处理视为流处理的特殊情况）。

Flink 的 OldPlanner 和 BlinkPlanner 批流应用构建环境如下。

（1）基于老版本的流式查询（Flink-Streaming-Query）

```
val settings =EnvironmentSettings.newInstance()
                                 .useOldPlanner()        //使用老版本 planner
                                 .inStreamingMode()      //流处理模式
                                 .build()
val tableEnv = StreamTableEnvironment.create(env, settings)
```

（2）基于老版本的批处理环境（Flink-Batch-Query）

```
val batchEnv = ExecutionEnvironment.getExecutionEnvironment
val batchTableEnv = BatchTableEnvironment.create(batchEnv)      //批处理模式
```

（3）基于 Blink 版本的流处理环境（Blink-Streaming-Query）

```
val bsSettings = EnvironmentSettings.newInstance()
                                    .useBlinkPlanner()   //使用 blink planner
                                    .inStreamingMode()   //流处理模式
                                    .build()
val bsTableEnv = StreamTableEnvironment.create(env, bsSettings)
```

（4）基于 Blink 版本的批处理环境（Blink-Batch-Query）

```
val bbSettings = EnvironmentSettings.newInstance()
                                    .useBlinkPlanner()   //使用 blink planner
                                    .inBatchMode()       //批处理模式
                                    .build()
val bbTableEnv = TableEnvironment.create(bbSettings)
```

3. 创建 Table

Table API 中已经提供了 TableSource 从外部系统获取数据，如常见的数据库、文件系统和 Kafka 消息队列等外部系统。

在 Flink 中创建一张表有两种方法：从一个文件中导入表结构，表数据不会发生任何变化，常用于批计算（静态表）；从 DataStream 转换成 Table（动态表），随着时间的不断推移，会有新的数据进来，表的内容也在不断新增。接下来介绍如何构建得到一个 Table。

（1）从文件中创建 Table（静态表）

1）需求

读取 csv 文件，查询年龄大于 25 岁的人，并将结果写入另外一个文件中去。

这里涉及 Flink 的 connect 各种与其他外部系统的连接，参见官网 https://ci.apache.org/projects/flink/flink-docs-release-1.11/dev/table/connect.html。

2）测试数据格式 flinksql.csv，如图 10-33 csv 文件数据格式所示。

id	name	age
101	zhangsan	18
102	lisi	25
103	wangwu	28
104	laoyou	30
105	laowang	35

●图 10-33 csv 文件数据格式

3）代码实践

```
/**
  * todo: Flink table 加载 csv 文件
  */
object TableCsvSource {
  Logger.getLogger("org").setLevel(Level.ERROR)
def main(args: Array[String]): Unit = {
      //todo:1. 构建批处理环境
      val settings =EnvironmentSettings.newInstance()
                                      .useBlinkPlanner() //使用 blink planner
                                      .inBatchMode()      //批处理模式
                                      .build()
      //todo:2. 构建 TableEnvironment
  val tableEnv = TableEnvironment.create(settings)
      //todo:3. 构建 csv 数据源(外部数据文件)
      //定义表的 schema
  val schema = new Schema()
                          .field("id",DataTypes.INT())
                          .field("name",DataTypes.STRING())
                          .field("age" ,DataTypes.BIGINT())
    //加载外部数据源,注册成临时表 myUser
      tableEnv.connect(new FileSystem().path("D:\\flinksql.csv"))
            .withFormat(new Csv().fieldDelimiter(','))
              .withSchema(schema)
              .createTemporaryTable("myUser")
   //todo:4. 查询结果数据
      val result1: Table =tableEnv.scan("myUser").filter("age>25").select("id,
name,age")
```

```
    //导入 Table API 使用 Scala 隐式转换 Table.
  import org.apache.flink.table.api._
  val result2: Table =tableEnv.from("myUser").filter($"age" > 25).select($"
id",$"name",$"age")
   //todo:5. 定义一个 sink 表
      val sinkSchema = new Schema()
      .field("id",DataTypes.INT())
    .field("name",DataTypes.STRING())
        .field("age" ,DataTypes.BIGINT())

    //构建 sink 表,指定 sink 表的数目录和 schema
  tableEnv.connect(new FileSystem().path("./out/"))
          .withFormat(new Csv().fieldDelimiter('\t'))
          .withSchema(schema)
          .createTemporaryTable("myUserSink")
    //todo:6. 写数据到 sink 表中
  result2.executeInsert("myUserSink")

}
}
```

（2）从 DataStream 中创建 Table（动态表）

1）需求

使用 TableAPI 完成基于 socket 流数据的处理。

2）代码实践

```
/**
* todo: 使用 TableAPI 完成基于流数据的处理
*/
object TableFromDataStream {
  Logger.getLogger("org").setLevel(Level.ERROR)
  //todo: 定义样例类
case class User(id:Int,name:String,age:Int)
  def main(args: Array[String]): Unit = {
     //todo:1. 构建流处理环境
val streamEnv:StreamExecutionEnvironment =StreamExecutionEnvironment.getE-
xecutionEnvironment
    streamEnv.setParallelism(1)
    //todo:2. 构建 StreamTableEnvironment
    val bsSettings = EnvironmentSettings.newInstance()
                                        .useBlinkPlanner() //使用 blink planner
                                        .inStreamingMode() //流处理模式
                                        .build()
```

```
  val streamTableEnvironment = StreamTableEnvironment.create(streamEnv, bsSet-
tings)
    /**
    * 101,zhangsan,18
    * 102,lisi,28
    * 103,wangwu,25
    * 104,zhaoliu,30
    */
    //todo:3.接收 socket 数据
      val socketStream: DataStream[String] = streamEnv.socketTextStream
("node01",9999)
    //todo:4.对数据进行处理
    val userStream: DataStream[User] = socketStream.map(x=>x.split(",")).map
(x=>User(x(0).toInt,x(1),x(2).toInt))
    //todo:5.将流注册成一张表,创建视图
    streamTableEnvironment.createTemporaryView("userTable",userStream)
    //还可以使用如下方式
      //val tableSource: Table = streamTableEnvironment.fromDataStream(user-
Stream)
    //导入隐式转换
     import org.apache.flink.table.api._
    //todo:6.使用 table 的 API 查询年龄大于 20 岁的不同年龄对应的人数
     val result: Table = streamTableEnvironment.from("userTable").filter($
"age" > 20).groupBy($"age").select($"age", $"name".count() as "personCount")
    //todo:7.将 table 转化成流
    streamTableEnvironment.toRetractStream[Row](result).print()
    //todo:8.启动
        //(注意:将表转换为 DataStream 后,请使用该 StreamExecutionEnviron-
ment.execute()方法执行 DataStream 程序)
    streamEnv.execute("TableFromDataStream")
  }
}
```

3）发送数据

```
nc -lk 9999
101,laowang1,18
102,laowang2,21
103,laowang3,22
104,laowang4,21
105,laowang5,25
106,laowang6,30
```

案例中代码将 DataStream 转换为 Table，一般来说可以通过构建 StreamTableEnvironment

对象，然后调用 StreamTableEnvironment. fromDataStream 方法把 DataStream 转换为 Table。

其中 Table API 操作有很多，更多的 table API 操作详细见官网：

https://ci. apache. org/projects/flink/flink-docs-release-1. 11/dev/table/tableApi. html。

4. Table 中的 window

Flink 支持 ProcessTime、EventTime 和 IngestionTime 三种时间概念，针对每种时间概念，Flink Table API 使用 Schema 中单独的字段来表示时间属性，当时间字段被指定后，就可以在基于时间的操作算子中使用相应的时间属性。

在 Table API 中通过使用 . rowtime 来定义 EventTime 字段，在 ProcessTime 时间字段名后使用 . proctime 后缀来指定 ProcessTime 时间属性。下面通过一个案例来介绍 Table 的 window 操作如何实现。

（1）需求

通过 Flink 的 Table API 实现对 socket 数据的 window 处理。

（2）代码实践

```
/**
  * todo: 基于 table 的 window 窗口操作
*/
//todo: 定义样例类 Message
case class Message(word:String,createTime:Long)

object TableWindowWaterMark {
  Logger.getLogger("org").setLevel(Level.ERROR)
  def main(args: Array[String]): Unit = {
  //todo:1. 构建流处理环境
    val streamEnv:StreamExecutionEnvironment = StreamExecutionEnvironment.get-
ExecutionEnvironment
    streamEnv.setParallelism(1)
    //指定 EventTime 为时间语义
    streamEnv.setStreamTimeCharacteristic(TimeCharacteristic.EventTime)
    //todo:2. 构建 StreamTableEnvironment
    val bsSettings = EnvironmentSettings.newInstance()
                                        .useBlinkPlanner()   //使用 blink planner
                                        .inStreamingMode()   //流处理模式
                                        .build()

     val streamTableEnvironment = StreamTableEnvironment.create (streamEnv,
bsSettings)
      //todo: 3. 接收 socket 数据
      val sourceStream: DataStream[String] = streamEnv.socketTextStream
("node01",9999)
  //todo: 4. 数据切分处理
```

```
    val mapStream: DataStream[Message] = sourceStream.map(x=>Message(x.split
  (",")(0),x.split(",")(1).toLong))
   //todo:5.添加 watermark
    val watermarksStream = mapStream.assignTimestampsAndWatermarks(
    new AssignerWithPeriodicWatermarks[Message] {

    //定义延迟时长
    val maxOutOfOrderness = 5000L
    //历史最大事件时间
    var currentMaxTimestamp: Long = _

                              override def getCurrentWatermark: Watermark = {
                                           val watermark = newWatermark
  (currentMaxTimestamp - maxOutOfOrderness)
                                         watermark
                                      }
                                 override def extractTimestamp(element: Mes-
  sage, previousElementTimestamp: Long): Long = {

                                         val eventTime: Long = element.cre-
  ateTime
                                          currentMaxTimestamp = Math.max
  (eventTime, currentMaxTimestamp)
                                      eventTime
                                       }
                                    })
   //导入隐私转换
    import org.apache.flink.table.api._
    //todo:6.构建 Table，设置时间属性
          //从 DataStream 中构建得到一个 Table 对象
    val table: Table = streamTableEnvironment.fromDataStream(watermarksStream,
  $"word",$"createTime".rowtime)
    //todo:7.添加 window
      //滚动窗口：表示每隔 5 s,基于 eventtime 构建出一个窗口
    val windowedTable: GroupWindowedTable = table.window(Tumble over 5.second
  on $"createTime" as $"window")
    //todo:8.对窗口数据进行处理
                              //使用 2 个字段分组,窗口名称和单词

    val result: Table =windowedTable.groupBy($
  "window",$"word")
                                 //单词、窗口的开始、结束、聚合计算
                            .select($"word", $"window".start(), $
  "window".end(), $"word".count)
```

```
        //  select window, word, count(*) from user group by window,word
      //todo:9.将 table 转换成 DataStream
      val resultStream: DataStream[(Boolean, Row)]=streamTableEnvironment.toRe-
tractStream[Row](result)
      //todo:10.输出打印
      resultStream.print()
      //todo:11.启动任务
      streamEnv.execute("TableWindowWaterMark")
    }
  }
```

(3) 发送数据

```
hadoop,1461756862000
hadoop,1461756866000
hadoop,1461756864000
hadoop,1461756870000
hadoop,1461756875000
```

10.9.5 Flink SQL 操作

SQL 作为 Flink 中提供的接口之一，占据着非常重要的地位，主要是因为 SQL 具有灵活和丰富的语法，能够应用于大部分的计算场景。

Flink SQL 底层使用 Apache Calcite 框架，将标准的 Flink SQL 语句解析并转换成底层的算子处理逻辑，并在转换过程中基于语法规则层面进行性能优化，比如谓词下推等。另外，用户在使用 SQL 编写 Flink 应用时，能够屏蔽底层技术细节，从而更加方便且高效地通过 SQL 语句来构建 Flink 应用。

Flink SQL 构建在 Table API 之上，并涵盖了大部分的 Table API 功能特性。同时 Flink SQL 可以和 Table API 混用，Flink 最终会在整体上将代码合并在同一套代码逻辑中。

1. Flink SQL 操作入门

基于 Flink SQL 进行代码开发的本质就是先获取到 Table 对象，然后基于 Table 写 SQL 语句进行操作就可以了，不需要再次使用 Table API，降低使用门槛。下面介绍 Flink SQL 的开发案例演示。

(1) 需求

通过 Flink SQL 对 socket 数据进行流处理。

(2) 代码实践

```
//todo:定义样例类
case class User(id:Int,name:String,age:Int)


  object FlinkSQLTest {
```

```
    Logger.getLogger("org").setLevel(Level.ERROR)
      def main(args: Array[String]): Unit = {
    //todo:1.构建流处理环境
  val streamEnv: StreamExecutionEnvironment = StreamExecutionEnvironment.get-
ExecutionEnvironment
streamEnv.setParallelism(1)
  //todo:2.构建 StreamTableEnvironment
  val bsSettings = EnvironmentSettings.newInstance()
                                        .useBlinkPlanner() //使用 BlinkPlanner
                                        .inStreamingMode() //流处理模式
                                        .build()
  val streamTableEnvironment = StreamTableEnvironment.create(streamEnv, bsSet-
tings)
  /**
    * 101,zhangsan,18
    * 102,lisi,20
    * 103,wangwu,25
    * 104,zhaoliu,15
  */
  //todo:3.接收 socket 数据
    val socketStream: DataStream[String] = streamEnv.socketTextStream
("node01",9999)

  //todo:4.对数据进行处理
    val userStream: DataStream[User] = socketStream.map(x=>x.split(",")).map
(x=>User(x(0).toInt,x(1),x(2).toInt))
//todo:5.将流注册成一张表,创建视图
   streamTableEnvironment.createTemporaryView("userTable",userStream)
  //todo:6.使用 table 的 API 查询年龄大于 20 岁的人
  //val result:Table = streamTableEnvironment.sqlQuery("select * from userT-
able where age >20")
  val result:Table = streamTableEnvironment.sqlQuery("select age,count(age)
from userTable group by age")
  //todo:7.将 table 转化成流
  streamTableEnvironment.toRetractStream[Row](result).print()
  //todo:8.启动
   streamEnv.execute("FlinkSQLTest")
    }
  }
```

(3) 发送数据

```
101,zhangsan,18
```

```
102,lisi,20
103,wangwu,25
104,zhaoliu,15
```

2. Flink 中的流表转换

表可以转换为 DataStream 或 DataSet ，这样自定义流处理或批处理程序就可以继续在 Table API 或 SQL 查询的结果上运行了将表转换为 DataStream 或 DataSet 时，需要指定生成的数据类型，即要将表的每一行转换成的数据类型。

表作为流式查询的结果，是动态更新的，将 Table 表转换成数据流 DataStream 有两种转换模式：追加（Append）模式和撤回（Retract）模式。

（1）追加模式 AppendMode

仅用于表只会被插入（Insert）操作更改的场景，将表附加到流数据，表当中只能有查询或者添加操作，如果有 update 或者 delete 操作，就会失败。只有在动态 Table 仅通过 INSERT 时才能使用此模式，即它处于仅附加状态，并且以前发出的结果永远不会更新。如果更新或删除操作使用追加模式会失败报错。操作代码如下

```
valappendStream: DataStream[Row)] = tableEnvironment.toAppendStream[Row](re-
sult)
```

（2）撤回模式 RetractMode

用于任何场景，它只有 Insert 和 Delete 两类操作，得到的数据会增加一个 Boolean 类型的标识位，它出现在结果的第一个字段，用 true 或 false 来标记数据的插入和撤回，返回 true 代表新数据插入（Insert），false 代表老数据撤回（Delete）。操作代码如下。

```
valretractStream: DataStream[(Boolean, Row)] = tableEnvironment.toRetractStream
[Row](result)
```

注意：

如果数据只是不断添加，可以使用追加模式，其余方式则不可以使用追加模式，而撤回模式可以适用于更新、删除等场景。具体的原理区别如图 10-34 和图 10-35 所示。

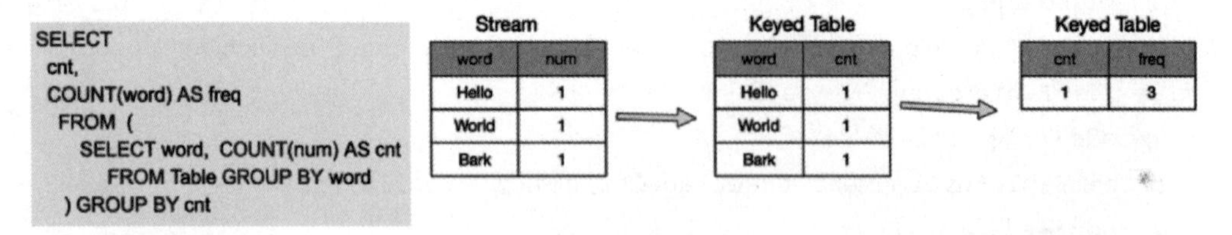

●图 10-34 no retract 模式

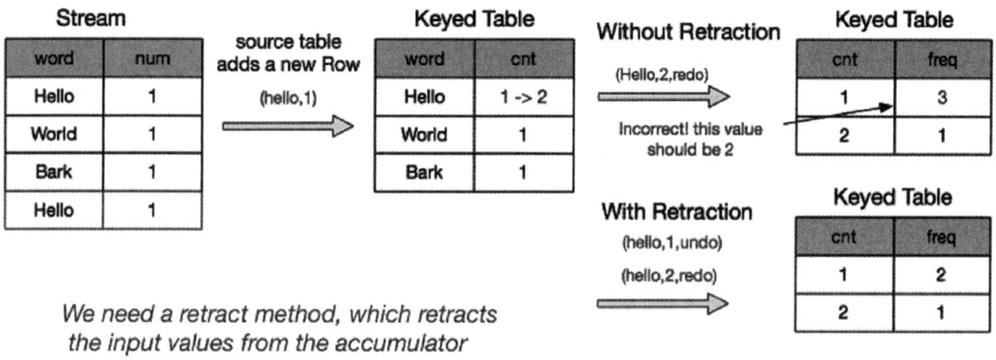

●图 10-35 retract 模式

通过图 10-34 和图 10-35 可以清晰地看到两种方式的区别，在利用 FlinkSQL 处理实时数据将表转化成流时，如果使用的 SQL 语句包含：group by、count、sum 等聚合函数时，必须使用 RetractMode 撤回模式，否则会导致计算结果不准确。

3. SQL 中的 window 使用

用户也可以在 SQL 中进行 window 操作，Flink SQL 也支持三种窗口类型，分别为 Tumble Windows、HOP Windows 和 Session Windows，其中 HOP Windows 对应 Table API 中的 Sliding Window，同时每种窗口分别有相应的使用场景和方法。接下来通过一个案例来学习下。

（1）需求

通过 Flink SQL 对 socket 数据进行处理，每隔 5 s 统计最近 5 s 内每个单词出现的次数。

（2）代码实践

```
/**
  * todo:基于 SQL 的 window 窗口操作
  */
object SQLWindowWaterMark {
  Logger.getLogger("org").setLevel(Level.ERROR)
  //定义样例类
  case class Message(word:String,createTime:Long)
  def main(args: Array[String]): Unit = {
    //todo:1.构建流处理环境
  val streamEnv: StreamExecutionEnvironment = StreamExecutionEnvironment.get-
ExecutionEnvironment
    streamEnv.setParallelism(1)
    //指定 EventTime 为时间语义
    streamEnv.setStreamTimeCharacteristic(TimeCharacteristic.EventTime)

    //todo:2.构建 StreamTableEnvironment
    val bsSettings = EnvironmentSettings.newInstance()
```

```
                                .useBlinkPlanner() //使用 BlinkPlanner
                                .inStreamingMode()  //流处理模式
                                .build()
    val  streamTableEnvironment = StreamTableEnvironment.create (streamEnv,
bsSettings)
    //todo:3.接收 socket 数据
    val sourceStream:DataStream[String]=streamEnv.socketTextStream("node01",
9999)
   //todo:4.数据切分处理
    val mapStream:DataStream[Message] = sourceStream.map(x=>Message(x.split
(",")(0),x.split(",")(1).toLong))
   //todo:5.添加 WaterMark
    val watermarksStream:DataStream[Message] = mapStream.assignTimestampsAnd-
Watermarks(new AssignerWithPeriodicWatermarks[Message] {
                //定义最大乱序时长
                val maxOutOfOrderness = 5000L
                //历史最大事件时间
                var currentMaxTimestamp:Long = _
                override def getCurrentWatermark:Watermark = {
                  val watermark = new Watermark(currentMaxTimestamp - maxOutO-
fOrderness)
                  watermark
                }

                  override def extractTimestamp(element:Message, previousEle-
mentTimestamp:Long):Long = {
                  val eventTime:Long = element.createTime
                    currentMaxTimestamp = Math.max(eventTime, currentMaxTimes-
tamp)
                  eventTime
                }
          })
      //导入隐私转换
    import org.apache.flink.table.api._
     //todo:6.构建 Table,设置时间属性

 streamTableEnvironment.createTemporaryView("t_socket",watermarksStream, $
"word", $"createTime".rowtime)
      //todo:7.sql 查询—添加 window—滚动窗口—窗口长度 5 s
      val result:Table = streamTableEnvironment.sqlQuery("select word,count(*)
from t_socket group by tumble(createTime,interval '5' second),word")
      //todo:8.将 Table 转换成 DataStream
```

```
        val resultStream: DataStream [(Boolean, Row)] = streamTableEnviron-
    ment.toRetractStream[Row](result)
      //todo:9. 打印输出
        resultStream.print()
      //todo:10. 启动任务
        streamEnv.execute("SQLWindowWaterMark")
    }
  }
```

（3）发送数据

```
hadoop,1461756862000
hadoop,1461756865000
hadoop,1461756863000
hadoop,1461756868000
hadoop,1461756870000
hadoop,1461756875000
hadoop,1461756880000
```

（4）启动程序观察结果输出

更多关于 SQL 的操作详情可以参考官网，地址为：https://ci.apache.org/projects/flink/flink-docs-release-1.11/dev/table/sql/queries.html。

10.10 项目实战 10：基于 FlinkSQL 读取 Kafka 数据到 MySQL 表中

1. 需求

通过 FlinkSQL 使用 DDL 的方式，实现读取 Kafka 用户行为数据，对数据进行实时处理，根据时间分组求 PV 和 UV，然后输出到 mySQL 中。

2. 数据源格式

Kafka 中的数据以 josn 格式编码，样例数据如下。

```
{"user_id":1101,"item_id":1875,"category_id":456876,"behavior":"pv","ts":"2017
-12-13 11:27:50"}
{"user_id":1101,"item_id":1875,"category_id":456876,"behavior":"pv","ts":"2017
-12-13 11:27:51"}
{"user_id":1102,"item_id":1876,"category_id":456876,"behavior":"pv","ts":"2017
-12-13 11:27:54"}
{"user_id":1103,"item_id":1877,"category_id":456876,"behavior":"pv","ts":"2017
-12-13 11:27:55"}
{"user_id":1104,"item_id":1878,"category_id":456876,"behavior":"pv","ts":"2017
-12-13 11:28:01"}
```

json 字段含义分别为：用户 ID、游览商品 ID、商品对应的分类 ID、操作行为、操作时间。

3. 构建 maven 工程引入相关依赖

```
<properties>
    <flink.version>1.11.0</flink.version>
    <mysql.version>5.1.38</mysql.version>
</properties>

<dependencies>
    <dependency>
        <groupId>org.apache.flink</groupId>
        <artifactId>flink-streaming-scala_2.11</artifactId>
        <version>${flink.version}</version>
    </dependency>

    <dependency>
        <groupId>org.apache.flink</groupId>
        <artifactId>flink-clients_2.11</artifactId>
       <version>${flink.version}</version>
</dependency>

    <dependency>
        <groupId>org.apache.flink</groupId>
        <artifactId>flink-connector-kafka_2.11</artifactId>
        <version>${flink.version}</version>
    </dependency>

    <dependency>
        <groupId>org.apache.flink</groupId>
        <artifactId>flink-table-api-scala-bridge_2.11</artifactId>
        <version>${flink.version}</version>
    </dependency>

    <dependency>
        <groupId>org.apache.flink< /groupId>
        <artifactId>flink-table-planner-blink_2.11<< artifactId>
        <version>${flink.version}<< version>
    << dependency>

    <!-- https://mvnrepository.com< artifact< org.apache.flink< flink-json -->
    <dependency>
        <groupId>org.apache.flink<< groupId>
```

```
            <artifactId>flink-json<< artifactId>
            <version>${flink.version}<< version>
        << dependency>

        <!-- https://mvnrepository.com< artifact< org.apache.flink< flink-con-
nector-jdbc -->
        <dependency>
            <groupId>org.apache.flink<< groupId>
            <artifactId>flink-connector-jdbc_2.11<< artifactId>
            <version>${flink.version}<< version>
        << dependency>

        <dependency>
            <groupId>mysql<< groupId>
            <artifactId>mysql-connector-java<< artifactId>
            <version>${mysql.version}<< version>
        << dependency>
        <dependency>
            <groupId>org.slf4j<< groupId>
            <artifactId>slf4j-api<< artifactId>
            <version>1.7.25<< version>
        << dependency>
        <dependency>
            <groupId>org.slf4j<< groupId>
            <artifactId>slf4j-log4j12<< artifactId>
            <version>1.7.25<< version>
        << dependency>
    << dependencies>
```

4. 代码实践

(1) 驱动主类 FlinkSqlConnectKafka

```
/**
  * todo: FlinkSQL 使用 DDL 的方式,读取 kafka 数据,进行数据实时处理,写结果到 MySQL 表中
  */
object FlinkSqlConnectKafka {

  //Logger.getLogger("org").setLevel(Level.ERROR)

  def main(args: Array[String]): Unit = {
    //todo:1. 构建流处理环境
    val streamEnv = StreamExecutionEnvironment.getExecutionEnvironment
```

```
    streamEnv.setParallelism(1)

    //todo:2.构建 StreamTableEnvironment
    val bsSettings = EnvironmentSettings.newInstance()
                                        .useBlinkPlanner() //使用 BlinkPlanner
                                        .inStreamingMode() //流处理模式
                                        .build()

     val streamTableEnvironment  =  StreamTableEnvironment.create (streamEnv,
bsSettings)

    //todo: 3.通过 DDL,注册 Kafka 数据源表
    streamTableEnvironment.executeSql(SqlContext.kafkaSourceSql)

    //todo: 4.执行查询任务
    val result: Table = streamTableEnvironment.sqlQuery("select * from kafkaTable")

    //todo: 5.table 转换成流
    val dataStream: DataStream[Row] = streamTableEnvironment.toAppendStream
[Row](result)
    dataStream.print("数据流结果:")

    //todo: 6.通过 DDL,注册 MySQL sink 表
    streamTableEnvironment.executeSql(SqlContext.mysqlSinkSql)

    //todo: 7.计算指标落地到 MySQL 表
    streamTableEnvironment.executeSql(SqlContext.pvuvSql)

    //todo: 8.启动任务
    streamEnv.execute("FlinkSqlConnectKafka")
  }
}
```

（2）封装 SQL 的类 SqlContext

```
package com.kkb

//todo:定义 SQL 语句
object SqlContext {

//todo: 连接 Kafka 构建源表的 SQL 语句

lazy val kafkaSourceSql =
```

```
 """
   |create table kafkaTable
   |(
   |  user_id BIGINT,
   |  item_id BIGINT,
   |  category_id BIGINT,
   |  behavior STRING,
   |  ts TIMESTAMP
   |) with (
   |  'connector' = 'kafka',                       -- 使用 kafka connector
   |  'topic' = 'user_behavior',                   -- kafka topic
   |  'properties.group.id' = 'testGroup',         -- kafka consumer groupid 消费者组
   |  'properties.bootstrap.servers' = 'node01:9092',   -- kafka 地址
   |   'scan.startup.mode' = 'latest-offset',     -- 从最新 offset 开始读取
   |  'format' = 'json')                          -- 数据源格式为 json
  """.stripMargin

//todo:定义要输出的表的 SQL 语句
 lazy val mysqlSinkSql =
 """
   |CREATE TABLE pvuv(
   |  dt VARCHAR,
   |  pv BIGINT,
   |  uv BIGINT,
   |  PRIMARY KEY ('dt') NOT ENFORCED
   |) WITH (
   |  'connector' = 'jdbc',                        -- 使用 jdbc connector
   |  'url' = 'jdbc:mysql://node03:3306/flink?useSSL=false',   -- mysql jdbc url
   |  'table-name' = 'pvuv',                       -- 表名
   |  'username' = 'root',                         -- 用户名
   |  'password' = '123456',                       -- 密码
   |  'sink.buffer-flush.max-rows' = '10'          --数据刷到 MySQL 条件
   )
  """.stripMargin

//todo:业务分析处理的 SQL,求取 pv 和 uv
  lazy val pvuvSql =
 """
   INSERT INTO pvuv
    |SELECT
    |  DATE_FORMAT(ts, 'yyyy-MM-dd') dt,
    |  COUNT(*) AS pv,
```

```
    |    COUNT(DISTINCT user_id) AS uv
    |FROM kafkaTable
    |GROUP BY DATE_FORMAT(ts, 'yyyy-MM-dd')
    """.stripMargin
}
```

5. 操作流程

1）创建名称为 user_behavior 的 topic。

```
kafka-topics.sh --create --topic user_behavior --partitions 3 --replication-
factor 2 --Zookeeper node01:2181,node02:2181,node03:2181
```

2）在 MySQL 的 Flink 数据库中创建 pvuv 表。

```
CREATE DATABASE /*!32312 IF NOT EXISTS*/'flink' /*!40100 DEFAULT CHARACTER SET
utf8 */;

USE 'flink';

/*Table structure for table 'pvuv' */

DROP TABLE IF EXISTS 'pvuv';
CREATE TABLE 'pvuv' (
  'dt'varchar(20) NOT NULL,
  'pv'bigint(20) DEFAULT NULL,
  'uv'bigint(20) DEFAULT NULL,
  PRIMARY KEY ('dt')
) ENGINE=InnoDB DEFAULT CHARSET=utf8;
```

3）启动驱动主类 FlinkSqlConnectKafka。

4）通过 kafka-topic. sh 命令模拟数据产生。

```
kafka-console-producer.sh --topic user_behavior --broker-list node01:9092,
node02:9092,node03:9092
```

5）观察 MySQL 数据库中 pvuv 表结果数据。

10.11　本章小结

本章介绍了大数据分布式流式计算引擎 Flink，通过对 Flink 的学习，让读者了解到 Flink 的技术栈、基本原理、应用场景和使用。Flink 已经在实时计算领域成为用户的主流选择，基于其流式计算内核优势，实现批流融合统一引擎，并且目前已经实现了与主流的数仓解决方案 Hive 进行无缝集成。Flink 在实时方面的影响力越来越大，已经成为实时计算的工业标准。对于开发用户来说要紧跟时代的发展脚步，学习优秀的技术框架，让自己立于不败之地。